航空电子装备联试技术

陈 阳 刘育红 编著

国防工业出版社

·北京·

内 容 简 介

本书结合航空电子装备的技术特点，从系统顶层设计角度，介绍航空电子装备联试技术，主要包括绪论、拓扑结构与功能分配、接口控制与消息传输、系统模式与显示控制、系统备份与余度管理、系统时间与网络通信、电磁环境效应、航空电子装备联试技术八个章节的内容。在编写的过程中，努力探索航空电子装备联试的理论、内容及方法体系，注重基本知识、基本理论、解决问题的实际方法，力求技术的完整性，实用性与实践的统一性。

本书可供从事航空设计领域的飞机设计所、飞机制造厂、航空机载设备厂中从事有关设计、研制、规划的科研人员，以及其他飞行器、舰船等电子系统专业的设计和工程技术人员学习参考，也可作为高等院校的系统工程、电子工程、火控工程、弹药工程、雷达工程、通信工程、计算机等专业师生的教材和参考书。

图书在版编目（CIP）数据

航空电子装备联试技术/陈阳，刘育红编著．—北京：国防工业出版社，2023.12
ISBN 978-7-118-13095-9

Ⅰ．①航⋯ Ⅱ．①陈⋯ ②刘⋯ Ⅲ．①航空电气设备－调试方法 Ⅳ．①V242

中国国家版本馆 CIP 数据核字（2023）第 245803 号

※

国防工业出版社出版发行
（北京市海淀区紫竹院南路 23 号 邮政编码 100048）
北京虎彩文化传播有限公司印刷
新华书店经售

*

开本 787×1092 1/16 印张 16 字数 375 千字
2023 年 12 月第 1 版第 1 次印刷 印数 1—1200 册 定价 128.00 元

（本书如有印装错误，我社负责调换）

国防书店：（010）88540777 书店传真：（010）88540776
发行业务：（010）88540717 发行传真：（010）88540762

前 言

航空电子系统是现代飞机的重要组成部分，承载着通信导航识别、目标探测、武器控制等绝大部分的飞行和作战任务。航空电子系统经过几十年的发展，已经从单功能子系统的松散组合，发展到物理上和功能上都高度综合的信息密集的整体，设备之间的信息交互越来越紧密、功能依赖性越来越强，系统控制和调度关系也越来越复杂。

系统联试是完成飞机自上而下分解设计和自下而上集成验证的过程，通过系统联试试验，可以确认系统的功能，各系统显示的正确性、完整性及安全性，验证系统之间互联、互通、互操作的能力。航空电子装备一般采用"三鸟"联试，"三鸟"分别是"电鸟""铁鸟"和"铜鸟"。其中，"电鸟"是指航电系统测试平台，主要用于航电系统接口适配性检查、功能完整性检查；"铁鸟"全称为"飞控液压系统综合试验台架"，包括主飞控通信系统接口试验，液压系统、起落架系统、升降舵系统等几项试验；"铜鸟"主要开展电源系统试验，它是为飞机提供蓄电、配电的供电系统，按照原机上电源和配电系统真实的状态进行设备安装，验证各个供配电系统功能。最终将这三只"鸟"全部连起来，从而形成"三鸟联试"来模拟飞机状态，是对飞机的系统进行分析、验证、调试于一体的综合试验。

本书融入了作者多年积累的科研成果，将航空电子装备联试技术贯穿装备生命周期的全要素全过程中，与《航空电子装备维修技术与实践》一书主体交织成网状结构。本书从航空电子装备的基本理论引入，深入浅出地讲解了联试技术内涵、拓扑结构与功能分配、接口控制与消息传输、系统模式与显示控制、系统备份与余度管理、系统时间与网络通信、电磁环境效应、装备联试技术8个部分，在内容选择上力求既能适应当前航空电子装备的发展现状，又能跟上未来航空电子装备设计的新动向。

本书所讨论的思想、观点及方法，参考了国内外有关作者的文献，但更多的是作者在多年科研工程实践中的成果积累以及对航空电子装备的认识和思考。由于航空电子装备联试技术的涉及面很广，难以在一本书中全部容纳，且限于作者学识水平有限，不妥及疏漏之处在所难免，敬请各位专家、读者不吝指教。

编著者

2023 年 8 月

目 录

第1章 绪论 ··· 1
1.1 概述 ··· 1
  - 1.1.1 系统综合化 ··· 2
  - 1.1.2 系统智能化 ··· 7
  - 1.1.3 模块化结构 ··· 8
  - 1.1.4 标准化设计 ··· 9
1.2 系统 ··· 15
  - 1.2.1 系统的定义 ··· 15
  - 1.2.2 系统特性 ··· 16
  - 1.2.3 系统结构 ··· 17
  - 1.2.4 系统模型 ··· 18
1.3 设计 ··· 21
  - 1.3.1 设计原则 ··· 21
  - 1.3.2 系统开发 ··· 34
1.4 关键技术 ··· 38
  - 1.4.1 高度综合化机载计算机 ··· 38
  - 1.4.2 高速数据总线技术 ··· 45
  - 1.4.3 射频传感器综合 ··· 46
  - 1.4.4 多源数据融合 ··· 47
  - 1.4.5 综合识别 ··· 48
  - 1.4.6 PHM技术 ··· 49
  - 1.4.7 飞行平台的综合控制和管理 ··· 51
1.5 系统联试的内涵 ··· 51
  - 1.5.1 地面试验 ··· 52
  - 1.5.2 机上试验 ··· 52
  - 1.5.3 试飞试验 ··· 53

第2章 拓扑结构与功能分配 ··· 55
2.1 拓扑结构 ··· 55
  - 2.1.1 数据总线终端 ··· 56
  - 2.1.2 组成数据总线的部件 ··· 57
  - 2.1.3 拓扑结构的分类 ··· 63
  - 2.1.4 构建系统拓扑结构 ··· 69
2.2 功能分配 ··· 70

　　　　2.2.1　功能分配方法 …………………………………………………… 70
　　　　2.2.2　功能性需求捕获 …………………………………………………… 75
　　　　2.2.3　主要功能子系统 …………………………………………………… 80
第 3 章　接口控制与消息传输 …………………………………………………… 98
　3.1　接口控制 …………………………………………………………………… 98
　　　　3.1.1　硬件接口 …………………………………………………………… 98
　　　　3.1.2　软件接口 …………………………………………………………… 102
　　　　3.1.3　人机接口 …………………………………………………………… 104
　　　　3.1.4　ICD …………………………………………………………………… 107
　3.2　消息传输 …………………………………………………………………… 112
　　　　3.2.1　消息传输优先级 …………………………………………………… 112
　　　　3.2.2　消息传输方式 ……………………………………………………… 112
　　　　3.2.3　总线编码特性 ……………………………………………………… 114
　　　　3.2.4　常用总线消息格式 ………………………………………………… 115
　　　　3.2.5　消息传输性能指标 ………………………………………………… 122
第 4 章　系统模式与显示控制 …………………………………………………… 125
　4.1　系统模式 …………………………………………………………………… 125
　　　　4.1.1　设计方法 …………………………………………………………… 125
　　　　4.1.2　系统控制 …………………………………………………………… 126
　　　　4.1.3　任务剖面和任务模式 ……………………………………………… 129
　　　　4.1.4　PREP 模式的主要工作 …………………………………………… 130
　4.2　显示控制 …………………………………………………………………… 134
　　　　4.2.1　显示控制逻辑 ……………………………………………………… 134
　　　　4.2.2　信息显示 …………………………………………………………… 135
　　　　4.2.3　主要设备 …………………………………………………………… 137
　　　　4.2.4　使用阶段 …………………………………………………………… 141
第 5 章　系统备份与余度管理 …………………………………………………… 143
　5.1　系统备份 …………………………………………………………………… 143
　　　　5.1.1　概述 ………………………………………………………………… 143
　　　　5.1.2　系统工作状态 ……………………………………………………… 143
　　　　5.1.3　备份模式 …………………………………………………………… 143
　　　　5.1.4　余度设计 …………………………………………………………… 145
　5.2　余度管理 …………………………………………………………………… 149
　　　　5.2.1　监控机制 …………………………………………………………… 149
　　　　5.2.2　容错 ………………………………………………………………… 149
　　　　5.2.3　重构 ………………………………………………………………… 150
第 6 章　系统时间与网络通信 …………………………………………………… 152
　6.1　系统时间 …………………………………………………………………… 152
　　　　6.1.1　时间定义 …………………………………………………………… 152
　　　　6.1.2　时间作用 …………………………………………………………… 153

  6.1.3 时间同步 ·········· 154
  6.1.4 VxWorks 系统时钟管理 ·········· 156
 6.2 网络通信 ·········· 157
  6.2.1 技术特点 ·········· 157
  6.2.2 MIL-STD-1553B 网络通信 ·········· 158
  6.2.3 AFDX 网络通信 ·········· 159
  6.2.4 FC 网络通信 ·········· 160
  6.2.5 CAN 网络通信 ·········· 162

第7章 电磁环境效应 ·········· 165

 7.1 飞机的电磁干扰源 ·········· 165
  7.1.1 系统内电磁兼容性 ·········· 165
  7.1.2 系统外电磁兼容性 ·········· 166
 7.2 电磁环境效应顶层设计 ·········· 167
  7.2.1 电磁环境接口 ·········· 168
  7.2.2 电磁兼容性设计 ·········· 169
  7.2.3 电缆设计和敷设 ·········· 171
  7.2.4 全机天线布局 ·········· 174
  7.2.5 电搭接技术要求 ·········· 176
 7.3 电磁兼容控制技术 ·········· 178
  7.3.1 滤波 ·········· 179
  7.3.2 隔离 ·········· 180
  7.3.3 屏蔽 ·········· 180
  7.3.4 接地 ·········· 182
  7.3.5 绝缘 ·········· 184
 7.4 飞机电磁干扰检查 ·········· 186
  7.4.1 电磁兼容试验 ·········· 186
  7.4.2 故障排除方法 ·········· 187

第8章 航空电子装备联试技术 ·········· 190

 8.1 地面试验程序 ·········· 190
  8.1.1 DSI 设施开发过程 ·········· 190
  8.1.2 研制方案 ·········· 191
  8.1.3 详细设计 ·········· 195
  8.1.4 工程设计 ·········· 201
  8.1.5 DSI 设施的综合与验收 ·········· 208
  8.1.6 地面联试 ·········· 209
  8.1.7 试验支持设备 ·········· 213
 8.2 机上试验程序 ·········· 216
  8.2.1 安装与校准 ·········· 217
  8.2.2 机上通电联试 ·········· 220
  8.2.3 飞机重量测量 ·········· 221

8.3 试飞试验程序 ………………………………………………………………… 222
　　8.3.1 地面模拟飞行 …………………………………………………………… 222
　　8.3.2 空中试验阶段 …………………………………………………………… 224
8.4 装备维修保障 ………………………………………………………………… 230
　　8.4.1 故障率曲线 ……………………………………………………………… 230
　　8.4.2 航空维修 ………………………………………………………………… 230
　　8.4.3 电路故障处理 …………………………………………………………… 232
附录 1　飞机模拟器开发程序 ……………………………………………………… 236
附录 2　综合航电系统联试环境组成框图 ………………………………………… 238
附录 3　系统和设备以可靠性为中心的维修分析逻辑决断图 …………………… 240
附录 4　名词术语 …………………………………………………………………… 242
参考文献 ……………………………………………………………………………… 247

第 1 章 绪　　论

随着电子信息技术的高速发展、光电信息领域的技术革命、数据链路系统的技术革新及相关专业新技术应用于现代战争中，当前空战已经发展成为空、天、地、海作战体系间的对抗。作战环境、作战模式对武器和机载系统的发展需求不断变化，对航空电子装备提出了更高的要求，需构建更高层级的系统综合和网络综合，而不是各种功能传感器、控制器和显示器的堆积。更加侧重综合利用多传感器的能力，应采用综合化、模块化、标准化、系列化设计，提高系统软/硬件利用效率，加强系统故障检测、隔离和容错能力，提高任务可靠性，进一步强化作战飞机完成空中打击任务的能力。航空电子装备联试是一门系统工程和系统综合活动，在研究设计一个完整的综合系统时需要具备系统思想和系统观点。

1.1　概　　述

随着科学技术的不断进步，系统工程思想的探索与应用，从单兵作战到系统对抗、从平台对抗到体系对抗，现代战争不是单一形态，而是具有多域性特点，从物理域升级到信息域再到认知域。作战形态在不断演变，装备体系也在不断变革，航空电子装备也在不断更新，逐步从单一功能系统发展成高度综合式系统，在发展过程中出现了综合航电系统、综合飞行器管理系统、综合机电系统以及它们之间的综合，从子系统综合到系统综合、再到系统与系统之间的综合，系统交联关系越来越紧密，功能也逐渐增强。系统综合以美军航空电子系统为代表，美军航空电子系统发展先后经历了分立式、联合式、综合式和高度综合式四个阶段。分立式航空电子系统也称为离散式或分离式系统，机载设备相对独立、功能简单且自成系统，设备之间采用点对点连接方式，从参数获取、数据分析到数据输出都是在各自独立的系统中完成的，座舱内主要采用模拟式和机械式仪表进行显示。联合式航空电子系统初步建立了综合化设计思想，机载设备采用微处理器，系统间通过标准的数据总线互联，实现了设备间的信息资源共享，但各机载计算机系统之间无法共享计算机资源，系统之间数据的共享能力有限，资源利用率低，系统扩展成本高。综合式航电系统主要采用模块化、综合化、开放式的系统结构；采用通用、标准的外场可更换模块取代传统的外场可更换单元，实现了传感器信息的融合与综合管理；采用高速数据总线实现系统互连。高度综合式航空电子系统采用综合核心处理技术、综合射频传感器管理和综合人机接口一体化设计，对传感器进行深入综合，以射频共用模块为基础，用于实现传感器内部的容错、重构和资源共享，并通过总线网络中综合核心处理机（Integrated Core Processor，ICP）与网络中的其他子系统进行综合任务处理。从上述发展历程可以看出，为了适应未来空战的体系对抗、超视距攻击、电子信息战等作战特点，系统在功能、结构和软/硬件等方面综合化水平不断提高，在可靠性、维修性、保障性、测试性和综合效能上得到了突破性的飞跃，航空电子系统主要具备以下几个技术特点。

1.1.1 系统综合化

综合化是复杂技术系统的一个发展方向，将不同类型的元件和部件联合为一个整体，不仅应用在现有的复杂技术系统内，用于提高系统的完整性和组织性，还应用于不耦合元部件构建新系统的过程中。复杂技术系统的综合化建立了新的控制级，增大了各元部件之间相互联系和相互作用的规模和强度，将综合系统的基本元部件在信息、功能、软件和硬件上联合为一个统一整体。"综合化"概念包括综合化等级和综合化程度，综合化等级反应在哪些基本元部件的基础上实现设备综合化过程；综合化程度表示联合为整体的元部件数量、综合化不同等级的元部件数量、不同等级元部件之间和不同综合化等级之间相互关联的元部件数量。综合电子系统的基本元部件主要有可编程信号处理器、核心处理器、插接模块、传感器、控制器、内总线、外部接口、机载设备、机载系统等。根据新装备作战使用需求，机载系统在实现综合航电系统、综合飞控系统、机电及发动机系统等内部综合的基础上，通过高速数据传输网络实现任务系统和飞行器管理系统（Vehicle Management System，VMS）综合控制和管理，压缩航空电子系统的体积和重量，提高系统可靠性，减轻飞行员的工作负担，降低全寿命周期费用。提高航空电子系统综合化程度并最大限度利用机内外信息资源是航空复杂技术系统综合化发展的一个显著特点，综合技术主要包括以下几个方面。

1. 传感器综合

随着技术的发展，作战平台面临的威胁日益增多，航电系统传感器的种类、数量、复杂性及信息量也不断增加，超出了飞行员有效使用和管理传感器的能力，传统的单一传感器已经逐步被综合式传感器所取代。传感器综合是将分立状态下的传感器综合到一起，综合使用传感器提供的信息，获得比单独传感器性能更高的综合化传感器系统，其主要目的在于增强系统的作战效能，提高效费比，改善系统可靠性、维修性和保障性，在增强系统战术、技术性能的同时，大大减少系统体积、重量、功耗并提高飞机的隐身能力，增强作战平台在恶劣战场环境下的生存能力。

1) ISS 计划

美国空军率先从航电系统入手采用综合一体化设计的概念，启动"综合传感器系统"（Integrated Sensor System，ISS）计划，F-22 战斗机航电系统结构直接利用了根据 ISS 计划研究开发出的几项技术，包括综合海军电子战系统（Integrated Naval Electronic Warfare System，INEWS），解决了电子战功能硬件综合到一个射频系统的问题；综合通信、导航和敌我识别系统（Integrated Communications Navigation Identification Avionics，ICNIA），通过一组硬件资源完成网内信息交换、数字信号传输、无线电导航和目标敌我属性识别等功能。F-22 战斗机航电系统中实现多谱传感器实时数据融合的任务计算机（Mission Computer，MC）是整个系统的中枢，所有处理功能都综合到功能强大的通用综合处理器（Common Intergrated Processor，CIP）中，完成对通信、导航、电子战（Elecrtonic Warfare，EW）、敌我识别（Identification Friend or Foe，IFF）等传感器的信号处理功能，CIP 接收各种传感器的信息并进行处理、融合和显示处理结果，即作战态势或态势评估，并提供作战建议。F-22 战斗机航电系统是向综合一体化航电系统概念过渡的论证性、先驱性平台，其雷达（Radar，RDR）、EW、通信导航识别（Communication Navigation Identification，CNI）功能只进行了信息融合，共享处理器而未共享天线孔径，并非是完全意义上的综合一体化，只有在此基础上各航电系统设备功能通过综合传感器系统既共享处理器又共享天线孔径，才能实现真正意义上的综合一体化设计。

2）MIRFS 项目

在 1996 年，美国启动了多功能综合射频系统（Multifunctional Integrated RF System，MIRFS）项目，该项目是集 RDR、CNI、EW 功能于一体的一体化综合航电系统，共享天线孔径和处理器等硬件。F-35 战斗机航电系统是采纳 ISS 概念的完全综合一体化系统，在 F-22 战斗机航电系统的基础上，将综合一体化的概念扩展到天线孔径，使其成为共享天线孔径的综合传感器系统，覆盖整个电磁频段，将所有射频乃至光电信号进行综合处理，完成这些信号的接收、发射和预处理。F-35 战斗机航电系统由综合核心处理单元、综合射频传感器系统（含共享孔径天线）、综合光电传感器系统、外挂管理系统、VMS、座舱和航电网络等构成。完成了射频综合后，启动光电/红外（Electro-Optical/Infrared，EO/IR）项目，重点解决导弹逼近告警、红外对抗、红外搜索与跟踪、前视红外探测等功能的综合，使 F-35 战斗机成为具有全频谱自卫能力的、全天候隐身攻击平台，综合一体化航电系统的结构如图 1-1 所示。

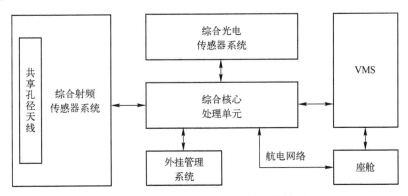

图 1-1　综合一体化航电系统结构框图

2. 座舱综合显示与控制

飞机座舱的显示与控制系统由显示和控制两部分组成，其中显示部分提供飞行员的信息输入功能，控制部分提供飞行员的信息输出功能。飞机从起飞到着陆的整个过程中，一般要执行准备、起飞、战术导航/引导、拦截待战、空空作战/空面作战、战术退出、返航、进场、着落、维护等任务。座舱显控系统向飞行员提供各种所需信息，将飞行员的控制指令发出，完成一系列的动作。飞机座舱的显示与控制系统是飞行员与飞机之间交换信息的人机接口，飞行员凭借这些显示信息操纵飞机完成飞行和作战任务，飞机性能与飞行员的能力发挥很大程度上取决于人机接口适应程度。

1）技术特征

飞机性能的提升对座舱显示与控制提出越来越高的要求，如要求显示系统信息量大、直观易读、实时显示、操作简单、精度高等。传统机械仪表或装备的飞行显示器尺寸小、分辨率低，单画面显示的飞行参数内容较少，重量相对较重，系统可靠性偏低。在现代航空电子系统中，为了有效提升系统的综合应用效率，给飞行员提供全面信息，增强前后舱协同能力，充分发挥战术决策优势，显示与控制系统综合了机载信息控制、处理与显示、飞行员信息感知等功能，将大量复杂的传感器数据经采集、处理、融合后，通过大屏幕高分辨率的液晶显示器呈现给飞行员，取代传统仪表。飞行员依靠布置在座舱中的平视显示器（Head Up Display，HUD）、下视多功能显示器（Multifunction Display，MFD）、头盔显示器（Head Mounted Display，HMD）等获取飞行时的必要信息，处理航空电子系统人机交互任务。同时，系统内部采用高速数据网络实现数据传输、任务同步和数据互比，可以灵活处置系统的多种故障模式，使系统具备在一定等级故障下的一次故障工作能力，通过系统优化综合，减少多余的软硬件资源浪费，提高了系统的可靠性和安全性，使飞行员能够高效地获得所需信息，有效地减轻飞行员的工作负荷，从而提高飞机的作战效能。

2）综合系统

（1）系统结构。综合座舱显示与控制系统应采用高度综合的集成一体化设计，开放式系统结构、通用模块和标准总线，同时采用大尺寸高分辨率有源矩阵液晶显示器、多功能控制面板、大规模集成电路等集成硬件资源，将显示功能、信息处理、航电任务管理及部分基本的传感器设备功能进行综合，通过合理的系统结构、先进显示技术和加固方式等手段，简化座舱和仪表板布置，减轻硬件重量和减小硬件体积，典型座舱显示与控制系统的组成如图1-2所示。

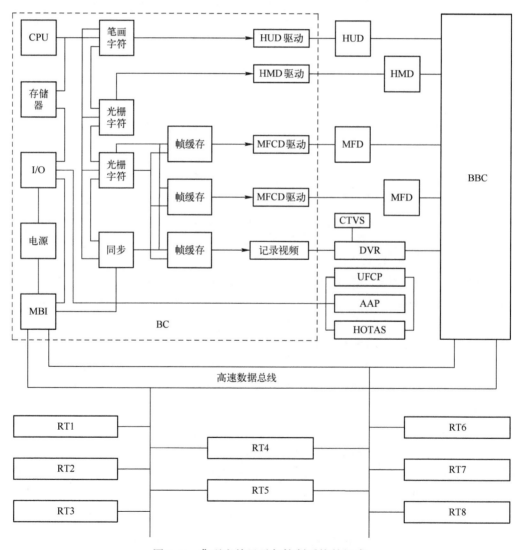

图1-2 典型座舱显示与控制系统的组成

(2) 软件架构。座舱综合显示与控制系统软件主要由系统软件、应用软件和地面支持软件三个部分组成，综合显示与控制系统软件构架如图 1-3 所示。

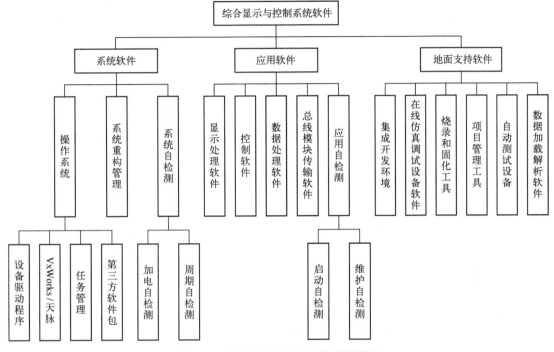

图 1-3　综合显示和控制系统软件构架

① 系统软件主要包括操作系统、系统重构管理和系统自检测软件。其中，操作系统软件由设备驱动程序、VxWorks/天脉、任务管理和第三方软件包等组成；系统自检测（Built In Test，BIT）包括加电自检测（Power Up BIT，PUBIT）和周期自检测（PEriodic BIT，PBIT）。系统软件和应用软件安装在综合显示与控制系统的程序存储器中。

② 应用软件主要包括显示处理软件、控制软件、数据处理软件、总线模块传输软件和应用自检测软件等组成，应用 BIT 包括启动自检测（Initiated BIT，IBIT）和维护自检测（Maintenance BIT，MBIT）。负责完成飞行状态、参数的综合显示与控制、显示器按键操作处理、数据采集、网络通信、故障告警与处理功能以及数据加载、系统维护等功能，实现飞行员操作程序中所定义的工作状态和工作方式的控制、转换和信息显示。

③ 地面支持软件包括集成开发环境（Integrated Development Environment，IDE）、在线仿真调试设备（In Circuit Emulator，ICE）软件、烧录和固化工具、项目管理工具（如软件版本管理）、自动测试设备（Automatic Test Equipmen，ATE）软件、数据加载解析软件（地面航线编辑软件及数据库）等。

3）实现功能

综合化的座舱显示与控制系统采用先进的体系结构和软件架构，在显示同步网络和交叉互联网络应用的基础上引入容错机制，将系统集成在一个高性能计算平台之内，实现数据处理、信号处理、接口处理和图形处理能力。具备数据融合、数据的综合处理、任务计算、视频信息生成、导航计算、外挂管理、电子对抗管理、通信管理、系统控制和故障检测、重构等多种功能，体现了显示综合、信息综合、功能综合、硬件综合、软件综合、检测综合的技术特点，座舱显示与控制系统的综合化大幅度提高了人机功效和系统安全性。

3. 任务系统综合控制与管理

任务系统主要包括 RDR、光雷、电子对抗、数据链、武器管理等。随着传感器管理技术和多源数据融合技术的发展，人们对信号和数据处理提出了更高的要求，数据融合不局限于平台内的多传感器信息融合处理，还包括飞行员辅助决策（战术辅助决策和飞行辅助决策），系统综合故障诊断及容错和重构，智能化座舱综合显示与控制等。对任务系统进行关联匹配和组合优化，获得准确、全面的战场目标态势信息，并根据本机探测数据、编队协同数据和体系情报数据实现平台级、编队级以及体系级数据融合功能。

传感器提供各自感知的目标数据；多源数据融合对本机位置、姿态以及运动状态信息进行融合，根据本机坐标系下的状态参数求解目标相对状态参数，参与编队和作战数据的融合处理，传感器和多源信息进行自动冗余和互补闭环处理，生成完整、准确、唯一的战场目标态势，将这些目标数据进行综合识别，综合所有传感器数据与链路共享目标信息，集中管理所有敌我战场目标，在时间和空间上拓展战场目标信息的覆盖范围，引导飞机完成搜索、攻击、规避等作战规划，缩短飞行的作战反应时间，以最终完备的目标态势支撑飞行员进行战术决策，传感器、多源数据融合与综合识别交互关系如图1-4所示。

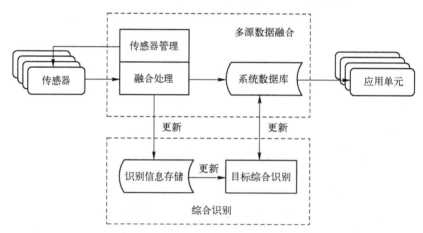

图1-4 传感器、多源数据融合与综合识别交互关系

任务系统综合控制与管理可以降低执行任务过程中虚警率，更早、更快、更准确地进行目标识别、定位，提供当前态势综合信息，并进行必要的攻击或机动规避，提高平台的作战效能和作战生存力。

4. 飞行平台综合

VMS 实现对飞行平台的综合控制和管理，通过飞行控制系统软件、公共管理系统软件以及对发动机状态、矢量喷管等的综合控制和管理，完成各种飞行任务；通过故障预测与健康管理（Prognostics and Health Management，PHM）系统软件实现对影响飞行平台功能的系统故障的告警和重构管理。

5. 机电系统综合化

机电系统综合是指在满足飞机任务系统、VMS、推进系统、武器发射等使用要求的同时，把飞机上执行飞行保障功能的液压系统、环控系统、救生系统、机轮刹车系统、电源电气系统、发动机、第二动力系统等机电系统，通过数据总线和微处理技术进行系统综合，采用机电管理计算机（Utilities Management Computer，UMC）进行统一管理，最终构成一体的综合机电系统，实现全机系统能量综合管理及子系统功能的综合控制管理。

6. 简化设计

系统、分系统及设备应在满足功能、性能要求的前提下进行简化设计，进行详细的功能分析，去掉对提高可靠性或安全性效果差的备份及其他不必要的功能。应尽可能优化、综合设备的设计方案，减少硬件数量及软件指令数，减少元器件、零部件等的规格、品种和数量等，把复杂程度减小到最低程度，在系统设计上可采用开放式系统结构和商用货架产品。

1) 开放式系统结构

开放式系统结构是开放系统接口标准定义的一个结构框架，它的优点如下。

（1）便于构成分布系统。

（2）便于不同厂家生产的不同型号的计算机或其他硬件之间的交互使用。

（3）便于硬件、软件的移植。

（4）便于系统功能的增强和扩充。

此外，开放式系统结构还支持系统可变规模，有利于缩短研制开发周期，较好地解决系统的功能扩展、修改以及元器件的更新换代。

2) 商用货架产品

商用货架产品（Commercial Off The Shelf，COTS）是指具有开放式标准定义的接口软件或硬件产品，使用这种产品设计的原则就是使用安装要求低，并且可以在现有产品技术条件下稳定运行，COTS技术具有以下特点。

（1）显著减少专用元器件、专业组件或模块、专用软件等数量。

（2）采用通用的、开放的技术标准，兼容型号。

（3）技术先进，具有良好的技术支持、便于扩充和升级，产品更新换代快，可以直接在商品货架上采购，供货渠道有保障。

（4）采购费用低，研制、生产周期短。

（5）产品维修和后勤保障较为方便，维修保障费用低。

（6）生产商可提供行业知识和技术支持，使研发人员只关心本专业相关的技术研究，而不必把精力花费在通用技术上，从而降低了科研生产成本。

1.1.2 系统智能化

随着战争形态向着智能化方向演变，航空电子装备的智能化已成为必然趋势，人工智能技术已成为未来装备发展的必然选择。智能化装备的本质是具有一定智能的机器系统替代部分飞行员工作，与飞行员协同实现对飞机的运行控制，智能化技术的关键就是空中作战智能决策。

1. 系统智能化的主要功能

智能化程度不断提高，增强了航空电子系统的环境感知、目标认知、战术决策、电子对抗及维护保障等综合能力。

（1）在实现设备基本功能的基础上增强与其他设备、飞行员的协作能力，提高复杂环境感知能力和快速响应能力，减轻飞行员操作负荷，提升飞机综合任务能力。

(2) 可以为飞行员在飞行过程中,对各种目标进行自动分类识别,分析目标信息,提供实时的决策信息。

(3) 为各种进攻武器实时提供所需的目标参数、发射计算和引导控制。

2. 人工智能技术的应用

人工智能技术主要应用于智能人机交互、智能感知、智能决策、智能指控、智能对抗及智能保障等方面。智能化系统减少了飞行员的工作量和减轻了飞行员的心理压力,并可避免人脑在某些方面的能力不足,通过人工智能系统的引入,使飞机的运行操作更准确、更及时、更便捷。

1.1.3 模块化结构

模块化是实现航电系统结构简化和系统重构的基础,是系统结构分层和综合化的关键,也是影响资源利用率的重要因素,在顶层设计(Tope Level Design,TLD)时必须要折中和权衡系统结构层次。在 TLD 时,应把处理统一功能的硬件和软件放在同一个分系统内,尽量放在同一个外场可更换单元(Line Replaceable Unit,LRU)/外场可更换模块(Line Replaceable Module,LRM)内,以便容易实现模块化设计。模块化系统结构设计应优先选用标准件,提高互换性和通用化程度。

1. LRU

LRU 一般在联合式、数字式系统结构中采用,用于综合模块化结构设计,每一个 LRU 完成单一的应用功能,各个 LRU 硬件结构完全独立,内部由实现不同功能的内场可更换单元(Shop Replaceable Unit,SRU)组成。典型的 LRU 由 CPU 和存储模块、多路总线接口(Multiple Bus Interface,MBI)模块和互连电缆等组成,这些 SRU 可实现板级互换。内部 SRU 设计各不相同,功能软件与特定硬件绑定,在产品设计定型后难以进行修改,软件重用性差,系统重复开发、升级成本高,典型 LRU 组成如图 1-5 所示。

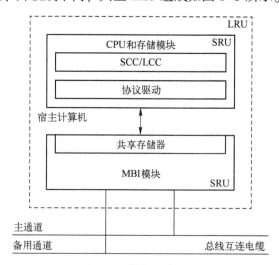

图 1-5 典型 LRU 组成

1)CPU 和存储模块

宿主计算机在其内部提供 CPU 和存储模块,CPU 和存储模块内部包含系统通信控制

(System Communication Control，SCC)/局部通信控制（Local Communication Control，LCC）和协议驱动。SCC/LCC 是总线通信系统管理软件模块，具有处理总线通信系统中的特殊情况和监控功能。SCC 软件模块用于管理整个系统的总线通信，LCC 软件模块用于管理子系统的局部总线通信。协议驱动程序是一个标准的软件包，它是宿主计算机工作软件与 MBI 卡发送消息之间的接口。

2）MBI 模块

MBI 模块用于处理全部通信任务，模块采用由微处理器控制的标准卡，除了含有实现总线标准通信所必需的软件和硬件，还含有宿主机总线驱动程序存取的共享存储器，并通过其前端部件接到总线的主通道和备用通道。MBI 模块具有数据传输管理功能、消息处理功能、总线配置动态更改功能以及时间同步功能。

3）互连电缆

互连电缆由两根导线绞合的屏蔽护套双绞电缆（或光纤电缆）及相关附件组成。

2. LRM

LRM 一般应用于综合模块化结构的系统中，将系统作为一个整体，在模块级进行高度综合集成设计，通过对 LRM 的灵活组合配置构成系统，可实现预定的系统功能。分系统应进行模块化的设计，使一个模块的故障只影响本模块的输出，尽可能避免对其他模块的影响。模块化设计一般采用开放式系统结构、COTS 技术，利于后续技术更新、元器件换代和系统扩展。模块化可满足系统重构、扩展、修改和维护需求，同时可降低设备成本，减少飞机的后勤保障费用，可大幅度地提高装备可用性，保证飞机随时处于可以起飞状态。美军 F-22 战斗机航电系统采用模块化 CIP，实现信号和数据的综合处理，采用系统最小单元 LRU 和 LRM 并存，F-35 战斗机最小系统单元采用统一的 LRM，其外形如图 1-6 所示。

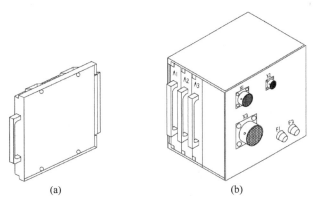

图 1-6　LRM 外形示意图
(a) 单个模块；(b) 安装示意图。

1.1.4　标准化设计

标准化是贯彻实施战术技术指标及作战使用要求的基本原则和指导规范，贯穿于飞机全生命周期中。飞机在设计、试验、生产、使用、维修等环节应建立配套齐全的技术和管理标准，包括基础标准、产品标准、零部件标准、工程管理标准、材料标准、可靠性和维修标准、软件标准、综合使用保障标准和计量测试标准等，作为研制工作的基本依据。通过加强标准化的管理，全面、系统有效地贯彻实施标准化要求，达到提高研制效率、缩短研制周期、节约研制费用的目标。装备在研制过程中，应贯彻现行有效的国家标准、行业标准、国家军用标准及产品标准，如机械制图标准、电气制图标准、公差与配合标准、文字代号、量及单位、设计文件管理制度以及设计的有关规定。

1. 实施标准化的基本原则

1) 系统硬件资源标准化应主要遵循原则

（1）最大程度地发挥系统资源效率，提升系统的资源配置能力，降低资源成本。

（2）减少模块种类，减少整机备件数量，降低全寿命使用成本。

（3）提升系统的可用性、可靠性、维修性和可生存性。

（4）减少新研产品的种类和数量，缩短研制周期。

（5）有利于装备的升级换代。

（6）提高系统的综合化程度。

（7）有利于地勤维护。

2) 软件标准化应主要遵循原则

（1）统一编程接口，提高软件的可移植性。

（2）标准化系列的对外接口，规范接口的访问。

（3）采用标准化、模块化、层次化设计思想，提高软件的可升级性、维护性和可测试性。

（4）有利于提高软件质量，缩短研制周期，降低软件开发成本。

2. 硬件模块

选用统一的标准模块，如 CPU 模块、标准 MBI 模块、标准输入/输出（I/O）接口模块、标准电源模块、标准通信模块以及软件驱动接口模块等。总线采用标准的终端接口和软件驱动程序，采用标准通用化电子模块，提升装备的维修性和保障性。

1) CPU 模块

CPU 模块是机载计算机系统的基础和核心，一般由中央处理机、存储器、输入/输出设备等组成。中央处理器作为计算机所有指令的合集，程序需要编译/解释成指令形式的机器语言后才能运行，反映了计算机的基本功能。CPU 选择应满足综合设计总体要求，满足硬件平台的使用需求，常用有 PowerPC 系列，如 PowerPC 74 系列处理器、PowerPC 603e、PowerPC 8245；Intel X86 系列，如 80486 等处理器作为机载计算机处理器。

2) 内总线

内总线（Internal Bus）是计算机内部模块之间传输信息和数据的一组信号线。嵌入式计算机硬件平台采用开放式体系结构，在模块化设计时，模块之间采用标准内总线接口，达到通用性的要求。嵌入式计算机模块的内总线设计是实现通用化、开放式的保证，应满足开放平台硬件之间的接口标准。一般选用应用广泛、性能稳定的 LBE（Local Bus Extent）总线、VME（Versa Module Eurocard）总线和 CPCI（Compact Peripheral Component Interconnect）总线作为内总线。

（1）LBE 总线。LBE 总线是一种 32 位机载计算机总线，广泛应用于 PowerPC 构架的机载设备中。

① 功能部分。LBE 总线信号可划分为系统信号区、用户信号区和测试信号区。它必须包含一个且仅能包含一个第一主设备，支持最多三个第二主设备。第一主设备为总线的默认主设备，完成总线仲裁和 DMA 控制。第二主设备在需要控制总线时才发出总线请求信号，在获得总线允许响应信号后，方可占用总线。LBE 总线系统结构如图 1-7 所示。

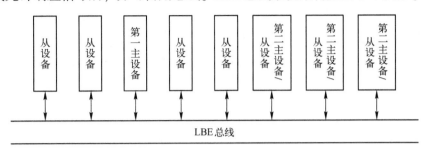

图 1-7　LBE 总线系统结构

LBE 总线上共规定 5V、3.3V、15V、-15V 四种类型的电源。信号特性：LBE 总线信号采用 TTL 电平。0≤输出低电平≤0.55V；2.4V≤输出高电平≤5.0V；-0.5V≤输入低电平≤0.8V；2.0V≤输入高电平≤5.25V。

② 机械部分。模块一般采用 1ATR 标准尺寸，200 芯（50×4）插针式电连接器。除了电源线、地线外，每条信号线只占用一根插针，地线作为信号线的回线。

（2）VME 总线。VME 总线用于互连微处理器、数据存储设备和外围控制设备的接口系统，嵌入式计算机内部各单元之间可通过 VME 总线相互通信。VME 总线结构包括功能部分和机械性能两个方面，其中功能部分规定总线的工作方式、功能模块以及管理操作的规则；机械部分规定了组成和物理结构。

① 功能部分。VME 总线支持面向多种设备的并行处理，具有优异的中断处理系统，在其内部采用了独特的优先中断总线。为了获得实时响应能力，它采用仲裁算法菊花链和优先权相结合的策略，给重要任务分配高的优先权，提高系统的实时响应能力。VME 总线系统组成如图 1-8 所示。

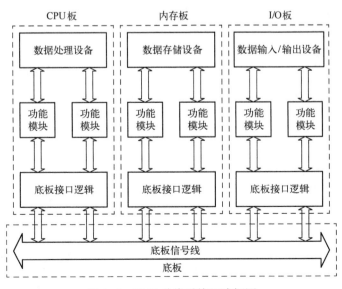

图 1-8　VME 总线系统组成框图

信号特性：底板上应使用驱动器和接收器。稳态驱动器输出低电平不大于0.6V；稳态接收器输入低电平不大于0.8V；稳态驱动器输出高电平≥2.4V；稳态接收器输入高电平不小于2.0V，VME总线电平如图1-9所示。

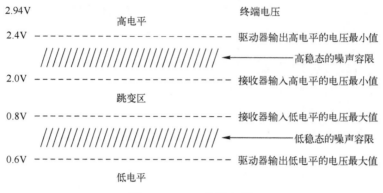

图1-9 VME总线电平

② 机械部分。机械部分由机架、底板、前面板和插件板等部分组成。插卡也采用标准接口，具有良好的抗震性和抗冲击能力。VME总线采用了终端匹配技术，可减少来自总线底板信号线终端的反射。有优良的物理特性，使VME功能模块与底板之间连接紧密、牢固；有优良的防震结构，可满足工控机和军用的要求。

（3）CPCI总线。CPCI总线为紧凑型PCI总线，它将PCI总线技术应用到恶劣工作环境下的工业计算机等领域，它的出现解决了一些传统设备总线，如VME与工业标准PCI总线不兼容的问题。

① 功能部分。CPCI总线的主要特点是数据传输性能高，线性突发传输能够更有效地运用总线带宽来传送数据；CPCI总线与处理器的结构无关，支持多处理器和同步操作，对于多处理器系统，CPCI总线独特的同步操作功能，可保证微处理器与这些总线主控同时操作，CPU可以采用X86、PowerPC、DSP等芯片的模块，可以配有显示、中频处理、视频处理、网络和输入/输出等模块；CPCI总线采用地址/数据复用，使连接其他部件的引脚减少，节约了线路板空间，并具有低电感、低阻抗的特点，连接器的低阻抗将不需要的信号反射减少到最小。

② 机械部分。在力学性能上，CPCI板的封装结构采用欧式板卡外形和插卡式机械结构，共定义了3U（160mm×100mm）和6U（160mm×233mm）两种尺寸的板卡，与底板之间通过针孔连接器紧密连接，有良好的可靠性和抗震性。CPCI总线的电气性能与PCI兼容，但物理结构和接插件采用与VME相类似的技术，抗恶劣环境、支持热插拔、即插即用。CPCI板卡外形如图1-10所示。

3. 系统软件

1）通用软件执行环境

通用软件架构遵循开放式软件架构的设计思路，将软件架构分为硬件层、驱动层、系统服务层和应用层，其中系统服务层包括操作系统和框架服务层，其分层结构如图1-11所示。

2）集成化软件工程环境

传统的计算平台带有一组平台设备接口，每一个平台设备接口都是不同的，应用软件与一些或者所有的这些接口相连接，每个平台都具有一个接口控制文件（Interface Control Document，ICD）来描述该硬件所支持的消息和协议，应用程序与硬件的接口是建立在这些消息和协议

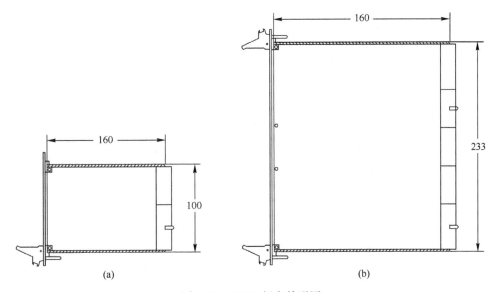

图 1-10 CPCI 板卡外形图

(a) 3U-CPIC 板卡外形图；(b) 6U-CPIC 板卡外形图。

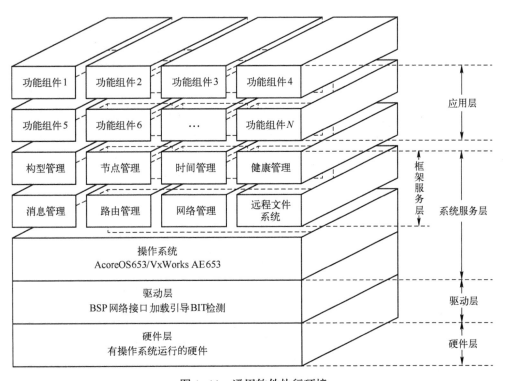

图 1-11 通用软件执行环境

的支持上的,而应用程序中这些消息和协议的支持与具体硬件是紧密耦合的,应用程序在不同的平台之间无法移植,集成化软件工程环境有效地解决了这些问题。

（1）ISEE 概念。集成化软件工程环境（Integrated Software Engineering Environment, ISEE）是十分复杂的系统工程,它包括所有软件理论、技术和方法。集成环境实质是软件理论、技术和方法的集成,集成技术是 ISEE 的关键,ISEE 必须建立统一的概念模型和数据模型，相互协作、通信和数据共享。

（2）ISEE 特点。ISEE 主要有两个特点：一是以智慧知识库为主要特征；二是以"过程"为中心。智慧知识库是基于人工智能算法，从软件数据中进行数据解析、数据收集，经数据融合、数据更新，进行知识提取，利用获取的软件知识进行智能辅助，用于提升软件工程环境的智能化水平。软件过程是构建工作产品时所执行的一系列活动、动作和任务的集合，定义了软件生成的一系列活动，这些活动贯穿了软件开发的整个过程，集成的核心是支持软件工程过程，集成的关键是软件过程的定义。

（3）ISEE 架构。ISEE 应立足于现有的设备软件和平台，参考通用开放式软件架构，包含 FA-CE 标准、欧洲联合标准航空电子体系结构委员会（Allies Standard Avionics Architecture Council, ASAAC）标准以及 ARINC653 的开放式软件执行环境，以规范 ISEE 平台组件之间的交互方式和设计约束。

ISEE 执行环境的应用软件与具体的硬件平台、操作系统可解耦合，着重于算法功能的实现，侧重于应用软件的通用性和可移植性，提高软件重用性并缩短开发周期。ISEE 架构主要由硬件平台、硬件抽象层、操作系统层（Operating System Layer, OSL）、ISEE 运行环境和 ISEE 平台应用构成，如图 1-12 所示。

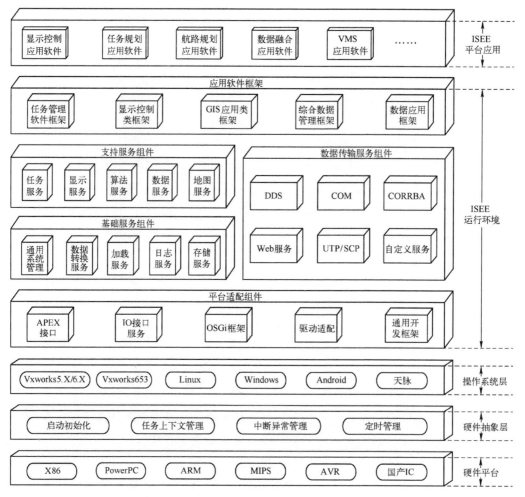

图 1-12　ISEE 架构

3) 软件加载

综合模块化航空电子系统（Integrated Modular Avionics，IMA）的特点是提供了一套综合通用的硬件资源平台和操作系统平台，在将系统中的应用程序部署到这些平台上时，可以做到软硬件分离、资源共享、易于重构和维护。软件加载可采用在线加载调试和固化、数据总线网络加载、以太网加载等方式，采用统一网络进行互联，功能易于升级，当系统中某个设备的硬件或软件出现故障时，重构机制能让系统按照预设的配置进行功能迁移，从而使整个系统得以继续正常运行。

4. 标准化文件

标准化工作按照产品标准化大纲编制指南的要求，结合型号的研制特点建立标准化文件体系，编制型号标准化文件体系表和文件清单，包括型号标准化技术文件、管理文件、评审文件等。在型号的研制过程中，结合型号的研制需求，对标准体系进行动态管理，在型号工程研制阶段，应依据研制总要求、型号工作分解框架、型号研制总体技术方案等顶层文件，结合装备的技术特点，形成的设计文件包括设计图样、技术规范、质量保证大纲、可靠性保证大纲、维修性大纲、测试性大纲、综合保障大纲、标准化大纲、测试规程、研制方案报告、质量总结报告、工艺质量分析报告、可靠性预计报告、可靠性设计报告、保障性分析报告、测试性分析报告、测试报告和维修性测试报告等。

1.2 系 统

辩证唯物主义认为世界是由无数相互关联、相互依赖、相互制约和相互作用的过程所形成的统一整体，这种普遍联系和整体性的思想就是系统科学思想的实质。飞机总体设计中对系统功能要求苛刻，而体积重量限制又十分严格，由于传统设计方法不是从系统工程学的观点进行设计的，除了系统本身之外，其间的传输电缆占据了可观的重量体积，各系统都有着相应的信息采集、传输、处理、控制等环节，却不能共享资源或互为备份，又因没有故障隔离或防止故障漫延的措施，使可靠性降低，即使系统的性能很好，但组合之后总体性能却可能很差。飞机设计需要结合系统工程思想，增强对客观世界的整体性和系统性认识，从系统工程的观点来统筹设计飞机。

1.2.1 系统的定义

1. 系统

系统是由互相联系、依赖、制约、作用的若干元素组成的，元素之间按照一定的方式，为了一定的目的组成的具有特定结构、功能的有机整体，一个系统又从属于一个更大的系统。要设计一个系统，首先要了解要素之间存在的内在联系（如共生、协同、依附、制约、连带、对抗等形式），即了解系统的内部结构，从而建立系统的结构模型。表示信息流程的方框图和信号流程图、表示元件之间逻辑关系的各种图解、表示单元连接关系的系统图、配线和管线的回路图以及生产工艺流程图等都属于系统结构模型。系统的结构模型是一种定性模型，它是建立功能模型前的一种模型。功能模型是在系统结构模型的基础上定量化，不但要知道要素之间的联系与影响，而且将联系与影响用定量化表示。从不同的角度来看，系统可以分为不同的类型，系统类型如图1-13所示。

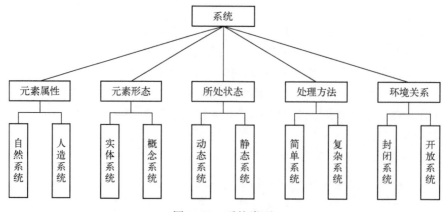

图 1-13 系统类型

2. 航空电子系统

航空电子系统是指安装在飞机上或悬挂在飞机上的所有电子和机电系统及子系统，由硬件及软件组成。这些部分之间相互协同作用，实现飞机的显示控制和管理、任务计算、导航、通信、态势感知、自卫防御、外挂物管理、数据管理、飞行控制和机电管理等功能。作战飞机在实现上述功能的基础上，还需地面导引并与其他武器平台一起遂行联合作战，可见单架飞机作为一个系统，又从属于一个更大的系统，即装备体系。

3. 分系统

具备下列两种状况之一的系统都可以认为是分系统。

（1）作为单独整体起作用的多个装置或设备的组合，但并不要求其中的装置或设备独立起作用。

（2）完成单项或多项功能的多个设备或分系统的组合。

4. 设备

设备是作为一个独立单元进行工作，完成单一功能的任何电子、电气或机电装置。

1.2.2 系统特性

系统是具有特定功能互相间具有有机联系的许多要素所构成的一个整体，整体具有部分不具有的特性，需通过系统内部、外部及时间的维度来看系统。从内部看系统，即从系统的边界去观察系统内部的要素及其相互关系；从外部看系统，即从系统与外界环境的交互中认识系统，分析系统与周围环境因素的相互作用关系；从时间的维度去看系统，系统不是一成不变的，系统是动态变化的，从系统的状态是否随时间变化来考虑，可将其分为静态系统和动态系统，其中静态系统是指系统特性的决定因素不随时间推移而变化的系统，而动态系统是指这些因素随时间推移而变化的系统。系统主要具有以下四个方面的特性。

1. 多元性

系统由两个或两个以上可以区分的要素/组分构成。通常系统都具有某种目的，要达到既定的目的，系统都具有一定的功能，而这正是区别系统与系统的标志。

2. 相关性

系统中所有要素相互关联、互相作用。系统内各要素之间是有机联系的、相互作用的，这些要素之间具有相互依赖、相互制约的特定关系。

3. 整体性

系统是所有要素构成的统一整体，具有整体的结构、状态、行为和功能等。它是由两个或两个以上的可以互相区别的要素，按照作为系统整体所应具有的整体性而构成的，是为达到某种功能所必须具有的组成要素的集合。

4. 环境适应性

任何一个系统都存在于一定的物质环境之中，因此它必然也要与外界环境产生物质的、能量的和信息的交换，外界环境的变化必然会引起系统内部要素之间的变化，系统必须适应外部环境的变化。

1.2.3 系统结构

1. 层级

层级是在认识事物过程中发现的规律性，是要素形成整体的过程中涌现出来的等级。系统整体具有部分不具有的特性，这是要素之间相互作用的结果，它是一种非加和的属性，即系统整体功能大于各组分功能之和。首先将系统分解成组分，这些组分之间相互作用，并将复杂的组分再进行分解，这样自上而下逐层分解，直至为最小单元，自下而上层层综合，再将这两个方法结合起来，从上往下做设计，从下往上做实现，系统层级如图1-14所示。

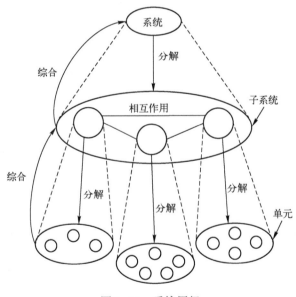

图 1-14 系统层级

2. 划分

划分是将复杂系统或功能分割成大小易于管理的部分，然后将这些较小的部分分配给执行所需任务的设备，这种方法称为划分。划分一般采用系统方块图，方块可以代表实际部件，也可以是图解表示。在实际系统中，功能可以按实现设计所用的部件进行划分。

3. 从属

系统内部要素之间存在多种关系，又处于一定的环境之中，从属于更大的系统。如大气数据计算机（Air Data Computer，ADC）由电源模块、处理器模块、模拟量接口模块、数字量接口模块和总线接口模块等部件组成；ADC、极限信号计算机和大气温度传感器组成了大气数据子系统（Air Date Subsystem，ADS）；ADS 又从属于航空电子系统，作为航空电子系统的子系统。系统层次结构如图 1-15 所示。

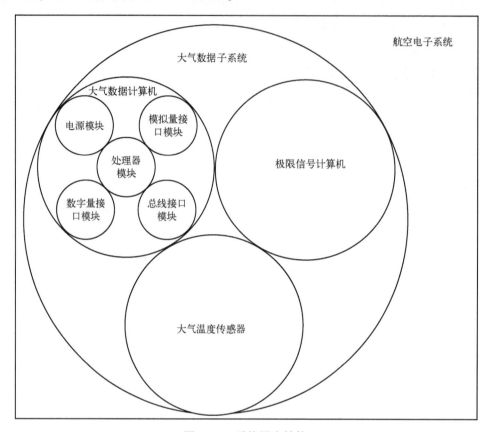

图 1-15　系统层次结构

1.2.4　系统模型

1. 模型

模型可以认为是实际系统的代替物，它反映出系统的主要组成部分和各部分之间的相互作用，以及系统要素的因果作用和反作用的关系，一般来说模型可按图 1-16 所示进行分类。

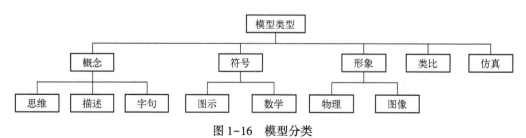

图 1-16　模型分类

2. 系统结构模型

系统结构模型是定性表示系统要素之间以及其与环境之间在本质上相互制约、相互依赖和关联关系的模型。系统科学认为，凡是系统必有结构，系统结构决定功能，而环境影响功能。破坏结构就会完全破坏系统的总体功能，即使要素相同，关系不同，系统结构也就不同。结构模型描述系统的结构形态，描述系统的要素有哪些，处在什么样的环境中，它们之间的关系是什么样的。系统结构模型主要有线形结构型、树形结构型、网形结构性、环形结构型以及它们的组合类型。

1) 线形结构型

上一个要素的输出为下一个要素的输入，要素之间的联系呈线性关系，线性结构模型见图 1-17。

2) 树形结构型

由逻辑推理形成的结构模型多属于此种形式，树形结构模型如图 1-18 所示。

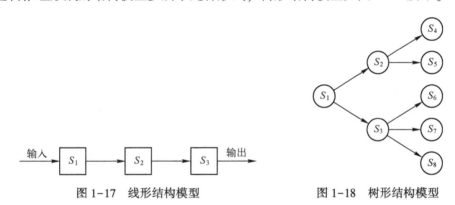

图 1-17　线形结构模型　　　　　图 1-18　树形结构模型

3) 网形结构型

工艺流程、工程计划多属于此种形式，网形结构模型如图 1-19 所示。

4) 环形结构型

将线性结构型的最后输出与线性结构型的最初输入连接起来，便形成环形结构，环形结构模型如图 1-20 所示。

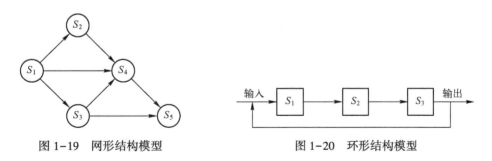

图 1-19　网形结构模型　　　　　图 1-20　环形结构模型

3. 系统模型描述

通常情况下可采用图、集合和矩阵等方式来描述系统结构。

1) 图的方式

用图来表达系统结构是将系统的组成、要素或者事件作为节点，将各节点之间的关系作为连边构成图形。根据节点关系是否存在方向,分为无向图和有向图。若一个图中每条边都是无方向的,则称为无向图。由节点和连接各节点的有向边构成的图形称为有向图(Directed Graph,DG),记为 D。系统结构的有向图表征如图 1-21 所示。

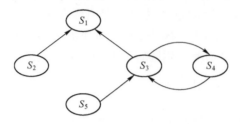

图 1-21 系统结构的有向图表征

2)集合的方式

将系统要素看成集合的元素,要素之间的关系处理成二元关系,要素的二元关系具有传递性和替换性。

(1)集合表达方式对系统的定义。

① 对于系统 S,其中元素的集合 S_i 满足:S_i 要素集是 S 要素集的真子集;S_i 本身满足系统的要求。

② 系统要素($n \geq 2$),则集合 $S=\{S_1,S_2,\cdots,S_n\}$。

(2)要素二元关系特性。若要素 S_i、S_j 之间存在二元关系 R。

① 传递性:若 S_iRS_j,S_jRS_k,则 S_iRS_k。

② 替换性:若 S_iRS_j,且 S_jRS_i,则称为强连通关系。

我们可以在图 1-21 中看出,$S_1 \sim S_5$ 中可以看到五条有向边,S_5 可以通过传递性到达 S_1 和 S_4、S_3 和 S_4 属于强连通关系。

(3)系统的二元集合。系统的二元集合如式(1-1)所示,二元关系集合如式(1-2)所示:

$$S=\{(S_2,S_1),(S_3,S_1),(S_3,S_4),(S_4,S_3),(S_5,S_3)\} \tag{1-1}$$

$$S=\{(S_i,S_j)|S_iRS_j,S_i,S_j \in R\} \tag{1-2}$$

3)矩阵的方式

用矩阵方式来表达要素之间的基本二元关系,将系统的各个要素按照一定次序排列,作为矩阵的行和列,若系统要素之间存在直接联系,记为 1;没有直接联系,记为 0。图 1-21 对应矩阵结构的有向图 D 的矩阵表达如式(1-3)所示:

$$\boldsymbol{D}=\begin{array}{c} \\ S_1 \\ S_2 \\ S_3 \\ S_4 \\ S_5 \end{array}\begin{array}{c} S_1\ S_2\ S_3\ S_4\ S_5 \\ \begin{bmatrix} 0 & 0 & 0 & 0 & 0 \\ 1 & 0 & 0 & 0 & 0 \\ 1 & 0 & 0 & 1 & 0 \\ 0 & 0 & 1 & 0 & 0 \\ 0 & 0 & 1 & 0 & 0 \end{bmatrix} \end{array} \tag{1-3}$$

可以看出,系统的结构模型可用图、集合和矩阵三种表达方式来描述,三种方式可以相互转化,存在对应关系,这三种表达方式的特点:图是系统的形象、直观刻画;集合是系统的数学表现;矩阵表达便于计算机辅助处理。

1.3 设　　计

1.3.1 设计原则

1. 建立基准坐标系

坐标系是飞机设计的基准，同时也是导航、数据传输、校靶、机载设备安装的基准点和参考点。坐标系又可分为全机坐标系和局部坐标系，全机坐标系是飞机设计的主要基准，即主要部件的设计基础；局部坐标系是各种附件的设计基准。当飞机基准坐标系建立起来之后，便可对机载设备进行测量，得到其相对飞机平面的夹角。机载设备在实际安装过程中，为充分利用机上的空间，会根据各自的设备特性分布在飞机的各个相对的部位，常用的坐标系有以下几种。

1) 空间坐标系

（1）坐标轴。过空间定点 O 作三条互相垂直的数轴，它们都以 O 为原点，具有相同的单位长度，这三条数轴分别称为 X 轴、Y 轴和 Z 轴，统称为坐标轴。

（2）右手定则和左手定则。右手定则是让右手的四指从 X 轴正向以 90°的直角转向 Y 轴正向，这时大拇指所指的方向就是 Z 轴正向，这样三个坐标轴构成的坐标系称为右手空间直角坐标系，与之相对应的是左手空间笛卡儿坐标系，坐标系定则如图 1-22 所示。三条坐标轴中的任意两条都可以确定一个平面，称为坐标面，由 X 轴及 Y 轴所确定的 XOY 平面；由 Y 轴及 Z 轴所确定的 YOZ 平面；由 X 轴及 Z 轴所确定的 XOZ 平面。

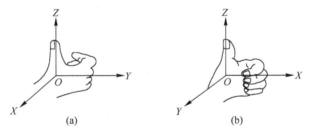

图 1-22　坐标系定则
（a）右手定则；（b）左手定则。

（3）右手坐标系和左手坐标系。右手坐标系拇指指向 X 轴正方向，食指指向 Y 轴正方向，则中指所指示的方向即是 Z 轴正方向，与之相对应的是左手坐标系，坐标系如图 1-23 所示。

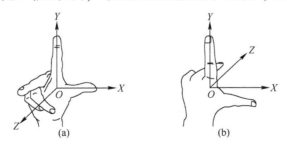

图 1-23　坐标系
（a）右手坐标系；（b）左手坐标系。

2)地球固连大地坐标系（E系：o_e、x_e、y_e、z_e）

地球固连大地坐标系也称为地球坐标系，其定义包括坐标系的原点，三个坐标轴的指向、尺度以及地球椭球的四个基本常数（长半轴、扁率、地心引力常数、自转角速度）。在空间上一般采用中国大地坐标系统（China Geodetic Coordinate System 2000，CGCS2000），定义如图1-24所示。

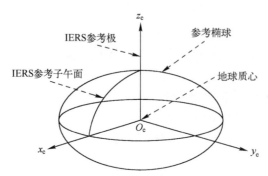

图1-24 CGCS2000定义的示意图

(1) o_e原点为包括海洋和大气的整个地球的质量中心。

(2) $o_e z_e$轴由原点指向历元2000.0的地球参考极的方向，指向国际地球自转服务（International Earth Rotation Service，IERS）参考极（International Reference Pole，IRP）方向。

(3) $o_e x_e$轴由原点指向格林尼治参考子午线与地球赤道面（历元2000.0）的交点，$o_e x_e$轴为IERS参考子午面（International Reference Meridian，IRM）通过原点，且与$o_e z_e$轴正交的赤道面的交线。

(4) $o_e y_e$轴与$o_e z_e$轴、$o_e x_e$轴构成右手地心地固直角坐标系，即右手坐标系。

3) 地理坐标系（N系：o_n、x_n、y_n、z_n）

(1) 坐标系。地理坐标系又称为东北天坐标系，以地面或空间的任一固定点为原点建立三条互相垂直的坐标轴。地理坐标系是一固定的坐标系，不随飞机运动而改变，$o_n x_n$轴指向正北方向，$o_n y_n$轴为载机到地平面的垂线并指向远离地心的方向，$o_n z_n$轴指向正东方向，符合右手定则。在地理坐标系中，飞机的即时位置一般用经度λ和维度φ来描述。地理坐标系如图1-25所示。

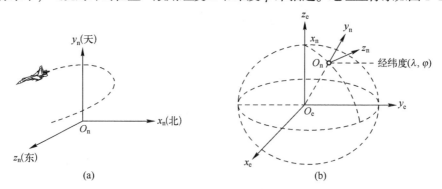

图1-25 地理坐标系
(a) 坐标系示意图；(b) 坐标系几何图。

(2) 地理系至地球固连大地坐标系。设载机的经度为λ，纬度为φ，大地坐标系CGCS2000用C表示。地理系至地球固连大地坐标系的转换矩阵为

$$\boldsymbol{C}_{\mathrm{b}} = \begin{bmatrix} -\sin\lambda\cos\varphi & -\sin\varphi & -\cos\lambda\cos\varphi \\ -\sin\lambda\cos\varphi & \cos\varphi & -\cos\lambda\sin\varphi \\ \cos\lambda & 0 & -\sin\lambda \end{bmatrix} \tag{1-4}$$

4）地面坐标系（G 系：o_g、x_g、y_g、z_g）

地面坐标系通常称为地轴系，以地面为基准，以位于地面或空间的任一固定点 o_g 为原点建立三条互相垂直的坐标系，它是相对于地球表面不动的一种坐标系。为了确定飞机相对于地面的位置，采用地面坐标系，如飞机在地面上的起飞点或进入空战时的初始位置。

（1）欧美地面坐标系。$o_g x_g$ 轴处于地平面内并指向某一规定方向，$o_g y_g$ 轴也在地平面内且垂直于 $o_g x_g$ 轴，$o_g z_g$ 轴垂直于地面指向地心。拇指代表 $o_g x_g$ 轴，食指代表 $o_g y_g$ 轴，中指代表 $o_g z_g$ 轴，坐标系符合右手定则，如图 1-26（a）所示。

（2）俄罗斯地面坐标系。$o_g x_g$ 轴处于地平面内并指向某一规定方向，$o_g y_g$ 轴指向上方为正，$o_g z_g$ 轴在地平面内垂直于 $o_g x_g$ 轴，坐标系符合右手定则，如图 1-26（b）所示。

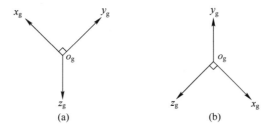

图 1-26 地面坐标系

（a）欧美地面坐标系；（b）俄罗斯地面坐标系。

5）机体坐标系（B 系：o_b、x_b、y_b、z_b）

机体坐标系也称为体轴系，飞机的转动采用体轴系表示。

（1）欧美机体坐标系。

① 坐标系。坐标系的原点 o_b 取在飞机质心处与飞机固连，$o_b x_b$ 轴与飞机机体的设计轴线平行且处于飞机对称平面内；$o_b y_b$ 轴垂直于飞机对称平面指向右方；$o_b z_b$ 轴在飞机对称平面内且垂直于 $o_b x_b$ 轴指向下方，如图 1-27 中（a）所示。

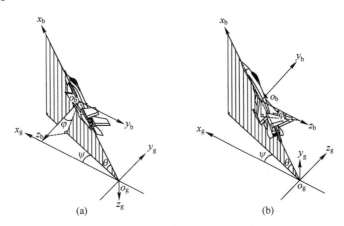

图 1-27 地面坐标系与机体坐标系

（a）欧美机体坐标系；（b）俄罗斯机体坐标系。

② 载机姿态。俯仰角（θ）：载机纵轴 $o_b x_b$ 与水平面之间的夹角为俯仰角，载机抬头为正。

偏航角（ψ）：机体轴 $o_b x_b$ 在水平面上的投影与地轴 $o_g x_g$ 之间的夹角，机头右偏航为正。

滚转角（φ）：又称倾斜角、横滚角，载机 $o_b z_b$ 轴与铅垂面之间的夹角为滚转角，载机右倾为正。

(2) 俄罗斯机体坐标系。

① 坐标系。坐标系的原点 o_b 取在载机理论重心，$o_b x_b$ 轴与飞机纵轴线一致，指向机头方向为正；$o_b y_b$ 轴在载机对称平面内，指出机背方向为正；$o_b z_b$ 轴垂直于飞机对称平面，与 $o_b x_b$ 轴和 $o_b y_b$ 轴符合右手定则，如图 1-27 中（b）所示。

② 飞机航向。真航向 ψ_t：载机纵轴 $o_b x_b$ 在水平面内的投影与地理坐标系正北方向 $o_n x_n$ 轴之间的夹角为真航向，以真北为基准顺时针为正，如图 1-28 中（a）所示。

磁航向 ψ_m：载机纵轴 $o_b x_b$ 在水平面上的投影与磁子午线之间的夹角，其方向规定与真航向相同，见图 1-28 中（b）。

罗航向 ψ_c：飞机上的钢铁物质和处于工作状态的电气设备会形成飞机磁场。由此，飞机上用磁罗盘测得航向基准线实际上是地球磁场与飞机磁场两者形成的合成磁场水平分量方向，即罗经线。载机纵轴 $o_b x_b$ 在水平面上的投影与罗子午线之间的夹角，按罗航向角计算的飞行航向角为罗航向，如图 1-28 中（c）所示。

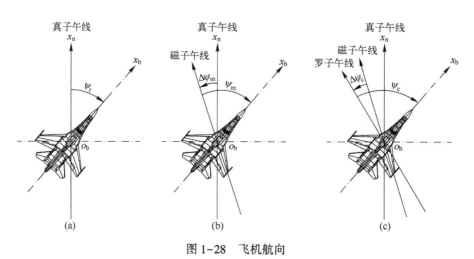

图 1-28 飞机航向
（a）真航向；（b）磁航向；（c）罗航向。

③ 地理坐标系与机体坐标系转换。载机姿态信息可由惯导系统和航姿系统获得，由地理坐标系到机体坐标系的转换顺序依次为，转动真航向为半稳坐标系，再转过俯仰角、滚转角后得到机体坐标系，如图 1-29 所示。

由地理坐标系到机体坐标系的转换矩阵如下：

$$\boldsymbol{B}_n = \begin{bmatrix} \cos\theta\cos\psi_t & \sin\theta & -\cos\theta\sin\psi_t \\ \sin\varphi\sin\psi_t - \cos\varphi\sin\theta\cos\psi_t & \cos\varphi\cos\theta & \sin\varphi\cos\psi_t + \cos\varphi\sin\theta\sin\psi_t \\ \cos\varphi\sin\psi_t + \sin\varphi\sin\theta\cos\psi_t & -\sin\varphi\cos\theta & \cos\varphi\cos\psi_t - \sin\varphi\sin\theta\sin\psi_t \end{bmatrix} \quad (1-5)$$

由机体坐标系到地理坐标系的转换矩阵如下：

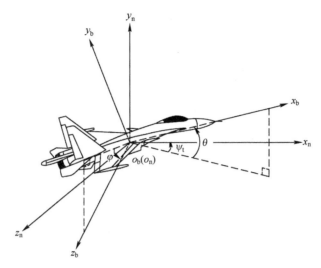

图1-29 地理坐标系与机体坐标系的转换

$$N_b = \begin{bmatrix} \cos\theta\cos\psi_t & \sin\varphi\sin\psi_t - \cos\varphi\sin\theta\cos\psi_t & \cos\varphi\sin\psi_t + \sin\varphi\sin\theta\cos\psi_t \\ \sin\theta & \cos\varphi\cos\theta & -\sin\varphi\cos\theta \\ -\cos\theta\sin\psi_t & \sin\varphi\cos\psi_t + \cos\varphi\sin\theta\sin\psi_t & \cos\varphi\sin\psi_t - \sin\varphi\sin\theta\sin\psi_t \end{bmatrix} \quad (1-6)$$

6) 速度坐标系（A系：o_a、x_a、y_a、z_a）

(1) 坐标系。速度坐标系又称气流坐标系、风轴系、速度轴系，原点o_a取在飞机质心处。

① 欧美速度坐标系。$o_a x_a$轴与飞行速度的方向一致，不一定在飞机对称面内；$o_a z_a$轴在飞机对称面内垂直于$o_a x_a$轴指向机腹；$o_a y_a$轴垂直于$x_a o_a z_a$平面指向右方，如图1-30（a）所示。

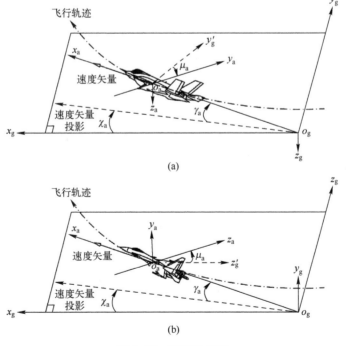

图1-30 速度坐标系

(a) 欧美速度坐标系；(b) 俄罗斯速度坐标系。

② 俄罗斯速度坐标系。$o_a x_a$ 轴与飞行速度的方向一致；$o_a y_a$ 轴在飞机对称面内垂直于 $o_a x_a$ 轴指向机背；$o_a z_a$ 轴垂直于 $x_a o_a y_a$ 平面指向右方，如图 1-30（b）所示。

(2) 速度轴系与地轴系的关系。

① 速度偏航角（χ_a）。$o_g x_g$ 轴和 $o_g y_g$ 轴绕 $o_g z_g$ 轴转动，使 $o_g x_g$ 轴与 $o_a x_a$ 轴在过原点的水平面上的投影重合所转过的角度，或者 $o_a x_a$ 轴在水平面上的投影与 $o_g x_g$ 轴的夹角。当 $o_a x_a$ 轴正半轴的投影线位于 $o_g x_g$ 轴右侧时，χ_a 为正。

② 速度俯仰角（γ_a）。$o_a x_a$ 轴与水平面的夹角，当 $o_a x_a$ 轴的正半轴位于过原点的水平面之上时 γ_a 为正。速度俯仰角的范围为 $-\pi/2 \leq \gamma_a \leq \pi/2$。

③ 速度倾斜角（μ_a）。欧美速度坐标系是在地面坐标系绕 χ_a 和 γ_a 转动两次之后，再绕 $o_a x_a$ 轴转动，使 $o_g y_g$ 轴与 $o_a y_a$ 轴重合，得到速度倾斜角 μ_a。

俄罗斯速度坐标系是在地面坐标系绕 χ_a 和 γ_a 两次转动之后，再绕 $o_a x_a$ 轴转动，使 $o_g z_g$ 轴与 $o_a z_a$ 轴重合，得到速度倾斜角 μ_a。

7) 航迹坐标系（K 系：o_k、x_k、y_k、z_k）

航迹坐标系表示飞机的运动轨迹，在无风时，航迹坐标系与速度坐标系相同。

(1) 欧美航迹坐标系。

航迹坐标系的原点 o_k 位于飞机重心，航迹纵轴 $o_k x_k$ 沿飞机速度方向，与速度坐标系的纵轴 $o_a x_a$ 重合；立轴 $o_k z_k$ 在通过 $o_k x_k$ 轴的铅垂面内垂直于 $o_k x_k$ 轴向下；航迹横轴 $o_k y_k$ 垂直于 x_k-z_k 平面，构成右手系。地面坐标系先绕 $o_g z_g$ 轴转一个航迹方位角 χ，再绕 $o_g y_g$ 轴转一个航迹倾斜角 μ 得到航迹坐标系，如图 1-31（a）所示。航迹坐标系绕 $o_k x_k$ 轴转动一个航迹滚转角 φ_k 得到速度坐标系。

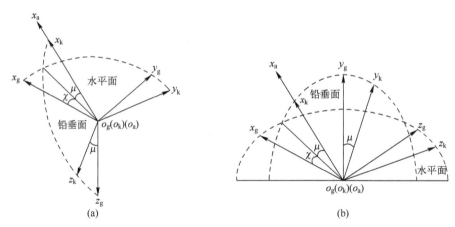

图 1-31 航迹坐标系转换关系
(a) 欧美航迹坐标系；(b) 俄罗斯航迹坐标系。

(2) 俄罗斯航迹坐标系。

航迹坐标系的原点 o_k 位于飞机重心，航迹纵轴 $o_k x_k$ 沿飞机速度方向，与速度坐标系中的纵轴 $o_a x_a$ 重合；立轴 $o_k y_k$ 在通过 $o_k x_k$ 轴的铅垂面内，垂直于 $o_k x_k$ 轴向上；航迹横轴 $o_k z_k$ 垂直于 $x_k o_k y_k$ 平面，构成右手系。地面坐标系先绕 $o_g y_g$ 轴转一个航迹方位角（χ），再绕 $o_g z_g$ 轴转一个航迹倾斜角 μ 得到航迹坐标系，如图 1-31（b）所示。

8) 稳定坐标系（S 系：o_s、x_s、y_s、z_s）

(1) 坐标系。稳定坐标系的原点 o_s 与机体坐标系一致，稳定坐标系和机体轴差一个迎

角 α，机体轴绕 $o_b y_b$ 轴向下转一个迎角 α 得到稳定坐标系。稳定坐标系再绕立轴向右转一个侧滑角 β 即得速度坐标系，欧美稳定坐标系如图 1-32 所示。

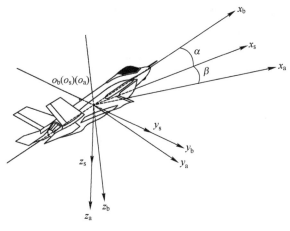

图 1-32 稳定坐标系

（2）飞行速度相对于机体轴系的角度。

① 迎角 α。迎角是飞行速度在飞机对称面上的投影与飞机纵轴的夹角。欧美坐标系速度的投影在 $o_b x_b$ 轴之下为正，俄罗斯坐标系速度的投影在 $o_b x_b$ 轴之上为正，迎角 α 的范围为 $-\pi \leq \alpha \leq \pi$。

② 侧滑角 β。侧滑角是飞行速度与飞机对称面的夹角，当飞行速度沿横轴的分量为正时侧滑角为正，侧滑角 β 的范围为 $-\pi/2 \leq \beta \leq \pi/2$。

9）舰船坐标系（D 系：o_d、x_d、y_d、z_d）

舰船坐标系与船体固定联系，原点 o_d 在船体的摇摆中心，$o_d y_d$ 轴取在纵中剖面内，指向船艏，平行于水线面；$o_d x_d$ 轴与纵轴剖面垂直，指向右舷，平行于水线面；$o_d z_d$ 轴在纵中刨面内，与水线面垂直，舰船坐标系如图 1-33 所示。

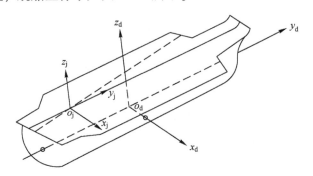

图 1-33 舰船坐标系

10）舰船甲板坐标系（J 系：o_j、x_j、y_j、z_j）

以舰载机的着舰点为坐标原点 o_j，$o_j x_j$ 轴指向舰船的右舷 90° 方向，$o_j y_j$ 轴与舰船纵轴方向一致，指向舰艏方向为正。$x_j o_j y_j$ 平面平行于舰主基准面。$o_j z_j$ 轴垂直于 $x_j o_j y_j$ 面向上为正，符合右手定则，如图 1-33 所示。在舰船甲板坐标系基础上，以 $o_j z_j$ 轴为转轴，旋转斜角甲板偏角，便可得到舰载机甲板着舰坐标系。

设甲板绕横轴转动俯仰角为 θ_j，甲板绕纵轴转动滚转角为 φ_j，甲板绕垂直立轴转动航向角为 ψ_j。则舰船甲板坐标系到地理坐标系的转换矩阵为

$$N_J = \begin{bmatrix} \cos\varphi_j\cos\psi_j + \sin\varphi_j\sin\psi_j\sin\theta_j & \sin\psi_j\sin\theta_j & \sin\varphi_j\cos\theta_j - \cos\varphi_j\sin\psi_j\sin\theta_j \\ -\cos\varphi_j\sin\psi_j + \sin\varphi_j\cos\psi_j\sin\theta_j & \cos\varphi_j\cos\theta_j & -\sin\varphi_j\sin\theta_j - \cos\varphi_j\cos\psi_j\sin\theta_j \\ -\sin\varphi_j\cos\theta_j & \sin\theta_j & \cos\varphi_j\cos\theta_j \end{bmatrix} \quad (1-7)$$

11）舰载机尾钩坐标系（T 系：o_t、x_t、y_t、z_t）

舰载机尾钩用于舰载机着舰过程中去钩拦阻索，坐标系原点 o_t 定义在尾钩的旋转中心，尾钩坐标系是以飞机坐标系为基准来定义的，其坐标系与机体坐标系各轴平行，$o_t x_t$ 轴沿着尾钩结构纵轴指向舰载机的机头方向，$o_t y_t$ 轴垂直于尾钩所在的铅垂面指向机体右侧，$o_t z_t$ 轴垂直于 $x_t o_t y_t$ 平面指向下方。当尾钩打开时，坐标系沿着 $o_t y_t$ 轴旋转，如图 1-34 所示。

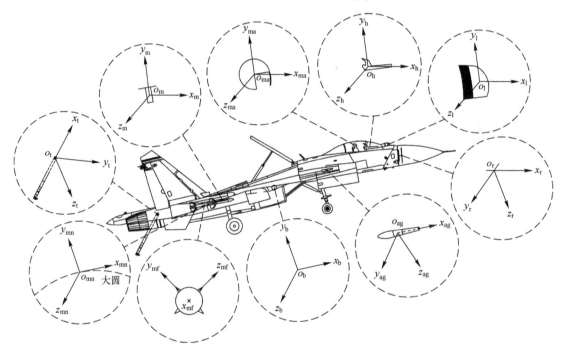

图 1-34 舰载机坐标系

12）光电雷达坐标系（L 系：o_l、x_l、y_l、z_l）

坐标系的原点 o_l 在光电雷达敏感元件的中心，$o_l x_l$ 轴指向机体正前方，消除机体前倾角；$o_l y_l$ 轴垂直于 $o_l x_l$ 轴向上；$o_l z_l$ 轴指向右侧，符合右手定则。

13）RDR 坐标系（R 系：o_r、x_r、y_r、z_r）

脉冲多普勒雷达坐标中心 o_r 为天线固定底座中心，相控阵雷达坐标中心 o_r 为雷达天线阵面中心。设 RDR 方位安装角 ψ_r，俯仰安装角为 θ_r。

RDR 坐标系转换为机体坐标系：

$$B_R = \begin{bmatrix} \cos\psi_r\cos\theta_r & -\cos\psi_r\sin\theta_r & \sin\psi_r \\ \sin\theta_r & \cos\theta_r & 0 \\ -\sin\psi_r\cos\theta_r & \sin\psi_r\sin\theta_r & \cos\psi_r \end{bmatrix} \quad (1-8)$$

机体坐标系转换为 RDR 坐标系：

$$\boldsymbol{R}_\mathrm{B} = \begin{bmatrix} \cos\psi_\mathrm{r}\cos\theta_\mathrm{r} & \sin\theta_\mathrm{r} & -\sin\psi_\mathrm{r}\cos\theta_\mathrm{r} \\ -\cos\psi_\mathrm{r}\sin\theta_\mathrm{r} & \cos\theta_\mathrm{r} & \sin\psi_\mathrm{r}\sin\theta_\mathrm{r} \\ \sin\psi_\mathrm{r} & 0 & \cos\psi_\mathrm{r} \end{bmatrix} \quad (1\text{-}9)$$

14）HUD 坐标系（H 系：o_h、x_h、y_h、z_h）

坐标系的原点 o_h 为光轴中心，HUD 坐标系可由机体坐标系绕 $o_\mathrm{b}z_\mathrm{b}$ 轴旋转平移，消除 HUD 轴线与飞机基准线之间的倾角误差得到。

15）航炮坐标系（AG 系：o_ag、x_ag、y_ag、z_ag）

飞机在地面时，航炮坐标系原点 o_ag 在尾管底部质心处，$o_\mathrm{ag}x_\mathrm{ag}$ 轴指向炮口方向。飞机在空中时，航炮 $o_\mathrm{ag}x_\mathrm{ag}$ 轴沿着速度方向，符合右手坐标系。

16）悬挂物坐标系

（1）导弹机体坐标系（M 系：o_m、x_m、y_m、z_m）。坐标系的原点 o_m 在导弹前吊挂光孔处，$o_\mathrm{m}z_\mathrm{m}$ 轴与 $o_\mathrm{b}z_\mathrm{b}$ 轴方向一致，导弹坐标系可由机体坐标系绕 $o_\mathrm{b}z_\mathrm{b}$ 轴旋转平移得到。

（2）制导导弹固联坐标系（MF 系：o_mf、x_mf、y_mf、z_mf）。坐标系的原点 o_mf 取在导弹的质心上，$o_\mathrm{mf}x_\mathrm{mf}$ 轴与导弹的纵轴重合并指向头部为正，$o_\mathrm{mf}y_\mathrm{mf}$ 轴、$o_\mathrm{mf}z_\mathrm{mf}$ 轴分别与导弹横轴上两个加速计的敏感轴方向一致，从尾后看各轴方向，$o_\mathrm{mf}y_\mathrm{mf}$ 轴向左上方，$o_\mathrm{mf}z_\mathrm{mf}$ 轴向右上方。

（3）导弹导航坐标系（MN 系：o_mn、x_mn、y_mn、z_mn）。坐标系的原点 o_mn 为导弹发射点，$o_\mathrm{mn}x_\mathrm{mn}$ 轴与大圆相切并指向目标点，大圆是地心与地球表面相交的圆，地球表面任意两点间的距离中大圆圈线最短；$o_\mathrm{mn}y_\mathrm{mn}$ 轴在大圆平面内向上为正；$o_\mathrm{mn}z_\mathrm{mn}$ 轴向右侧，坐标系符合右手定则。

（4）导弹惯性坐标系（MI 系：o_mi、x_mi、y_mi、z_mi）。坐标系的原点 o_mi 取在导弹的质心上，$o_\mathrm{mi}x_\mathrm{mi}$ 轴与导弹的纵轴重合并指向头部为正，$o_\mathrm{mi}y_\mathrm{mi}$ 轴指向右方，$o_\mathrm{mi}z_\mathrm{mi}$ 轴指向导弹下方，符合右手坐标系，导弹惯性坐标系如图 1-35 所示。

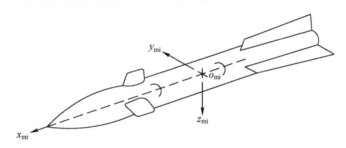

图 1-35　导弹惯性坐标系

17）飞行员头部坐标系

（1）人体头部解剖学坐标系（The human head anatomical coordinates）。在基础平面上，左右耳屏点连线为 y 轴，向左为正；耳屏点连线的中点为 o 点，从 o 点向上与基础平面垂直的直线为 z 轴，向上为正；在基础平面上，从 o 点向前与 y 轴垂直的直线为 x 轴，向前为正，人体头部解剖学坐标系如图 1-36 所示。

（2）头瞄坐标系（MA 系：o_ma、x_ma、y_ma、z_ma）。飞行员头盔平台可安装显示、瞄准或夜视装置，以增强导航、飞行信息显示、目标跟踪和瞄准能力。头瞄坐标系的原点 o_ma 取在头盔理论重心，$o_\mathrm{ma}x_\mathrm{ma}$ 轴指向头盔面罩方向为正；$o_\mathrm{ma}y_\mathrm{ma}$ 轴在头盔对称平面内，指向头盔顶部方向为正；$o_\mathrm{ma}z_\mathrm{ma}$ 轴垂直于头盔对称平面，与 $o_\mathrm{m}x_\mathrm{m}$ 轴和 $o_\mathrm{m}y_\mathrm{m}$ 轴符合右手定则。由机体坐标系

到头瞄坐标系,可先经过坐标转换后通过坐标原点平移得到,转换顺序为航向角、俯仰角和横滚角。头瞄坐标系如图 1-37 所示。

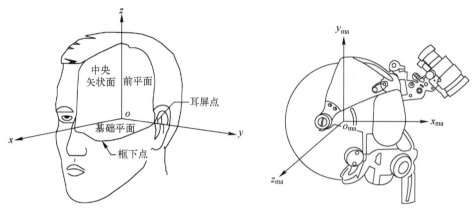

图 1-36 人体头部解剖学坐标系　　　　图 1-37 头瞄坐标系

18) 惯导平台坐标系（P 系：o_p、x_p、y_p、z_p）。坐标系的原点 o_p 位于惯导平台中心，$o_p y_p$ 轴与 $o_n y_n$ 轴一致，$o_p x_p$ 轴、$o_p z_p$ 轴与 $o_n x_n$ 轴、$o_n z_n$ 轴在同一平面内，$o_n x_n$ 轴、$o_n z_n$ 轴转过平台游移角得到 $o_p x_p$ 轴、$o_p z_p$ 轴。当惯导系统不存在误差时，平台坐标系与导航坐标系重合；当惯导系统出现误差时，平台坐标系就要相对导航坐标系出现误差角。对于平台式惯性导航系统，平台坐标系是通过物理平台来实现的；对于捷联式惯性导航系统，平台坐标系则是通过存储在计算机中的方向余弦矩阵来实现的，因此又称为"数学平台"。

19) 无人机光电吊舱坐标系

光电吊舱平台主要存在光学误差、机械误差、测量误差和对准误差。光学误差主要有光轴晃动误差、激光测距误差和光轴平行性误差等；机械误差主要有轴系回转误差、轴系垂直度误差等；测量误差主要有角位置传感器误差、脱靶量误差等；对准误差主要有方位对准误差、水平调平误差等。坐标系是光电吊舱平台设计、安装的基准点，同时也是数据传输、校靶的基准点和参考点。光电吊舱平台的坐标系主要有框架坐标系、探测器坐标系。

(1) 框架坐标系。

光电吊舱位于机头部分，具有滚转自由度和俯仰自由度两个自由度。框架坐标系包括光电基座坐标系、方位轴坐标系和俯仰轴坐标系等，无人机光电吊舱坐标系如图 1-38 所示。

① 光电基座坐标系（o_{bc}、x_{bc}、y_{bc}、z_{bc}）。坐标系的原点 o_{bc} 定义为光电基座的中心，$o_{bc} z_{bc}$ 轴沿方位位置传感器零位方向，为光电基座平面。

② 方位轴坐标系（o_{aa}、x_{aa}、y_{aa}、z_{aa}）。坐标系的原点 o_{aa} 定义为方位转轴机构的中心，坐标系随方位轴运动。方位轴绕 $o_{aa} y_{aa}$ 轴转动，$o_{aa} z_{aa}$ 轴垂直于 $o_{aa} y_{aa}$ 轴指向传动轴零位，$o_{aa} x_{aa}$ 轴、$o_{aa} y_{aa}$ 轴和 $o_{aa} z_{aa}$ 轴符合右手坐标系。

③ 俯仰轴坐标系（o_{pa}、x_{pa}、y_{pa}、z_{pa}）。坐标系的原点 o_{pa} 定义为俯仰转轴机构的中心，坐标系随俯仰轴运动。俯仰轴绕 $o_{pa} x_{pa}$ 轴转动，$o_{pa} z_{pa}$ 轴垂直于 $o_{pa} x_{pa}$ 轴指向传动轴零位，$o_{pa} y_{pa}$ 轴、$o_{pa} x_{pa}$ 轴和 $o_{pa} z_{pa}$ 轴符合右手坐标系。

(2) 探测器坐标系。探测器坐标系包括相机坐标系、激光测距坐标系和红外传感器坐标系等。

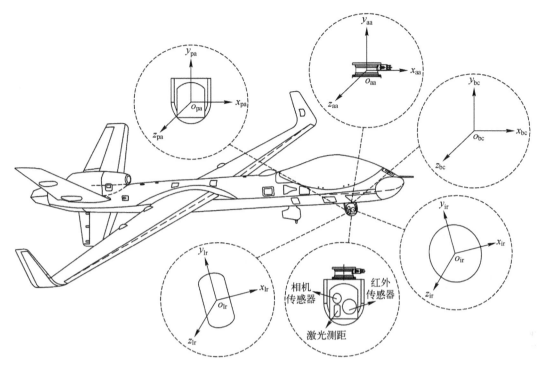

图 1-38 无人机光电吊舱坐标系

① 相机坐标系是光电探测系统中始终需要稳定的坐标系,包括图像像素坐标系、图像物理坐标系和相机光轴坐标系,如图 1-39 所示。

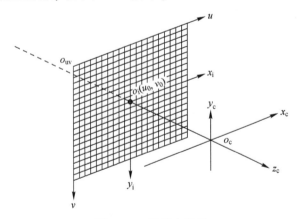

图 1-39 相机坐标系

图像像素坐标系(o_{uv}、u、v)是图像坐标系的离散化表示,实际电荷耦合元件(Charge-Coupled Device,CCD)每个像素对应一个感光点。表示三维空间物体在图像平面上的投影,像素是离散化的,其坐标系原点 o_{uv} 在 CCD 图像平面的左上角,u 轴平行于 CCD 平面水平向右,v 轴垂直于 u 轴向下,坐标使用 (u, v) 表示。

图像物理坐标系(o_i、x_i、y_i)的原点 o_i 在电耦合元件 CCD 图像平面的中心,$o_i x_i$ 轴平行于图像像素坐标系的 $o_{uv} u$ 轴,$o_i y_i$ 轴平行于图像像素坐标系的 $o_{uv} v$ 轴。

相机光轴坐标系(o_c、x_c、y_c、z_c)的原点 o_c 为相机透镜的光心,$o_c x_c$ 轴、$o_c y_c$ 轴平行于图像物理坐标系的 $o_i x_i$ 轴、$o_i y_i$ 轴,相机的光轴为 z_c 轴指向目标,坐标系满足右手定则。

② 激光测距坐标系（o_{lr}、x_{lr}、y_{lr}、z_{lr}）。坐标系原点 o_{lr} 定义为探测器基座中心，$o_{lr}z_{lr}$ 轴沿激光指示方向，$o_{lr}x_{lr}$ 轴垂直于 $o_{lr}z_{lr}$ 轴指向左侧，$o_{lr}y_{lr}$ 轴与 $o_{lr}x_{lr}$ 轴、$o_{lr}z_{lr}$ 轴构成右手坐标系。

③ 红外传感器坐标系（o_{ir}、x_{ir}、y_{ir}、z_{ir}）。坐标系原点 o_{ir} 定义为传感器光轴中心，$o_{ir}z_{ir}$ 轴沿光轴指示方向，$o_{ir}x_{ir}$ 轴垂直于 $o_{ir}z_{ir}$ 轴指向左侧，$o_{ir}y_{ir}$ 轴与 $o_{ir}x_{ir}$ 轴、$o_{ir}z_{ir}$ 轴构成右手坐标系。

2. 系统设计方法

系统设计是一个复杂的过程，需要采用系统工程的思想进行设计，以保证研制的成本和进度。在系统设计时，不能单单强调各分系统的性能指标达到最优，单个分系统达到最优未必能使系统总体上达到最优，需要合理地处理系统与各分系统的关系来协调实现，应通过各分系统的技术指标来实现系统的总体要求，进行规划设计、方案的论证工作。系统设计是一个复杂、循环、递归解决问题的过程，一般采用自顶向下做设计，自下向上做集成的设计方法，即"TLD 思想"。

1）设计必须是完整的并且包含所有的功能要求

早期飞机的系统设计大多采用自下而上的设计方法，即把各自单独设计的具有不同功能的机载设备或系统，在飞机上实现功能的组合。为了保证设计的完整性，现代飞机设计一般采用 TLD 方法。TLD 是复杂系统设计的主要方法，它从顶层开始，确定要素是什么样的，有什么属性；要素之间的相互作用关系，它们之间的信息流、物质流、能量流是如何交互的，组分之间会产生什么影响。

2）设计必须是易于理解的和明确的

（1）确定边界，限制一个模块分解成下一层子模块的数目。

（2）概念化每个模块，功能的描述应是短小精干和易于理解的。

（3）每个模块的描述不应含有其下一层模块描述的细节。

（4）同一层级模块描述的详细程度也应是一致的。

3）易于修改

（1）模块的删除：删除任何模块，仅对要删除的模块及其所有子模块的功能分配有影响，而不会对其余模块的功能分配作任何修改。

（2）功能修改：修改功能应当仅影响含有该功能的模块。

（3）功能增加：增加功能可用增加一个新模块或在现有模块中增加功能的方法，而不必改变现存的功能分配。

3. 功能分析

功能分析是功能需求和性能需求的分解和分配过程。航空产品研发初期阶段通常采用功能树的方法进行功能分析，功能分析贯穿功能分解的各个层级，自上而下逐层分解，直至所有功能都在分解的最底层，且最底层的功能只能对应某一单独设备/组件。首先给出整个系统的定义，然后顶层模块分解成第一层模块，第一层模块又被分解成下一层模块，依次分解，而每一层模块都将给出比上一层模块更详细的功能。整个过程是按照自上而下顺序进行的，这些过程包括需求分析、设计的输入和输出、循环设计、集成、验证等阶段。在每一个阶段，要完成相应的任务，并且补充一些附加要求，上下层级之间需要进行追踪检查，以保证最终的设计结果符合最初的设计目标和要求。如果在设计过程中不遵循相应的设计流程，将会导致后期工作的错误，严重的影响项目进度，无法控制研制的成本和时间，功能树模型如图 1-40 所示。

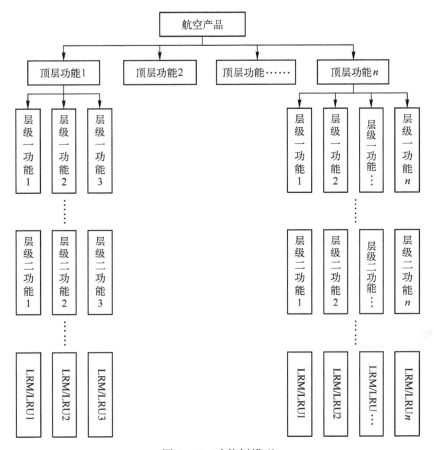

图 1-40　功能树模型

4. 系统划分和综合

1）系统划分

系统划分应根据任务情况、操作要求和工程限制来确定系统级要求，对飞机系统来说，设计输入限制因素有所属任务、飞行剖面、飞机限制、任务成功概率、可靠性、可维护性、可用性、生存率、易损性、配备人员和物理环境。工程限制包括生命期费用、进度安排、人力、军种间的使用以及对使用现有设备的要求，这些要求应输入到系统划分过程，以便进行验证。系统划分流程如图 1-41 所示。

2）系统综合

系统综合是指将机载设备综合成以作战、飞行功能为核心的统一控制、管理和显示的整体，这样可以提高系统自动化和智能化的程度，最大限度地发挥载机的作战效能。在系统综合过程中需要考虑综合模式、综合方法、作战效能和故障诊断等方面因素，同时最大限度地提高系统的可靠性、维修性并降低全寿命周期使用维护成本。综合的主要内容包括以下几项内容。

(1) 信息综合。信息综合是指信息的融合、资源共享及综合利用。

(2) 显示综合。在信息综合的前提下，给飞行员提供全面信息，以充分发挥战术决策优势。

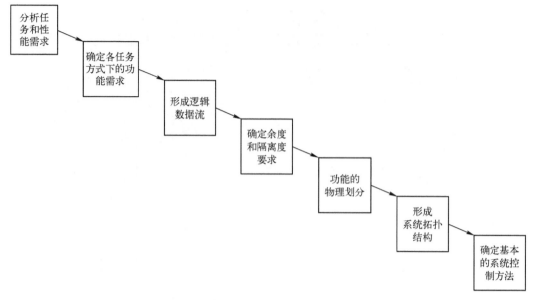

图 1-41 系统划分流程

(3) 功能综合。功能综合包括统一控制、调度和显示，作战功能的辅助自动决策，关键功能的重构与降级处理。

(4) 硬件综合。硬件功能的合理分配及余度技术，分布式计算机系统的重构，突出表现在核心处理系统的综合和传感器的综合。

(5) 软件综合。软件接口的统一调度，软件采用模块化、标准化设计，支持软件和应用软件的一体化设计，软件工程化管理。

(6) 检测综合。系统、分系统、各功能模块的综合检测，故障诊断、隔离和显示。

在有序的综合过程中，确定信息流是关键，当进行系统综合时，必须进行系统级分析，以确定控制的信息流实现了综合。

1.3.2 系统开发

1. 系统开发过程

系统开发主要过程由系统设计过程和产品实现过程两个部分组成。系统开发由论证阶段、方案阶段、工程研制阶段、设计定型阶段和生产定型阶段等环节构成。具体工作包括系统需求、需求分析、可行性论证、研制方案、方案论证、初步设计、详细设计、工程设计、试制试验、综合测试、设计定型、生产定型、成果鉴定和运行维护等。技术管理贯穿于系统开发的全过程，基于需求的系统开发应按照流程进行推进，它为规避项目风险以及获得最终成功提供保障，系统开发过程如图 1-42 所示。

1) 系统需求

系统需求由总体要求、设计目标以及相关的限制条件组成，包括主要使命、主要作战任务、主要作战方式、主要作战对象和主要作战能力等，是设计的总体策划和顶层需求。系统需求的提出应是明确的、完整的，可实现和验证的，需求之间不应产生冲突，需求之间应有明确的界线。

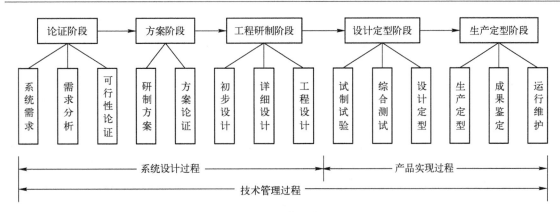

图 1-42　系统开发过程

2) 需求分析

需求分析是根据系统需求对系统功能、性能进行分析，分析系统需要完成什么任务以及在什么层级上完成任务，以确定系统架构来满足总体要求和设计目标。在确定系统需求的基础上进行系统架构的定义和系统的设计工作，包含对系统功能的确认和相关需求的确认。

需求分析要定义功能需求和设计限制条件。其中，功能需求一般是从上一级的功能分下来的，然后分解到下一级的功能，并建立不同层级需求之间的连接关系，根据功能需求对功能进行分析是为了理解系统要做什么，以及它是以什么方式来完成相应功能的，每一个功能的识别应该是能够追溯到一个需求；设计限制条件定义了限制设计复杂性的因素。

3) 可行性论证

可行性论证主要包括使用要求及主要战术技术要求、国内外同类产品发展现状、任务分析、约束条件、可行性方案、五性分析、技术继承性和新技术采用的分析、关键技术的成熟程度及初步风险分析、研制周期及经费需求分析、研制任务组织实施及分工等内容。

4) 研制方案

研制方案包括研制依据、系统组成和工作原理、主要战术技术指标及使用要求、总体技术方案、试验验证的初步考虑、质量和标准化控制措施、研制进度安排、研制风险分析、任务分工、科研经费概算等部分。

5) 方案论证

对研制方案进行论证，主要包括研制总要求中的功能要求、性能要求、战术技术指标、研制经费、保障条件和研制周期等，用于确定最终方案。

6) 初步设计

初步设计主要包括总体初步设计打样的输出、结构设计打样的输出、系统验证的结果及相关的标准规范。

7) 详细设计

详细设计主要包括适用范围、研制依据、详细系统组成和工作原理、主要战术技术指标及使用要求、详细设计方案、研制风险分析、生产图样绘制（其中包括设计图样、地面设备和随机工具生产图样）、制造技术条件编制，配套目录编制、技术说明书、使用维护说明书、航材目录、标准化目录等。

8) 工程设计

工程设计主要包括工艺审查、确定试制工艺方案、试制计划网络图、组织试制生产线和进行生产准备等。

9) 试制试验

试制试验主要包括新建试验件和试验设备图样，或改建试验设施图样等。提供成品试验件和技术文件，配合新材料鉴定、试制和鉴定试验，应证明基本达到《研制任务书》规定的战术技术指标要求。

10) 综合测试

综合测试主要包括试验的原理、方法和方案，测试技术、测试设备、数据处理、误差分析、试验组织、安全和质量保证措施等。对成品的质量控制要点进行综合测试，以确保功能、性能、配合、载荷、强度、刚度、重量、空间、工艺、安全性、可靠性、维修性、测试性以及经济性等符合要求。

11) 设计定型

设计定型主要包括设计定型试验申请报告、设计定型试验大纲、设计定型试验报告、设计定型申请、接受设计定型审查、审批设计定型等。

12) 生产定型

生产定型主要包括生产定型试验申请报告、生产定型试验大纲、生产定型试验报告、成品核算报告、生产性分析报告、试生产总结和生产定型申请报告等。

13) 成果鉴定

成果鉴定主要包括研制立项论证报告、研制总要求、研制合同、研制计划、研制任务书、设计计算报告、产品规范、设计定型试验大纲、设计定型试验报告、质量分析报告、标准化审查报告、研制总结和应用证明等。

14) 运行维护

运行维护根据五性（即可靠性、维修性、测试性、保障性和安全性）的设计要求，利用保障资源对项目进行维护，以保证装备在使用过程中的固有特性，满足系统战备完好性、任务成功性。

2. 系统开发模型

集成验证和动态模拟综合从系统的数学仿真开始，将数学仿真模型转变为具备真实物理接口的实时仿真模型。按照系统构型，通过真件与仿真模型之间的逐一替代，逐步完成整个系统的集成工作，这种方法有利于在集成过程中及时发现问题并定位问题，系统开发模型如图1-43所示。

3. 飞机模拟器

飞机模拟器一般用于地面工程试验和飞行员训练使用，是航空电子装备联试的重要设施。主要包括飞机性能仿真分系统、座舱模拟分系统、视景分系统、教员控制台分系统、计算机和网络分系统、动感模拟分系统、航空电子模拟分系统、综合环境模拟分系统、声音模拟分系统和辅助分系统等。根据飞机型号的不同以及使用需求的不同，对飞机模拟器设计应进行合理配置，飞机模拟器开发程序见附录1。

1) 飞机性能仿真分系统

飞机性能仿真分系统主要进行飞行性能模拟、动力装置性能模拟、特殊情况模拟和毁坏模拟等。

2) 座舱模拟分系统

座舱模拟分系统一般应包括操纵子系统、电气子系统、燃油子系统、液压子系统、冷气

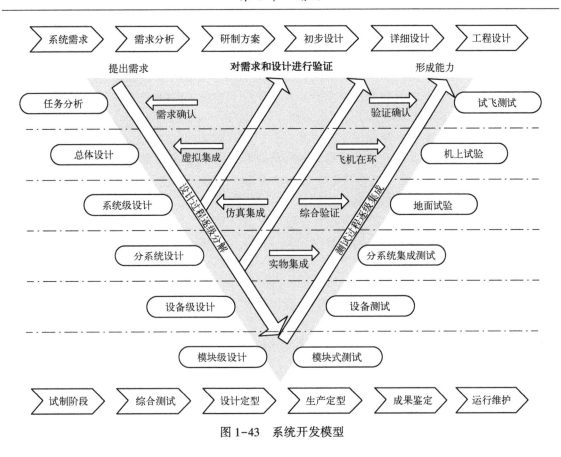

图 1-43 系统开发模型

子系统、座舱环控子系统、氧气子系统、弹射救生子系统、告警子系统、照明子系统、刹车子系统和仪表子系统等。

3) 视景分系统

视景分系统通常包括视景数据库、成像子系统和显示子系统。其中，视景分系统应能提供逼真、稳定、实时的舱外景象模拟，包括各种气象条件下、不同飞行参数及武器发射时的视觉效果、武器攻击效果，多种空、地景物及其相对运动动态效果，还应能根据任务要求提供相关战术背景的视觉信息。

4) 教员控制台分系统

教员控制台分系统主要有训练设置、态势显示、训练过程控制、训练过程监视、训练评估和训练档案管理等功能。

5) 计算机和网络分系统

（1）计算机。应采用通用的工业控制计算机系统，成像计算机应保障在视景生成程序最大负荷时，还留有10%的成像能力；主控计算机应具备硬件时钟，其运算能力应具有30%的余量。

（2）网络通信性能。应采用分布式控制结构，网络通信方式的选择应满足传输速率、网络延迟及系统实时性等要求。

（3）网络设备选型。选用的以太网设备应具有网络唤醒功能，网卡和交换机等应满足计算机网络的系统延时和系统功能的需求。

6）动感模拟分系统

动感模拟分系统主要有液压平台运动系统、电动平台运动系统、抖振座舱、抖振座椅、过载座椅等可以选择，主要用于提供瞬时过载和角运动，可在横滚、俯仰、偏航、升降、纵向平移和侧向平移6个自由度中任意组合，形成不同自由度的运动平台。

7）航空电子模拟分系统

航空电子模拟分系统主要完成工作方式模拟、信息感知功能模拟、气象信息感知、气象告警功能模拟、地理信息感知、多源信息融合处理、电子对抗功能模拟、通信功能模拟、导航功能模拟、IFF功能模拟、综合数据管理功能模拟、任务管理功能模拟、武器外挂管理与控制功能模拟、显示控制管理功能模拟等。

8）综合环境模拟分系统

综合环境模拟分系统主要对地理环境模拟、气象环境模拟、目标模拟、对抗环境模拟和电磁环境等进行模拟。

9）声音模拟分系统

声音模拟分系统可以模拟环境噪声、机内话音通信、提示告警音等。

10）辅助分系统

辅助分系统包括一次电源、主配电盘、公用电源、电源调节、空调系统和接地系统等。

1.4 关 键 技 术

关键技术是指在一个系统、一个环节或一项技术领域中起到重要作用且不可或缺的环节或技术，可以是技术点，也可以是对某个领域起到至关重要作用的知识。随着飞机各项性能和复杂性的不断提升，系统在开发过程中需要突破的关键技术也逐步增多，涉及以下几方面。

1.4.1 高度综合化机载计算机

1. 系统整体结构

随着航空电子系统任务功能的范围增大，系统处理能力的提高，系统采用了人工智能算法和神经网络，实现了模块化、综合化、通用化和智能化高度综合的综合模块化航空电子系统。航空电子系统整体结构如图1-44所示。

系统整体结构包括软件和硬件两个部分。其中，软件由应用软件层和操作系统（Operating System，OS）组成，应用软件层包括系统中所有应用软件的功能模块，应用软件属于专用领域的、非计算机本身的软件；操作系统是管理计算机系统资源的软件，由系统核心层和硬件模块支持层组成，具有实时性特点和多任务功能。硬件包括处理器/微处理器、存储器及外部设备、I/O端口和图形控制器等。应用软件控制着系统的运作和行为，操作系统控制着应用软件与硬件的交互。机载电子设备使用的主要操作系统有VxWorks操作系统和天脉操作系统。

1）VxWorks操作系统

（1）概述。VxWorks操作系统是由美国风河公司为嵌入式微处理器开发的一款高模块化、高性能嵌入式实时操作系统，它具有很好的安全性、可靠性、灵活性以及任务管理功能

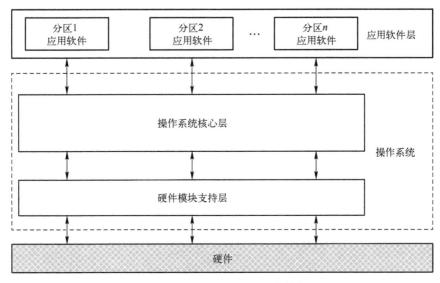

图 1-44 航空电子系统整体结构

和实时性，较短的中断处理延时以及较好的移植性。VxWorks 为程序员提供了高效的实时任务管理与调度、同步与通信、内存管理、I/O 管理、时钟管理等基本功能，同时也包含了一些扩展模块，如网络系统、文件系统、虚拟内存系统和图形系统等。VxWorks 凭借良好的持续发展能力、高性能的内核以及友好的用户开发环境，应用在实时性要求极高的领域中。

（2）VxWorks 开发环境。典型开发环境中的硬件一般包括一个或多个具备网络功能的主机以及一个或多个嵌入式目标机，其中主机开发系统通常有比较大的 RAM、硬盘空间、备份媒介、打印机和其他外设；目标机系统只需有仅能满足实时应用的资源，可有少量的用于测试和调试的额外资源，通常采用以太网或串口连接方式。VxWorks 开发环境如图 1-45 所示。

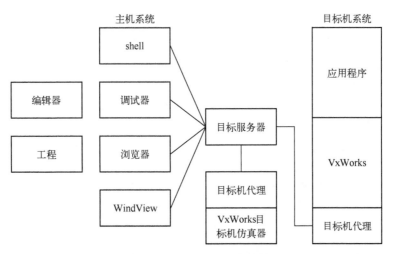

图 1-45 VxWorks 开发环境

（3）VxWorks 模块构成。VxWorks 是一种实时的、高模块化设计的、支持嵌入式系统应用的操作系统软件。操作系统以应用程序为中心，软硬件可裁剪。VxWorks 嵌入式实时操作系统由一些相对独立的、短小精炼的目标模块组成，用户可根据开发应用程序的需要选择适当模块来检测和配置 VxWorks 系统,这有效地保证了系统的安全性和可靠性,它是嵌入式系统极为重要的组成部分,VxWorks 基本模块如图 1-46 所示。

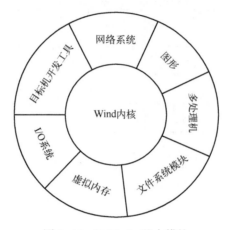

图 1-46　VxWorks 基本模块

(4) VxWorks 的技术特点。

① 高度可裁剪的内核。高效的 Wind 微内核是 VxWorks 系统的核心部分,支持所有的实时功能,包括多任务、中断、时钟等功能。能够使系统开销达到最小,对外部事件迅速做出确定性响应,具有极好的可伸缩性,提高了运行效率。在操作系统模块设计方面,由于嵌入式系统本身的特点,VxWorks 采用的是高模块化设计,用户可以根据自己需要对系统进行裁剪。

② 高效的多任务调度机制。支持基于优先级抢占式和时间片轮转调度的多任务运行机制,能够快速、准确地进行任务间上下文的切换,为程序运行的实时性提供了保证。根据实时性特点,操作系统通常分为弱实时系统(响应时间在秒级)、准实时系统(响应时间在毫秒级)、强实时系统(响应时间在纳秒级),VxWorks 任务切换和中断响应时间都在纳秒级,属于强实时操作系统。VxWorks 采用多 CPU 技术和容错性支持,为用户提供了多应用程序接口,能对外部时间快速响应,并且任务必须在规定时间内完成,中断与任务处理在不同的栈中,不产生上下文的切换,缩短了中断处理延时时间。

③ 具有良好的移植性。VxWorks 内部函数绝大部分用 C 语言编写,只有与 CPU 直接相关的一部分代码用汇编语言编写。方便将 VxWorks 从一种 CPU 上移植到另一种 CPU 上运行。支持面向对象设计,VxWorks 支持 C++编程,本身提供了一些 C++类库 WFC。

④ 具有丰富的板级支持包(Board Support Package,BSP)和设备驱动程序资源。支持多种处理器,同时具有较好的兼容性,兼容 POSIX 1003.b 标准和 ANSI C 标准,BSP 作为 VxWorks 系统加电后首先执行的代码,要对 CPU、内存等系统资源进行初始化操作。BSP 在系统中的层次如图 1-47 所示。

⑤ 灵活的任务间通信方式。VxWorks 支持信号量、消息队列、管道和信号等任务间通信和互斥的手段,保证了任务间的同步执行。

⑥ 强大的 GUI 设计支持。VxWorks 提供了一个可选图形模块。

2) 天脉操作系统

(1) 天脉1。天脉1(ACoreOS 1.X)是一款面向多任务、多应用的强实时嵌入式系统平台。系统组件可配置、可裁剪,提供灵活的空间配置、内存配置,能够协助编程者管理嵌

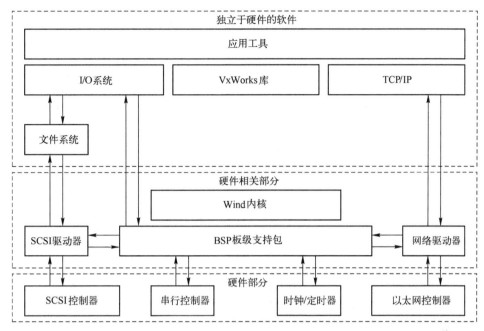

图 1-47 BSP 在系统中的层次

入式系统硬件资源，开发人员可根据硬件特点进行针对性开发设计，显著降低应用软件开发和维护难度。天脉 1 主要功能有：①提供任务管理功能。②支持基于优先级的抢占式任务调度和时间片轮转调用。③支持信号量、消息队列、事件等多种任务间通信机制。④提供中断异常管理，支持中断异常用户接管。⑤提供处理器存储管理、时间管理、设备管理等功能。⑥兼容支持基于 VxWorks API 接口的应用程序。

核心处理器一般采用 PowerPC：603e、E300、E600、E500V2、E5500、74 系列、75 系列，ARM：V4、V5、V7a、V8MIPS；龙芯：LS1B/2F/2H 及 Intel：X86 系列。

天脉 1 操作系统依据 ASAAC 标准所定义的软件架构设计而成，包含操作系统、模块支持软件及可配置组件三个部分，天脉 1 软件组成如图 1-48 所示。

（2）天脉 2。天脉 2（ACoreOS653）嵌入式实时操作系统是为 IMA 设计开发的一款面向多应用、多任务的强实时核心基础软件，该操作系统符合 ARINC653 标准接口。ARINC653 是现代飞机 IMA 的应用执行标准，它的核心概念是将多个子系统的应用程序以分区的形式运行在同一个处理器上，每个分区具有独立的分区操作系统和资源，这种结构保证了分区的空间隔离，满足当前 IMA 的应用要求，通过分区技术实现了运行于同一硬件平台上多个应用之间的时间和空间隔离。能够支持主流 PowerPC、ARM 和 X86 目标机，可适用于多应用任务系统或设备，核心处理器一般采用 PowerPC：600、E500V2、E5500、74 系列、75 系列；ARM：V7a、V8 及 Intel：X86 系列。ACoreOS653 系统结构如图 1-49 所示。

① 分区操作系统（Partition OS）：包括代码和数据程序，可以被装载到核心模块中的一个独立地址空间，即核心模块的子模块。分区操作系统运行在核心模块的一个分区，由一个或多个并发执行的进程组成，分区内所有进程共享分区所占有的子模块资源。

② 核心操作系统（Core OS）：提供实时操作系统的一般服务，主要包括调度、通信、同步与异步操作、存储器管理、异常/中断处理等服务，独立于硬件，在移植时不需改动。

③ 模块支持层（Module Support Level，MSL）：由满足系统模块接口规范的专用硬件和

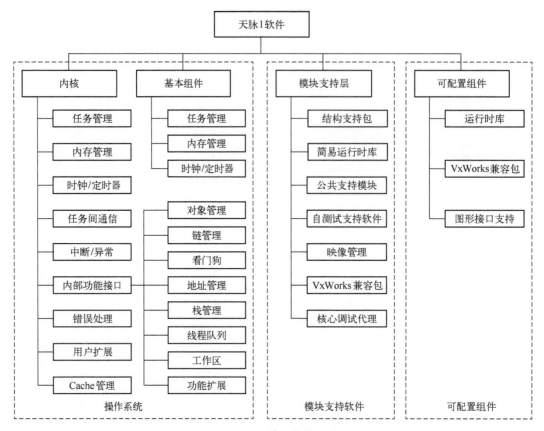

图 1-48　天脉 1 软件组成

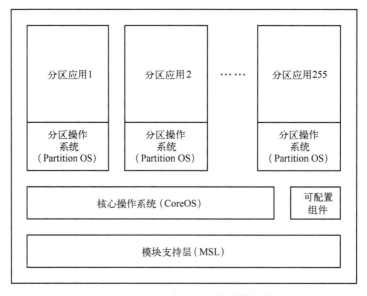

图 1-49　ACoreOS653 系统结构框图

支持软件组成，模块支持层主要提供上下文切换、高速缓冲存储器处理、内存管理单元（Memory Management Unit，MMU）、总线控制、中断控制、异常处理、实时时钟、BIT、控制台、看门狗、加载服务等功能。

④ 可配置组件：可选裁文件系统、运行时库、BIT 管理、支持实时数据库和支持 TCP/IP 协议栈等功能组件。

ACoreOS653 系统具有模块化、层次化的系统架构，支持二级调度、分区及分区间通信、健康监控、存储管理等功能并具有良好的适配性。ACoreOS653 系统功能如图 1-50 所示。

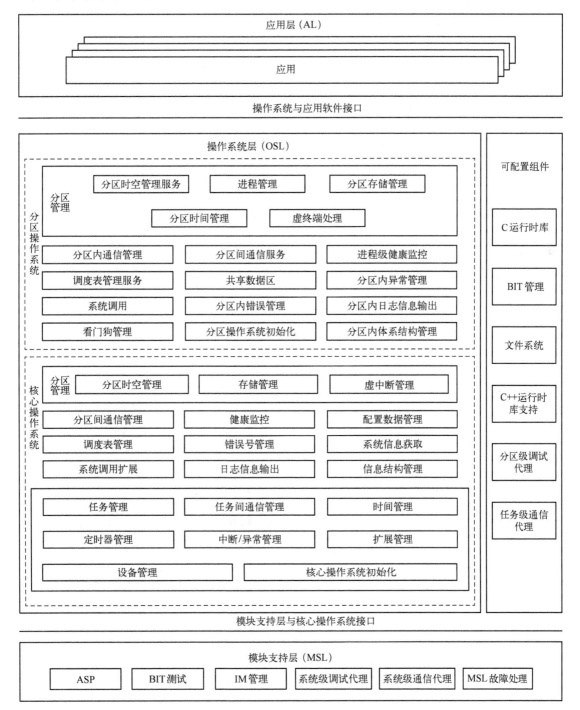

图 1-50　ACoreOS653 系统功能

2. 机载计算机软件部署

机载计算机由地面支持软件和作战飞行程序（Operation Flight Program，OFP）支持软件组成，软件部署如图 1-51 所示。

1) 地面支持软件

地面支持软件由宿主机驻留软件和目标机驻留软件组成。

2) OFP 支持软件

OFP 支持软件由系统软件和应用软件组成，用于支持基本的飞行任务、人机工程任务、导航任务和作战任务。

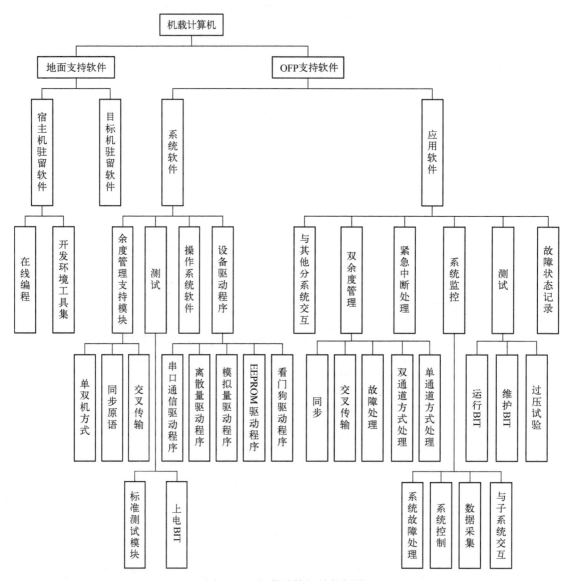

图 1-51 机载计算机软件部署

1.4.2 高速数据总线技术

数据总线是航空电子系统的"神经中枢",是传输信号或信息的公共路径,是遵循同一技术规范的连接与操作方式,是飞机性能的重要体现。随着先进综合式航电系统的发展,总线上传递的数据不仅是简单的命令和状态数据,更多的是音频、图形、图像和视频数据,传输这些数据需要很高的传输带宽和较低的数据延迟,需要使用高速数据总线来实现数据传输,而高速数据总线的选择应综合考虑其带宽、实时性、可靠性、技术成熟度、可扩展性等因素。在系统互连技术的发展过程中,数据总线从最初的点对点通信的数字式信息传输系统(ARINC429),到集中式控制通信总线(MIL-STD-1553B)、再到航空电子全双工交换式数据总线(Avionics Full Duplex Switched Ethernet, AFDX)、线性令牌传递数据总线(Linear Token Passing Bus, LTPB)、光纤通道(Fibre Channel, FC)和 MIL-1394B 总线。

1. ARINC429 总线

ARINC429 标准是美国航空电子工程委员会于 1977 年颁布的,全称为数字式信息传输系统(Digital Information Transfer System, DITS),它规定了航空电子设备及有关系统间的数字信息传输要求。ARINC429 总线是单工总线传输结构,设备之间一般采用双绞线连接。作为单项广播式传输总线,在通信总线上只允许有一个发送器,但最多可以有 20 个接收器,系统低速状态位速率为 12~14.5Kbit/s,高速状态位速率为 100Kbit/s。ARINC429 总线具有结构简单、性能稳定及抗干扰性强等特点。

2. MIL-STD-1553B 总线

1980 年,美国颁布了 MIL-STD-1553B 数字式时分制指令响应型多路传输数据总线标准,标准描述了总线设备的物理接口特性和链路层特性。MIL-STD-1553B 总线采用曼彻斯特Ⅱ型双相电平码进行编码,通信节点按照功能划分为总线控制器(Bus Controller, BC)、远程终端(Remote Terminal, RT)和总线监视器(Bus Monitor, BM)三种类型,总线上所有数据通信采用 BC 的集中控制管理,最多可连接 31 个 RT。MIL-STD-1553B 总线的传输速率一般采用 1Mbit/s、4Mbit/s 和 10Mbit/s。

3. AFDX 总线

AFDX 总线是基于 ARINC429 和 MIL-STD-1553B 的基础上的一种总线通信协议,并在实时性和可靠性方面进行了改进。AFDX 网络主要采用星型拓扑结构,网络由终端系统、交换机和传输链路组成,每台 AFDX 交换机大约能接 20 个终端,不同 AFDX 交换机通过背板总线连接,形成一个骨干交换网络。AFDX 网络采用双余度链路和余度管理技术,每个端系统传输路径都相互独立且互为余度,同时采用抖动机制和带宽分配间隔机制,从而保证了数据的可靠性、安全性和实时性。

4. LTPB 总线

LTPB 总线是美国自动化协会(Society of Automotive Engineers, SAE)制定的军用数据总线,采用令牌多优先级传输协议、支持 4 级消息优先级,同时支持令牌消息、栈管理消息和数据消息三种消息类型,LTPB 总线通常采用双冗余结构和同步冗余机制,数据传输速率为 50Mbit/s。LTPB 总线已经被应用在美国军用航空电子局域网中,F-22"猛禽"战斗机采用此总线。

5. FC 总线

FC 总线是由美国标准化委员会（American National Standards Institute，ANSI）于 1988 年开始制定的一种开放式高速通信标准，主要应用于计算机以及 I/O 设备之间的通信。FC 总线在综合航电上的应用主要集中在 FC-AE 和 FC-AV 协议集两方面，其中 FC-AE 协议集包含无签名的匿名消息传输（FC-AE-ASM）、MIL-STD-1553 高层协议（FC-AE-1553）、FC 轻量协议（FC-AE-LP）、远程直接存储器访问协议（FC-AE-RDMA）和虚拟接口（FC-AE-VI）五个部分，主要用于显示器和传感器设备之间的低延迟、安全、确定的通信；FC-AV 协议集主要用于音视频数据流的传输。

FC 总线具有很高的数据传输能力，有抗干扰、支持异步传输、动态扩展等特性，传输速度达 1GMbit/s。与 MIL-STD-1553B 总线相比，其性能要求和实现途径都发生了飞跃，具有更高的带宽、较小的体积和重量、更好的电隔离性，提高了电磁干扰能力，加强了数据传输的保密性。

6. MIL-1394B 总线

MIL-1394B 总线又称"火线（FireWire）"，是由 SAE 组织提出一个确定的、延迟受控的通信协议。SAE 在 2004 年以 1394b 版本为基础发布了 AS5643 规范，AS5643 规范包含 AS5643/1 和 AS5643A 两个标准。AS5643/1 标准主要描述电气接口及线缆等物理层的要求，包含端接形式、线缆需求、总线隔离和信号链接等方面的内容；AS5643A 标准建立 MIL-1394B 总线作为航空飞行器数据总线网络的需求，定义网络操作概念和信息流，指定数据总线特征、数据格式和节点操作等基本要求，保证其确定性和容错性。MIL-1394B 总线可支持高达 3.2Gbit/s 传输速率，并支持光纤传输，作为新一代机载系统级高速数据总线，可用于机载关键设备之间的互连以及关键子系统之间的数据交互和信息融合，可满足军用航空领域应用的高带宽、低延迟、高可靠、高确定性等特点。F-35"闪电"Ⅱ联合攻击机采用 MIL-1394B 总线作为 VMS 的通信网络，其远程接口单元通过 MIL-1394B 总线与通信系统、武器系统、发动机控制及飞控系统互连。

1.4.3 射频传感器综合

射频传感器综合旨在以高科技技术为基础，利用少数几种通用化、标准化射频模块实现综合射频能力，按完成任务所需的功能和资源将航电系统划分为若干个功能标准模块，每个模块从外形、安装、接口和功能上都符合相关标准，且具有很高的 BIT 水平。

1. 射频综合传感器系统的结构

射频综合传感器系统由共享孔径、孔径控制设备、RF 开关、频率变换、IF 开关、多功能接收机、控制/预处理、频综器、本振分配、多功能激励器等单元通过数据总线互连在一起组成，射频综合传感器系统的原理框图如 1-52 所示。从原理框图中可以看出，系统在接收链路、发射链路以及信号处理等单元都具有最大限度的通用性，通过资源共享使系统具有动态重构、高利用率、高可靠性、高维修性和高保障性，使系统的全寿命费用大幅度降低。

2. 射频传感器综合的技术特点

射频传感器综合的设计方法是从概念定义到系统设计完全遵循一体化综合设计思想，采

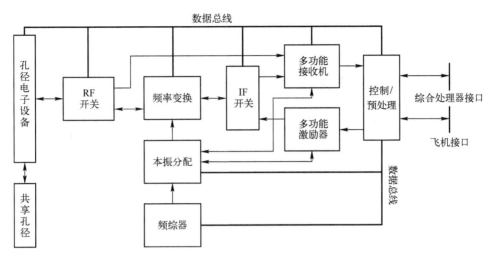

图 1-52 射频综合传感器系统的原理框图

用一体化综合设计技术，根据完成任务所需的功能和所具备的资源进行系统划分和系统综合，实现高度的功能和结构综合，使系统功能和性能超过单个设备的总和，形成具有强大和完善功能的系统，一般具有如下技术特点。

（1）开放式体系构架，从系统结构和功能进行综合。
（2）采用模块化、通用化、标准化设计。
（3）采用高速总线将数字信息互联，实现信息数据的综合一体化处理。
（4）从通信频段直至紫外波段全频段综合。
（5）快速实时响应、高灵敏度、宽动态、低功耗。
（6）具有高密度复杂电磁环境的自适应能力。
（7）全方位、宽正面、大纵深全空域覆盖。

1.4.4 多源数据融合

任何一个传感器都不可能获得目标所有方面的信息，其探测到的信息对于最终目标识别都具有一定的不确定性，再加上系统的可靠性、噪声干扰等因素的影响，更加难以凭借单一的传感器探测特征做出正确的判断，把多种传感器获得的数据进行"融合处理"，以得到更加准确和有用的信息。

1. 多源数据融合的概念

多源数据融合是利用计算机技术对按时序获得的多源观测信息，在一定准则下进行自动分析、综合以完成任务的决策和评估而进行的信息处理过程。通过多传感器数据的融合处理以获得比单一传感器更多的信息，这里所指的"传感器"是广义的，它是指与控制匹配的各种信息获取系统。

1）传感器信息

传感器信息是探测或测量物理参数的设备所获取的信息。传感器按不同的方式可分为物理接触传感器和非物理接触传感器；有源主动传感器和无源被动传感器。

2）源数据信息

源数据信息是指 RDR、光雷、电子对抗、数据链目标信息等未处理过的预知数据，源数据中的元素通常在态势和威胁级进行融合。

3）通信链

通信链是从传感器或源到数据融合处理节点的通信连接，用以传输来自传感器的数据。多传感器信息融合系统则是通过有效地利用多传感器资源来最大限度地挖掘被探测目标和环境的信息量。

2. 多源数据融合的技术特点

未来战争将是作战体系之间的综合对抗，在很大程度上表现为信息战的形式。多数据融合是一种多层次的、多方面的处理过程，该过程对多源数据进行检测、结合、关联、估计和组合，以获得高精确的身份（Identify，ID）和状态信息以及完整、及时的态势和威胁评估。数据综合的方法要求进行系统级的分析，大量的综合工作是通过软件来实现的，通过有效地运行操作软件来进行综合，控制实时信息流，在有序的融合过程中确定信息流是关键。

3. 多源数据融合的主要功能

1）传感器管理

传感器管理包括系统辐射等级管理，传感器工作方式、任务分派和搜索空域控制等传感器管理能力、传感器闭锁管理、RDR 和电子对抗兼容工作。

2）数据融合

具有时间配准、空间配准等数据融合能力，具有目标识别相关能力。

3）属性融合

具有目标属性融合相关能力。

4. 主要性能指标

数据融合的主要性能指标有融合精度、目标种类和目标容量。其中，融合精度是指经数据融合处理后的目标信息的精度；目标种类可分为空中、陆地和水面目标；目标容量是指有源探测设备和无源探测设备所能探测目标的数量。

1.4.5 综合识别

综合识别（Compositive Recognition，CR）是通过各主被动识别传感器的识别结果，并结合目标的运动趋势等行为特征，对目标的敌我属性和类型等信息进行综合判断，以提升识别的准确性。CR 是态势感知的重要组成部分，也是 OODA（Observe-观察，Orient-判断，Decide-决策，Act-行动）循环作战理论环路中衔接"判断"与"决策"环节的桥梁。综合识别具体包括目标综合识别、场景综合识别、行为综合识别和意图综合识别。

1. 目标综合识别

目标综合识别（Target Compositive Recognition，TCR）是通过对目标进行 IFF、RDR 识别（目标尺寸、目标发动机类型、目标雷达散射截面（Radar Cross Section，RCS））、电子支援设备（Electronic Support Measures，ESM）识别（敌方电磁特性信息）、光电识别、加载情报识别、数据链识别以及目标的速度、位置、姿态等，将目标属性通过综合识别处理后，提供所有目标的敌我属性、目标类型、目标型号以及相对应的置信度信息，通过数据融合服务确定准确唯一的目标属性信息。

2. 场景综合识别

场景综合识别（Scene Compositive Recognition，SCR）是根据多元传感器数据信息和情报信息，在 TCR 的基础上，通过分析场景图像特征、空间布局内容，识别出敌我双发兵力构成、交战区域、胜负判别及电磁频谱态势图等。在对目标进行提取和跟踪之前，需要先对图像场景进行预识别，然后根据识别出的不同场景选择不同的目标提取与跟踪算法。在多场景目标自动提取与跟踪过程中，针对不同场景需要采用有针对性的算法才能准确、有效地对目标进行提取与跟踪。

3. 行为综合识别

行为综合识别（Action Compositive Recognition，ACR）是通过对空空目标和空面目标的航迹信息、辐射特征信息、敌我态势信息等进行综合分析，从而得到高威胁等级目标的下一步行为概率表，以辅助意图预测，为飞行员提供当前目标的下一步态势。

4. 意图综合识别

意图综合识别（Intention Compositive Recognition，ICR）是依据 TCR、SCR 和 ACR 的结果，进行目标多航迹假设敌攻击目标的匹配和敌作战任务的匹配，以实现对目标的攻击、围剿等作战任务。

1.4.6　PHM 技术

PHM 技术是指通过即时监测来获取系统的工作状况，预测功能性故障并作必要的处理，从而缩短维修时间，降低飞机全寿命周期维护保障费用，能够为未来战机实现快速、准确的维修保障提供有力支撑，提高系统的可靠性、维修性和安全性。

1. PHM 技术的特点

在未来的作战环境下，机载系统所获取的信息量急剧增加，为了减轻飞行员的工作负荷，并提高飞行员对战场环境的认知能力和飞机作战效能，系统应实现辅助飞行员战术规划和一定的辅助决策能力，为飞行员提供必要的显示信息和控制信息。PHM 技术的实现基于诊断技术，诊断技术是其核心，PHM 技术包括两层含义。

（1）故障预测，即预先诊断部件或系统完成其功能的状态，确定部件正常工作的时间长度。

（2）健康管理，即根据诊断、预测信息、可用资源和使用需求对系统故障进行隔离和重构处理，对维修活动做出适当决策。

2. PHM 设计

（1）通过分解系统的任务组成，分配相应的分系统，定性分析功能特性，定量分析技术指标，确定系统正常工作的阈值参数，来判定系统的工作状态。机载各子系统通过 PHM 技术实现设备 BIT 和系统级、平台级的重构能力，利用系统的测试数据、故障诊断结果、维修资源信息以及其他相关信息，对系统的健康状态和执行任务能力进行分析，并根据分析评估结果自动进行维修决策。PHM 系统设计的一般方法如图 1-53 所示。

（2）研究典型故障的产生机理、危害后果及引起系统性能下降的原因，开发诊断及定位技术，准确诊断及定位故障。

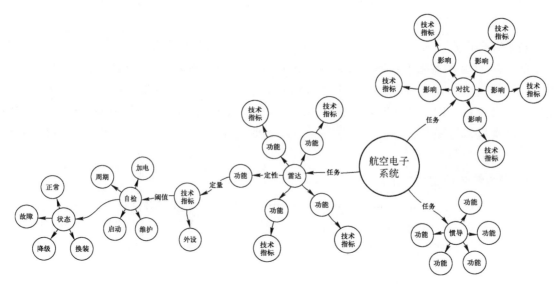

图 1-53 PHM 系统设计的一般方法

3. 飞机 PHM 系统实现

飞机 PHM 系统一般由传感器系统、信号采集与处理系统、健康管理系统组成。传感器系统获取表征部件的性能参数、工作参数和工作状态，传递给信号采集与处理系统，经过数据的预处理后传递至健康管理系统进行故障诊断和健康分析、决策后生成健康状态，根据当前设备状态给出可完成任务的清单，对实时状态数据进行存储，根据系统状态，对故障系统进行处理，飞机 PHM 系统如图 1-54 所示。

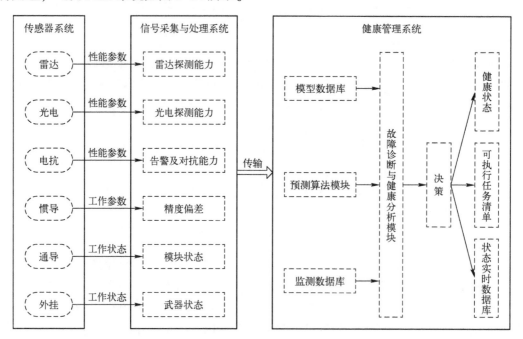

图 1-54 飞机 PHM 系统

1.4.7 飞行平台的综合控制和管理

飞行平台的综合控制和管理是一项复杂的系统工程，先进战斗机设计对飞机气动性能和功能综合的更高要求，促使飞行平台概念的建立，从以往单一的飞行控制系统发展成为集飞行控制系统、动力系统、公共管理系统（Utility Management System，UMS）等功能为一体的控制、监测、配置系统，形成了 VMS。

飞行平台的综合控制和管理是通过 VMS 来实现的，VMS 是目前先进战斗机中广泛采用的综合控制与管理设备。VMS 是在机载公共设备、航空电子设备以及飞行器各子系统的综合控制高度发展的基础上产生的，在各子系统综合基础上，从功能、能量、控制、物理四方面进行综合，使战斗机的机动能力、操纵能力、作战能力得以提升，充分发挥飞机性能、实现全局优化配置，其中 UMS 负责对燃油系统、电气系统、环境控制系统、液压控制系统、机轮刹车系统、氧气与救生系统等进行综合控制与管理。高度的功能综合、网络化、分布式开放系统结构、高速数据总线，高安全实时分区操作系统、COTS 技术的广泛使用是 VMS 发展的显著特征，VMS 构成如图 1-55 所示。

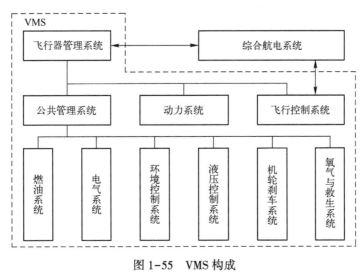

图 1-55　VMS 构成

1.5　系统联试的内涵

系统联试是在一个子系统/系统框架或体系结构中进行的，应按照子系统/系统构型将两个或两个以上不同类型且相对独立运行的设备/子系统结合在一起，检验系统的各组分综合后的整体功能/性能以及互连、互通、互操作的能力，而进行的一系列试验验证活动。互连是系统之间、网络之间建立连接的过程，包括物理线路连接和数据链路连接；互通是不同子系统之间相互交换信息或实现信息共享的过程；互操作是各个应用系统、设备或用户向另一个系统、设备或用户提供服务的操作过程。飞机模拟器是装备联试的主要支持设备，联试试验分为地面试验、机上试验和试飞试验三个部分，各部分试验都应在满足系统构型的条件下进行。

1.5.1 地面试验

地面试验是航空电子装备设计、升级、装前集成验证必须进行的试验项目。机载设备在单机设备级试验后，进行系统级联试，地面试验采用半实物仿真飞机模拟器，即地面试验动态模拟综合（Dynamic Simulation Integration，DSI）设施，也称为航空电子热台（Avionics Hot Bench，AHB）、航空电子系统开发平台（Avionic System Development Rig，ASDR）或系统集成试验室（System Integration Laboratory，SIL）。DSI设施是支持航电子装备地面试验所必须具备的设施，用于支持航空电子设备开发、系统综合以及支持工程试飞和维护各个阶段，通过科学的试验方法及试验场景将航空电子装备置于真实的飞行环境，从而识别系统存在的问题、缺陷，考核系统技术指标是否满足需求，评估系统在特定环境下完成预定任务的能力。

1. 被试系统或设备的进场条件

被试系统或设备的进场技术状态符合试验要求，被试设备完成了例行环境试验和电磁兼容试验，并附有合格证明，被测系统或设备完整齐套。

2. 功能试验

功能试验是为了检验航空电子系统的各组成项目经过综合集成后，系统的各种综合功能是否达到研制要求而进行的一系列验证工作。

3. 性能试验

性能试验是对综合集成后的系统，用人工或自动的方法度量其执行特定功能的能力，以验证其是否满足要求或确定期望结果和实际结果之间是否具有差别。

4. 试验实施

试验实施是根据试验大纲和细则要求的内容和步骤进行试验的过程，通过各种试验获得对系统能力的准确评价，并尽可能地发现和暴露在试验过程中出现的综合集成及互连、互通、互操作方面的问题，及时解决或制定出相应的解决方案。同时，在试验过程中对试验对象进行功能和性能测试，并对测试数据进行记录，通过分析得出试验结论。地面联试流程见图1-56。

图1-56 地面联试流程

1.5.2 机上试验

航空电子装备机上联试应按照其安装、校准、调试、电磁兼容试验等要求进行，机上试验是航空电子装备装机后检查、验证系统功能的必要步骤，是检查系统、设备在各种工作方式下的工作状况，验证航空电子装备与相关系统或设备交联关系的正确性，功能配合是否协调的有效途径，是进行飞行试验的重要前提和保证飞行安全的关键之一。

机上联试是按装备在机上的实际使用状态，验证产品是否符合技术要求。根据装备的基本功能和机上的使用特点，制定检查系统各项工作的具体步骤，并进行必要的调整或校准的实施细则。

机上试验应按照飞机安全飞行、完成预定任务的环境要求和实际使用状况，检验装备的功能是否能不受环境温度、周围磁场、外界光线或噪声等因素影响，符合机上试验的要求，机上试验流程如图 1-57。

图 1-57　机上试验流程

1.5.3　试飞试验

飞机在总装完成，全部机上试验通过后，即进入试飞试验阶段（简称"试飞"），试飞分调整试飞和性能试飞；对于作战飞机试飞，又可分为飞行性能试飞和作战效能试飞。

1. 飞机试飞

1）调整试飞

调整试飞是为了调整飞机及其各功能系统、机载设备使其达到移交状态的飞行试验。调整试飞一般在飞机制造厂、修理厂进行。调整试飞是暴露飞机由于设计、制造、修理带来影响试飞正常进行的矛盾，并通过调整试飞阶段解决这些矛盾。

2）性能试飞

性能试飞一般在飞行研究机构或飞行基地进行。考虑飞机性能时，将飞机作为一个质点，其上所受到的力主要有自身重力以及动力装置的推力、升力和阻力。基本飞行性能有爬升性能、平飞性能和下滑性能。主要特性有重量特性、气动特性、动力特性、操稳特性、航程性能和机场适应性等。

2. 作战飞机

1）飞行性能试飞

飞行性能试飞分为基本性能试验和机动性能试验。

（1）基本性能试验。基本性能试验包括最大飞行速度、升限、上升性能、航程、起飞性能等。

（2）机动性能试验。机动性能试验包括稳定盘旋性能、瞬时盘旋性能、水平加速性能、特技性能和机动能力等。

2）作战效能试飞

作战效能试飞是对战术技术指标以及面向任务的综合试飞试验，依据作战意图或针对该型号飞行的任务，在预期或规定的作战使用环境下装备完成规定任务的能力，如战场指引的导航能力；空中作战的拦截（Intercept，INTRC）、格斗（Dogfight，DGFT）能力；空地作战的对地打击能力等。通过分析作战任务、功能节点、指标需求边界来评估作战飞机战斗力及作战的有效性和适用性。

主要参数有作战半径、载弹量、低空飞行对湍流敏感度（用于低空突防）、电子设备性能（如全天候攻击能力、地形跟随能力、火控及导弹性能、电子对抗能力）、起降性能（反应时间、对机场起飞需要跑道长度要求）、机动性、生存力。

3) 试飞实施

确定试飞方案和试飞计划之后，下一步工作就是预测试飞结果，还包括试飞员演练和培训，主要是通过模型计算和地面模拟飞行；最后就是空中飞行试验。

(1) 模型计算。模型计算是以飞机模型和飞机运动方程为基础，计算飞机在空中的运动特性，并进行仿真分析。

(2) 地面模拟飞行。地面模拟飞行采用人在回路仿真（Man In Loop Simulation）飞机模拟器，也称飞行模拟器。地面模拟飞行是操作人员、飞行员在系统回路中进行操纵的仿真试验，其对象实体动态特性仍通过建立数学模型，编写程序在计算机上运行，此外还要求模拟生成人的感觉环境的各种物理效应设备，包括视觉、听觉、触觉、动感等人能感知物理环境（即人感系统）。人在回路仿真系统如图 1-58 所示。

图 1-58 人在回路仿真系统

(3) 空中飞行试验。空中飞行试验是搜集试飞数据，记录试飞过程中发生的事件，最后进行事后数据分析和处理，得出试飞鉴定结论。对试飞过程中出现问题要及时分析，确定是试飞执行中的问题还是被试对象的问题，如果是后者就应该要求研制方进行改进。试飞试验流程如图 1-59 所示。

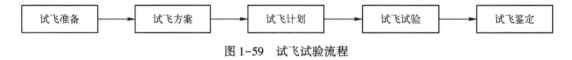

图 1-59 试飞试验流程

第 2 章　拓扑结构与功能分配

系统设计过程是实现系统结构和功能的过程，拓扑结构与功能分配是总体设计中必须首先考虑的问题，拓扑结构在很大程度上决定了系统整体的功能特性，它是支配各组成部分设计和演变的一组最低限度规则，制约着系统各组成部分的配置、互相作用和相互关系，包括了外部可见部件、接口组件的内部划分以及用于数据传输和传输控制的软件和硬件，以确保符合该组规则的系统在整体上能满足规定要求。不同类型的飞机承担不同的作战使命，航空电子系统所承担的任务和功能各不相同，所包含的子系统数量和类型也不相同，系统拓扑结构也不相同，拓扑结构应符合系统的结构模型或模型与模型的组合。

2.1　拓 扑 结 构

拓扑结构确定了航空电子系统中各个子系统互联、互通的物理关系，体现了航空电子系统中各个部件数据通信链路的互相关联性，描述了系统中各数据总线的层次级别，它是由数据总线终端、组成数据总线的部件及余度部件的物理布局所构成的网络，其中包括把数据综合到运载器时所用的全部终端和数据总线。典型的航空电子系统构型通常包括显示控制子系统（Display Control and Management SubSystem，DCMS）、RDR、惯性导航子系统（Inertial Navigation Subsystem，INS）、CNI、ADS、数据传输设备（Data Transfer Equipment，DTE）、EW、外挂管理分系统（Stored Management Subsystem，SMS）、VMS 等，每一台机载计算机仅执行有针对性的任务，一般采用显示控制处理机（Display Control and Management Processor，DCMP）作为 BC，DCMS 中的两个 DCMP 互为备份。典型航电系统拓扑结构如图 2-1 所示。

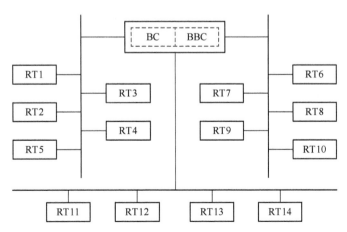

图 2-1　典型航电系统拓扑结构

2.1.1 数据总线终端

终端是使数据总线与子系统相接的电子组件，它可以是独立存在的 LRU/LRM、电路板或电路板的一部分，在总线系统中它可以是 BC、RT 或 BM。其中，BC 控制着总线上的信息流，它启动消息将数据送到 RT 或从 RT 发送数据，控制 RT 运行；RT 用于接收指定 BC 发送的指令，实现终端设计功能；BM 用于接收并记录总线上寻址到所有终端的传输信息，也可以作为 BBC（Backup BC）使用。

1. 终端接口

消息通过传输介质到达收发装置，经编码/译码将消息转换为常规的数字格式，协议控制识别消息并进行相应的动作。终端接口如图 2-2 所示。

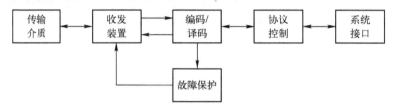

图 2-2 终端接口

2. 终端设计的方框图

终端连接通常采用双余度结构，它包含地址总线和数据总线、直接内存访问（Direct Memory Access，DMA）仲裁信号以及两级中断，还有时钟、复位输入和故障保护定时器输出等功能。典型 BC 原理方框图如图 2-3 所示。

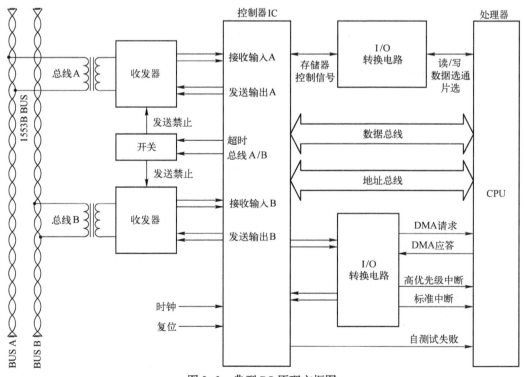

图 2-3 典型 BC 原理方框图

3. BC 运行示意图

系统运行一般由加电、安全启动、应用启动、稳定运行、重构、降级工作、应急供电、关机和下电等过程构成，BC 运行示意图如图 2-4 所示。

（1）加电：电源模块向系统中模块开始加电。

（2）安全启动：系统中各模块开始执行自检、加载 OS、进行网络状态检查、配置网络，收集模块状态，进行映像管理操作等。

（3）应用启动：加载任务数据、加载应用、启动应用运行。

（4）稳定运行：开始运行应用，在运行过程中执行系统健康监控、存储检查点数据。

（5）重构：网络重配置、确定任务优先级、在故障清单上启动 BIT，在该状态下，进行故障处理操作。

（6）降级工作：保证主要功能运行的工作状态。

（7）应急供电：在该状态下，仅运行系统最低功能集及系统管理操作。

（8）关机：系统停止所有应用，保存日志。

（9）设备下电：停止供电。

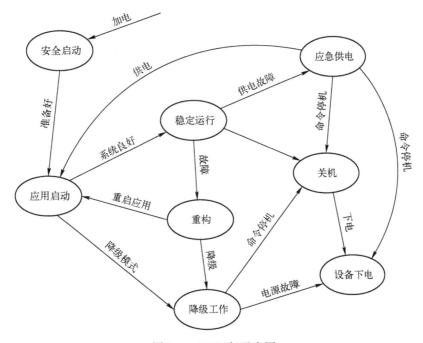

图 2-4　BC 运行示意图

2.1.2　组成数据总线的部件

组成数据总线的部件主要由传输介质（双绞线、光纤、同轴电缆）、连接器、耦合器和终止器等组成。

1. 传输介质

1）双绞线

在总线通信中，最常用的传输介质就是带护套的双绞屏蔽电缆，它是由一对相互绝缘的金属导线按一定密度互相绞合而成的，采用这种方式，不仅可以抵御一部分来自外界的电磁波干扰，也可以降低绞线之间的相互干扰。干扰信号作用在这两根相互绞缠在一起的导线上是一致的，在差分电路中可以将共模信号消除，从而提取出差模信号。每一根导线在传输过程中辐射出来的电波会被另一根导线上发出的电波抵消，有效降低信号干扰的程度，双绞线组成如图 2-5 所示。

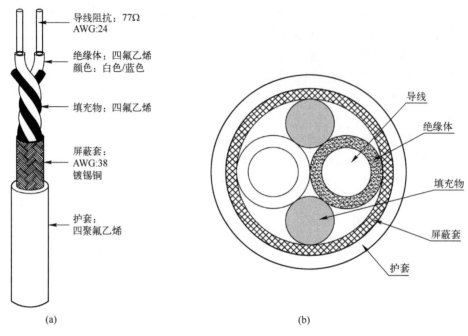

图 2-5 双绞线组成
(a) 结构图；(b) 截面图。

2) 光纤

(1) 技术特征。光纤是一种光传输介质，具有高速率、高带宽、低延迟、通信距离远、网络拓扑灵活、信息传输容量大、中继距离长、不受电磁场干扰、保密性能好、支持热插拔、使用轻便、支持多种信息类型传输、无电磁兼容性问题等显著优点。由于光的频率很高，因此光纤传输系统具有足够的传输带宽，相对于双绞线和同轴电缆，光纤是通信网络的优良传输介质，性能更加优异，针对新型战机传输大容量数据的特点，以光纤传输介质的 FC 总线网络替代双绞线为介质的 MIL-STD-1553B 总线网络已成为航电系统的发展趋势，无论是民机还是军机，光纤传输技术已经被航空电子系统普遍采用。

(2) 光纤类型。按光在光纤中的传输模式可将光纤分为单模光纤和多模光纤两种。

① 单模光纤（Single-Mode Fiber, SMF）：一般光纤跳线通常用黄色标识，接头和保护套为黄色，传输距离较长。

② 多模光纤（Multi-Mode Fiber, MMF）：一般光纤跳线通常用橙色标识，也有的用灰色标识，接头和保护套用米色或者黑色，相对于单模光纤，其传输距离较短。MMF 又分为渐变多模光纤（Graded-Index Fiber, GIF）和阶跃多模光纤（Step-Index Fiber, SIF）。

(3) 光纤特性。

① SMF。当光纤的芯径很小时，光纤只允许与光纤轴线一致的光纤通过，即只允许通过一个基模。只能传播一个模式的光纤称为 SMF。SMF 没有模间色散，只有模内色散，所以带宽很宽，由于 SMF 芯径很小，把光耦合进光纤是很困难的，标准 SMF 折射率分布和阶

跃多模光纤相似，只是纤芯直径比多模光纤小得多，如图 2-6 中（a）所示。

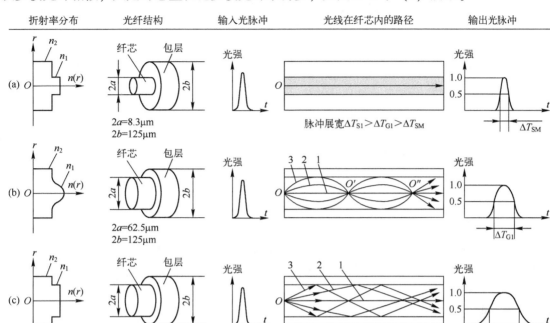

图 2-6　典型光纤的结构、折射率分布和在纤芯内的传播路径
(a) 单模光纤；(b) 渐变多模光纤；(c) 阶跃多模光纤。

② GIF。GIF 的纤芯折射率是不均匀的，按一定规律连续变化，折射率在光纤轴心处最大，随着纤芯半径 r 的增大而逐渐减小。光线以正弦形状沿纤芯中心轴线方向传播，特点是信号畸变小，GIF 没有模间色散，带宽较宽，芯径较大，又使光耦较容易，如图 2-6（b）所示。

③ SIF。SIF 折射率在纤芯为 n_1 处保持不变，到包层突然变为 n_2。SIF 的主要缺点是存在大的模间色散，光纤带宽很窄，如图 2-6 中（c）所示。

SIF 的折射率分布可以表示为

$$n=\begin{cases}n_1, & r<a \\ n_2, & a\leq r\leq b\end{cases} \quad (n_1>n_2) \tag{2-1}$$

式中　r——光纤的径向坐标；
　　　n_1——纤芯均匀折射率；
　　　n_2——包层均匀折射率。

在纤芯和包层界面处（$r=a$），折射率呈阶跃式变化。一般地，纤芯直径 $2a=50\sim100\mu m$，光线以曲折形状传播。单模光纤、渐变多模光纤和阶跃多模光纤的特性比较见表 2-1。

表 2-1　单模光纤、渐变多模光纤和阶跃多模光纤的特性比较

基本参数	单模光纤	渐变多模光纤	阶跃多模光纤
$\Delta=(n_1-n_2)/n_1$	0.003	0.015	0.02
芯径 $2a/\mu m$	8.3	62.5	100

续表

基本参数	单模光纤	渐变多模光纤	阶跃多模光纤
包层直径/μm	125	125	140
数值孔径（NA）	0.1	0.26	0.3
带宽×距离或色散	<3.5ps/(km·nm) >100(Gbit/s)·km	0.3~3GHz·km	20~100MHz·km
衰减（dB/km）	850nm：1.8 1300nm：0.34 1550nm：0.2	850nm：3 1300nm：0.6~1 1550nm：0.3	850nm：4~6 1300nm：0.7~1
光源	LD	LED、LD	LED
传输距离	长距离通信	中等距离通信	短距离通信

（4）常用光纤电缆的结构。光纤电缆由一束光纤组装而成，光纤通常由非常透明的石英玻璃拉成细丝，主要由纤芯和包层构成双层通信圆柱体，其中纤芯的作用是传导光，包层的作用是将光波封闭在纤芯中传播，其直径（含包层）很细，因此必须加上加强芯和填充物，以增加其机械强度，必要时可接入远供电源线，最后加封包带层和外护套，以满足强度要求，光纤电缆结构如图2-7所示。

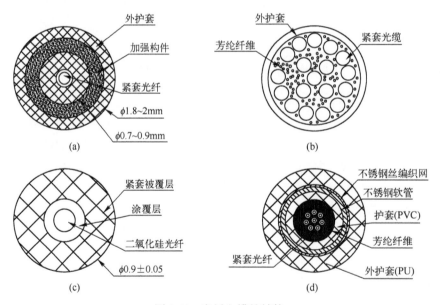

图 2-7　光纤电缆的结构

（a）2mm单芯缆；（b）多芯野战缆；（c）0.9mm单芯缆；（d）多芯铠装缆。

3）同轴电缆

同轴电缆由内导体芯线（单股实心线或多股绞合线）、绝缘层、网状编制的外导体屏蔽层以及坚硬的绝缘保护套外层组成。同轴电缆的结构如图2-8所示。

典型同轴电缆的阻抗有50Ω和75Ω两种，而且在频率越高、功率越大的电路中，必须使用直径大的同轴电缆。同轴电缆的特征阻抗计算方法为

$$z_0 \approx \frac{138}{\sqrt{\varepsilon}} \lg \frac{D_2}{D_1} \tag{2-2}$$

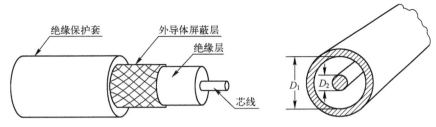

图 2-8　同轴电缆的结构

式中　z_0——线路特性阻抗；
　　　ε——D_1、D_2 之间的介电常数。

2. 连接器

1）MIL-STD-1553B 总线连接器

MIL-STD-1553B 总线连接器有卡扣式连接器和螺纹式连接器两种，MIL-STD-1553B 总线连接器如图 2-9 所示。

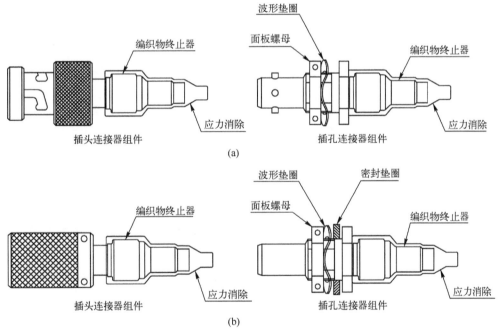

图 2-9　MIL-STD-1553B 总线连接器
（a）卡扣式连接器；（b）螺纹式连接器。

2）光纤活动插头

光缆组件的一端为多芯光纤活动插头，另一端为多芯光纤活动插头或以分支形式的普通光纤活动插头。光纤活动插头是光纤与光纤之间进行可拆卸（活动）连接的器件，它把光纤的两个端面精密对接起来，使发射光纤输出的光能量能最大限度地耦合到接收光纤中。光纤活动插头具有高传输频带、高传输容量性能，且体积小、重量轻、损耗低，抗干扰性好，保密性强，不易引起串音及干扰等特点。

一般情况下，常用光纤插头有 SC 光纤活动插头、LC 光纤活动插头、FC 光纤活动插头、

JY599/12GP 或 JY599/16GP 光纤活动插头、MPO 光纤活动插头、MPO/D 光纤活动插头、MT 光纤接触件，如图 2-10 所示。其中，MT 光纤接触件用于拉姆（LRM）系列光电混装连接器，是符合拉姆（LRM）航空电子模块标准的连接器，适用于 SEM-D、SEM-E、ASAAC 模块，采用高可靠性的双曲面线簧式、卡簧式接触体，可同时实现射频、差分、光、电等多种信号的集中传输，一个 MT 光纤接触件可通 12 路光信号，光信号密度高。传输模式有 G652 型标准普通单模、芯径 62.5/125μm 的多模和芯径 50/125μm 的多模三种选择，MT 光纤接触件可拆卸，方便光纤布线以及与设备上其他光器件配合使用。

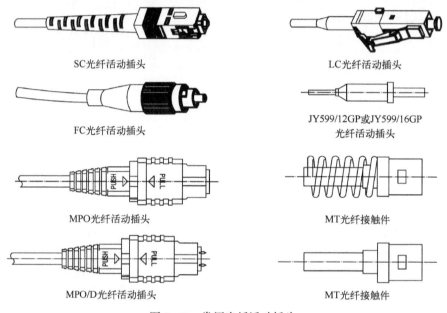

图 2-10　常用光纤活动插头

3. 耦合器

耦合器内部由印制线路板、隔离电阻、耦合变压器和引脚等组成，耦合器如图 2-11 所示。

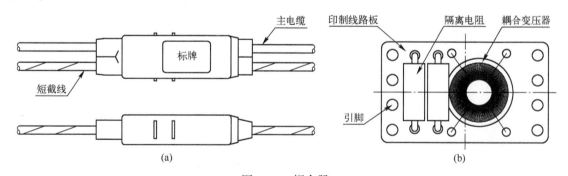

图 2-11　耦合器
（a）耦合器外形图；（b）耦合器结构图。

4. 终止器

终止器应匹配传输电路的特征阻抗，终止器如图 2-12 所示。

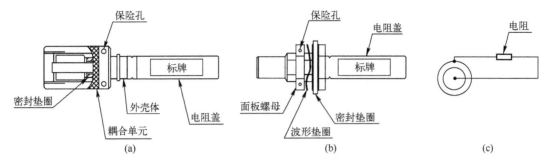

图 2-12 终 止 器

(a) 插头终止器组件;(b) 插孔终止器组件;(c) 终止器内部结构。

2.1.3 拓扑结构的分类

系统拓扑结构是由数据总线终端、组成数据总线的部件及余度部件构成的网络,可以按照总线的数量、余度等级和余度实现技术进行分类;还可以按照总线之间的控制关系和数据传输关系等方式进行分类。

1. 按数据总线的数量、余度等级和余度实现技术分类

1) 单总线拓扑结构

单总线拓扑结构是一种最简单的总线拓扑结构,在这种结构中,所有电子分系统都是通过相同的总线互相连接的,对于有冗余要求的应用场景,可采用多条总线构成单层次的拓扑结构,使用多条总线来达到冗余的目的。形成单总线拓扑结构的基本原则:一是所有的功能部件都与每条数据总线相连接;二是在每条数据总线上的通信是相同的。典型单总线拓扑结构见图 2-13。

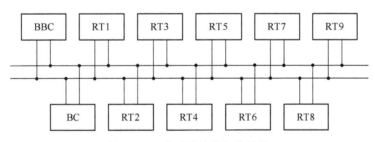

图 2-13 典型单总线拓扑结构

2) 多总线拓扑结构

如果系统规模大到对于单个主计算机难以承担的程度,那么系统设计中可以将任务的一部分分配到合适的子系统中,用多层次总线的拓扑结构完成系统功能。多总线拓扑结构是单总线拓扑结构的扩充,有并列总线拓扑结构和层次总线拓扑结构两种基本形式。

(1) 并列总线拓扑结构。并列总线拓扑结构中包含多条具有相同控制级别的总线,把多个单总线拓扑结构用于不同功能的武器系统是使用并列总线拓扑结构的例子,B-1B 轰炸机的中央计算机系统就采用了这样的并列总线拓扑结构,在中央计算机系统中有四条总线,分别是引导和导航总线(A 总线)、武器投放总线(B 总线)、控制和显示总线(C 总线)以及关键资源总线(D 总线),各总线相互独立,每条总线上有它自己的 BC 控制总线通信。典型并列总线拓扑结构见图 2-14。

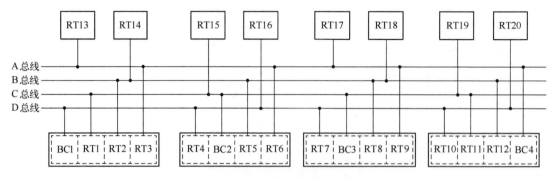

图 2-14 典型并列总线拓扑结构

（2）层次总线拓扑结构。层次总线拓扑结构中包含多条具有分层控制关系的总线，当一个或多个单总线拓扑结构与另一个单总线拓扑结构综合在一起，而这些总线之间有控制关系时，就形成了层次总线。大多数层次总线拓扑结构由具有相同控制级别的并列总线和在并列总线上层或下层的层次总线混合而成，典型层次总线拓扑结构如图 2-15 所示。

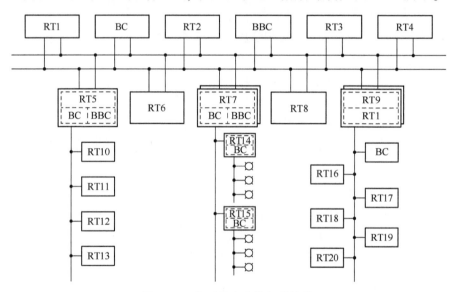

图 2-15 典型层次总线拓扑结构

① 层次总线之间的关系。层次总线之间的关系有两种：一是局部总线，也称从属总线，它从属于全局总线；二是全局总线，也称上级总线，它控制局部总线。系统控制上的主要差异取决于功能的使用，而不在于终端的相互连接，根据终端的相互连接要求，可以辨别或确定数据总线的拓扑结构，并确定传感器与局部总线或全局总线的相互关系。

② 层次总线拓扑结构设计。构造数据总线的拓扑结构要与子系统和功能的余度等级相适应，从隔离和余度的角度考虑，可以为每一个功能指定一条总线，各个功能通过一条或多条全局总线交换数据，这种结构类型实现了各功能之间的相互隔离。为了满足任务和性能要求，数据总线和功能子系统可以设计成具有大致相同的余度，有利于系统整体在功能上进行设计。每个功能处理单元具有在全局总线和局部总线之间的网关功能，网关用于在两条同类的总线之间传输数据，每一个网关都是全局总线上的终端，又是局部总线上的 BC 或 BBC。

2. 按数据总线之间的控制关系和数据传输关系分类

按数据总线之间的控制关系和数据传输关系可以分为总线式网络和交换式网络。

1) 总线式网络

(1) ARINC429 总线网络拓扑结构。ARINC429 总线上定义了两种设备,发送设备只能有一个,每条总线上可以连接不超过 20 个接收器。ARINC429 拓扑结构如图 2-16 所示。

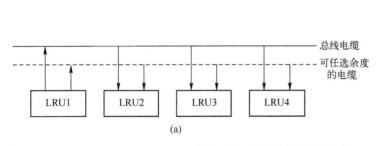
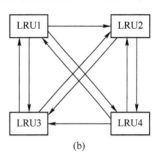

图 2-16　ARINC429 拓扑结构
(a) 基本拓扑结构;(b) 多发射端拓扑结构。

(2) CAN 总线网络拓扑结构。控制器局域网 (Controller Area Network, CAN) 总线采用串行通信协议,能有效地支持具有很高安全等级的分布式实时控制,CAN 总线可以使用同轴电缆、光纤等作为物理介质。常见的拓扑结构有总线型拓扑、环形拓扑、星形拓扑等,CAN 总线常见拓扑结构如图 2-17 所示。

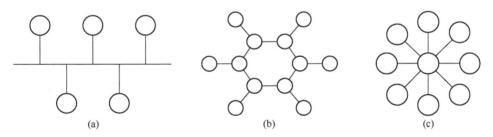

图 2-17　CAN 总线常见拓扑结构
(a) 总线型拓扑结构;(b) 环形拓扑结构;(c) 星形拓扑结构。

① 总线型拓扑结构。总线型拓扑结构是用一根电缆连接网络中所有节点,各节点的分支连接到 CAN 总线主电缆,当某节点发送数据到总线上时,网络上所有节点均能侦听到此数据,只有目标节点才能接收此报文,其余节点待目标节点接收完毕后才能忽略该报文。总线型拓扑结构易于实现且构建成本较低,但其容错能力和可扩展性较差,见图 2-17 (a) 所示。

② 环形拓扑结构。环形拓扑结构节点通过总线构成一个封闭的链路,数据流沿着一个方向单向传输。环形拓扑结构的实时性好,数据传输吞吐量较大,可作为高速链路使用,但其灵活性差,不易扩展。当环形拓扑结构中的一个节点发生故障时,会导致整个网络处于故障状态,如图 2-17 (b) 所示。

③ 星形拓扑结构。星形拓扑结构是一个中央节点连接多个分支节点的集中式网络结构,所有节点间通信必须经过中央节点再发送至目的节点。星形拓扑结构的特性使得网络易于扩展,且网络稳定性较好,当某一个分支节点因故障而中断时不会对整个网络产生太大的影响,但相比于其他网络拓扑结构,星形拓扑结构需要消耗更多的电缆,增加了构建网络的成

本，如图2-17（c）所示。

（3）MIL-STD-1553B总线网络拓扑结构。MIL-STD-1553B总线是时分控制/响应式多路数据传输总线。总线网络由主电缆、短截线、耦合器、终止器、终端等组成。总线传输介质为屏蔽双绞线，采用差分传输方式，MIL-STD-1553B基本拓扑结构如图2-18所示。

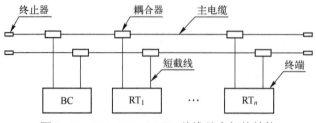

图2-18 MIL-STD-1553B总线基本拓扑结构

（4）MIL-1394B总线网络拓扑结构。MIL-1394B总线网络结构有环形、树形、星形、菊花链以及它们的混合形式，采用对等网络。通信节点由控制计算机（Control Conmputer，CC）、远程节点（Remote Node，RN）、BM、连接器和线缆组成。CC是网络中具有总线管理功能的所有节点的根，能够发起网络同步，负责循环控制、等时资源管理和总线管理等功能；RN作为子节点，具有接收通道等时数据包和异步流数据包等功能；BM作为总线的监控器，实现对总线网络中所有总线消息的监控功能。

① 单CC网络拓扑结构图。当MIL-1394B总线网络中只有一个CC，并且无环形结构时，为树形拓扑结构，也称为基本网络拓扑结构，如图2-19（a）所示。

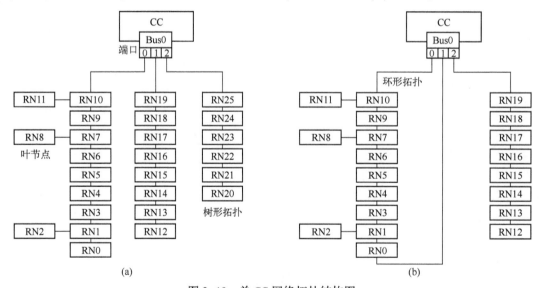

图2-19 单CC网络拓扑结构图
(a) 基本网络拓扑结构；(b) 循环网络拓扑结构。

② 循环网络拓扑结构。在循环网络拓扑结构中，物理层会自动检测和断开环路，当新的树结构配置完成后，可确定环断开的端口，在物理层断开环之后，会形成两棵树，一棵连接到端口0，另一棵连接到端口1，如果任意一棵树的一个节点失效了，总线将自动重构故障节点为新树的末端，所有其他节点依然有效，如图2-19（b）所示。

③ 三余度网络结构。3CC形成交叉通道连接，CC之间均通过专用通道进行连接，进一

步提高网络的容错能力,确保总线通信的可靠性,3CC 网络拓扑结构如图 2-20 所示。

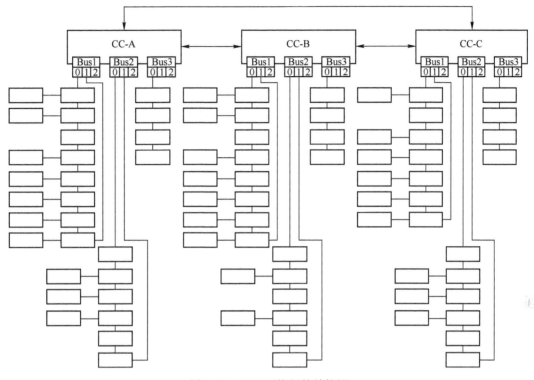

图 2-20　3CC 网络拓扑结构图

(5) LTPB 总线网络拓扑结构。LTPB 总线一般使用光纤作为传输介质,采用星形拓扑结构,网络节点通过耦合器连接起来,LTPB 星形拓扑结构如图 2-21 所示。

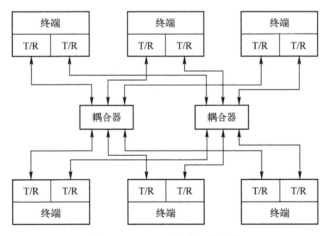

图 2-21　LTPB 星形拓扑结构

2)交换式网络

(1) FC 总线网络拓扑结构。FC 网络主要包括点到点拓扑结构、仲裁环拓扑结构(包括集线器连接仲裁环拓扑结构)、交换型拓扑结构和混合型拓扑结构四种拓扑结构。

① 点到点拓扑结构。点到点拓扑结构(Point to Point Topology)最简单,能够提高最大

带宽并可实现全双工连接。这种拓扑结构适用于通信数据量较大、通信频繁以及连接关系不复杂的通信端口互连，如可以在传感器和信号处理器之间或显示处理器和显示器之间使用这种拓扑结构，点到点拓扑结构如图 2-22（a）所示。

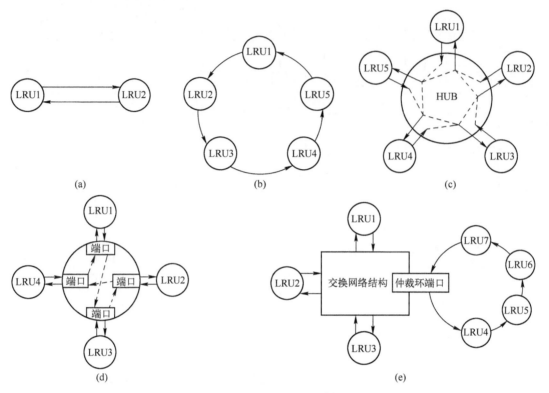

图 2-22　FC 总线拓扑结构
（a）点到点拓扑结构；（b）仲裁环拓扑结构；（c）集线器连接仲裁环拓扑结构；
（d）交换型拓扑结构；（e）混合型拓扑结构。

② 仲裁环拓扑结构。仲裁环拓扑结构（Arbitra Loop Topology）将多个设备端口串连构成环状结构。节点之间的通信以点对点的方式进行，环路的所有端口共享网络带宽，在任何一个时刻，只能由一个端口向一个或多个端口发送数据。环路中的每个端口都有一个环路物理地址，根据端口地址分配了优先级，环路的仲裁机制是使环中具有高优先级的端口获得仲裁，仲裁环拓扑结构如图 2-22（b）所示。

单向仲裁环是一种简单拓扑，可支持 126 个节点，但是任何环之间的连接失败会导致整个环不能工作。通过集线器连接环路，可避免失效的连接或节点对整个环造成的影响，集线器连接仲裁环拓扑结构如图 2-22（c）所示。

③ 交换型拓扑结构（Fabric Topology）。交换型拓扑结构中至少包含一个交换机，交换机是整个网络的中心节点，通过交换机接口形成交换组织，多个设备接口连接到交换组织构成交换网络，为网络中所有节点提供单播、组播和广播的数据交换通路。交换单元的端口可以工作在多种模式下，既可以是交换机端口，也可以是交换机内部单元互联端口，具体模式由处理过程确定，交换型拓扑结构如图 2-22（d）。

④ 混合型拓扑结构（Hybrid Topology）。混合型拓扑结构是仲裁环和交换型拓扑结构的组合，具有多个设备端口和仲裁环端口的仲裁环通过一个路由端口和仲裁环端口连接到交换

网络中。混合型拓扑结构是常用的一种拓扑结构，可以在一组低带宽端口和较高带宽端口之间提供广泛的连接能力，在航空电子系统中，那些对带宽要求较高的端口（如传感器、显示器、信号处理器等）可以通过交换网络连接，而那些对带宽要求不高的端口可先组成一个环路，再通过仲裁环端口连接到交换网络中，混合型拓扑结构如图2-22（e）所示。

（2）AFDX网络拓扑结构。AFDX网络拓扑结构是以交换机为中心的星形结构网络，包括节点终端系统（End System，ES）和交换机两部分，其中中心节点为交换机，提供终端系统之间的数据交换和监控功能。AFDX网络基本拓扑结构如图2-23（a）所示。

AFDX网络可以设置成单余度或双余度网络，AFDX网络采用双余度结构是指在每个端口之间有两条独立的传输路径，端口、链路和交换机都是双余度的，如图2-23（b）所示。

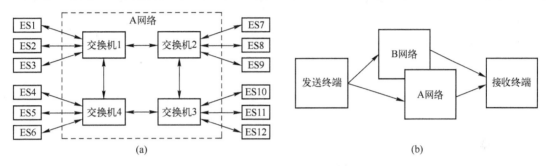

图2-23 AFDX网络拓扑结构
(a) 基本拓扑结构；(b) 余度拓扑结构。

2.1.4 构建系统拓扑结构

航空电子系统的子系统彼此不是离散的、无关的，而是存在有序的相互作用和联系，从而使系统构成了有机整体，构建系统拓扑结构要与子系统功能的余度等级相适应。

1. 系统拓扑结构的构建

构建系统拓扑结构包括生成静态拓扑结构和动态拓扑结构两个方面。

1）静态拓扑结构

各子系统之间安装空间关系、用电分配关系、线缆连接关系或总线互连关系等构成了系统的静态拓扑结构。系统的静态拓扑结构是直观的，易于掌握的，但不是发挥"系统效益"的主体，体现系统效益的主体是系统的动态拓扑结构。

2）动态拓扑结构

系统动态拓扑结构主要是指航空电子系统在运行过程中，各子系统之间信息的相互作用，以及发生这些相互作用的时序关系，这些关系使系统整体上体现出信息的综合处理能力。

2. 形成拓扑结构的基本方法

在系统拓扑结构的确定过程中，应包括对网络协议的要求和对终端软件和硬件的要求，以及确定系统的控制方法。在确定系统的控制关系后，生成初步的拓扑结构方框图，同时编制系统需求规范，规范应包括系统功能、子系统功能、拓扑结构、余度要求、划分方法（功能划分和功能隔离）、总线数量、总线独立性、控制器位置、总线之间的接口、设备间距以及支持该拓扑结构所需的终端软件和硬件。

3. 系统拓扑结构的设计要求

1) 系统拓扑结构设计的功能要求

(1) 子系统功能的余度、容错和隔离要求。

(2) 所采用的协议和具备的能力。

(3) 数据流和数据总线负载的初步估计。

(4) 对时间同步和数据延迟的控制要求。

(5) 每条总线上连接的终端，总线电缆的预计长度。

(6) 数据安全性要求。

(7) 在总线网络、总线长度、总线隔离以及便于增加终端和功能方面必须具有预留的扩展能力。

2) 系统拓扑结构设计的安装要求

(1) 在战斗损伤的情况下，系统应具有较高的生存力。

(2) 易于接近总线耦合器、连接器和末端。

(3) 对于带有耦合器的拓扑网络，当耦合器处于高温区时，应避免高温使变压器磁芯去磁，还要避免总线电缆与机身蒙皮接触，以防高温损坏。

4. 形成基本的系统拓扑结构

设计后的系统拓扑结构应满足以下要求。

(1) 每个终端应具有最完整的信号波形。

(2) 电缆的特性阻抗应匹配。

(3) 信号波形应满足要求，终端的输入/输出特性应留有适当裕量。

(4) 主总线和节点使用的导线应进行标识和颜色区分。

(5) 所有线缆应经过其验收测试规程，当任何一段长度改变大于10%时应再次做验收测试。

(6) 只有完成信号完整测试后，才算完成网络拓扑。

2.2 功能分配

在传统的飞机研制过程中，对于航电系统的功能性需求采用以设备为出发点的需求捕获方法，类比相似机型的航电系统功能，根据飞机各系统的具体构型和物理交联关系，提出所研制机型的功能性要求。现代航电系统功能分配以分析任务和性能需求为主导，按战术技术指标的要求进行，包括作战使命、作战对象、作战任务、飞行性能、武器配置和使用要求等，首先应确定功能分配方法，其次对功能性需求进行捕获，最后捕获航空电子系统功能及其子系统功能，通过该方法可有效地将系统需求、系统功能、系统操作程序、系统构架、系统安全性和任务可靠性进行结合。

2.2.1 功能分配方法

功能分配可采用两种方法：一是以任务活动为主导的功能分配，根据作战飞机任务、使命和作战对象进行分解，将作战任务剖面划分成任务阶段；二是以OODA作战样式主导的功能分配，通过分析不同作战场景提出对航空电子系统任务和能力的需求。

1. 以任务活动为主导的功能分配

飞机的运行任务由有限个事件所构成，这些事件又是由有限个需求所组成的，通过对飞机事件的需求进行分析可捕获所需完成任务的需求。对这些事件的捕获，则需要通过对飞机任务进行分解。飞机任务的分解通常采用层次任务分析（Hierarchical Task Analysis，HTA）方法，由上至下定义为飞行任务、飞行阶段和运行事件三个层次，典型任务需求分解见图 2-24，对于不可进行直接拆分的运行事件应进行重新构建，获得相应的子事件。

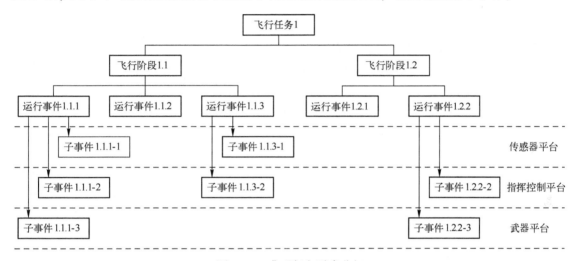

图 2-24 典型任务需求分解

1) 飞行任务

飞行任务是飞机所需完成的任务，从基本功能出发，依照对飞行安全的要求，飞行任务可以分为四类，即基本飞行任务、人机工程任务（与飞行员的人机接口）、导航任务和作战任务。

（1）基本飞行任务。由维持飞机安全飞行的子系统组成的任务，如关系到飞行安全的飞行控制系统和环境控制系统。

（2）人机工程任务。包括直接与飞行员接口的系统和功能，如与提供系统控制能力的 BC 紧密联系的座舱控制和显示功能。

（3）导航任务。决定飞行的当前位置和指引它飞向何处的功能。

（4）作战任务。包括所有的攻击防御和外挂管理功能，它又分为空/空（Air-to-Air，A/A）、空/地（Air-to-Ground，A/G）、攻击和防御 4 种模式。

2) 飞行阶段

飞行阶段是根据飞行任务，按一定规则，将飞行任务划分为有限的飞行阶段。飞机在作战体系下执行作战任务，作战任务概括分解为 7 个任务阶段：任务计划→飞机出动→飞向目标区→发现潜在目标→作战→作战效果评估→返回基地。各阶段的划分如下。

（1）任务计划。按照作战任务，依据预先得到的情报、天气、作战规则等制订战区作战计划，分解落实到每架战斗机的任务计划中，并写入数据传输卡（Data Transfer Cartridge，DTC）。

防空截击作战是突发、紧急作战任务，它不是预先计划的。军事行动中心迅速制订作战计划并写入 DTC，载机出击携带远距离空空导弹和近距离格斗导弹，同时与正在进行空中巡逻的飞机通过数据链接收新任务协同。DTC 中应包含常规作战所需信息或数据，如通信参数（电台的工作模式和密钥参数、指挥网络和数据链设备参数等）、导航参数（防区内飞行计划、飞行区域等）、空空作战程序、威胁数据库、无源干扰投放程序库和有源干扰技术库等。

（2）飞机出动。执行规定的飞行前准备，如任务数据加载、IBIT、惯导对准、装载武器和武器弹检等。飞行员飞行计划预览，得到指挥员出动指令后，启动发动机、滑跑、起飞。

（3）飞向目标区。分成两个子阶段：进入阶段 1 从起飞开始，到飞入争夺的空域或飞过战区前沿为止，这一阶段空域比较安全；进入阶段 2 起始于阶段 1 结束，终止于与目标交战，这一阶段空域飞机有遭遇突发威胁的可能。在这一阶段航电系统主要任务有以下几项。

① 飞行路线管理。包括战术导航、引导，依据飞行计划和飞行区域信息，依靠任务系统的能力，自主完成飞行操纵指引，在敌方没有空中预警能力或预警能力较差时采用低空飞行突防敌作战区域。

② 接收作战指挥、控制、通信及情报。依据指挥系统的指控消息，如指挥引导指令、飞行路线/区域消息、方案消息和任务分配消息等控制飞机飞向目标区域。针对战场态势，完成防空截击任务，适应作战指挥体系不同的指挥引导方式，快速控制飞机进入攻击占位。

③ 传感器管理及控制。依据飞行员辐射等级选择或指挥系统的控制指令，完成传感器装备控制。采用无线电静默方式进入目标区，当确认已经被敌方发现时再转入非静默状态，为了应付潜在威胁，电子对抗系统无源探测应具备截获威胁载机的敌机载火控 RDR 和制导 RDR 信号的能力。

④ 态势监视。将数据链获取的空中态势信息、无源探测信息进行信息融合，形成战场态势监视。

（4）发现潜在目标。到达与敌方目标作战的区域，第一个目标进入机载传感器的初始感知区，本机传感器进行目标探测（在指挥引导信息的支持下自动探测和飞行员控制手动探测），这一阶段航电系统的主要任务有：

① 接收作战指挥体系的指挥、控制信息。依据指挥系统的指挥引导指令，进行攻击占位，控制航电系统设备状态，通过数据和指令引导适时启动对目标的有源探测。

② 态势监视。载机对指定空域进行有源探测或无源探测，结合指挥系统的目标监视对敌兵力部署、战场环境进行综合评价，形成综合态势。

③ 协同作战。在编队协同作战时，完成编队之间的信息共享、目标分配或必要的战术协同；飞过战区前沿，进入争夺的空域，可能进入敌地面炮火或导弹攻击范围，遭遇突然出现地对空导弹来袭，会遭遇没有预期的空中目标，本机传感器侧重对地面目标的探测同时兼顾对空探测。根据来自数据链的机外传感器战场态势信息（或语音），通过战术管理辅助决策，进行无源探测，必要时启动对地面目标探测，确定威胁的精确位置。根据态势感知获取的信息，进行威胁分析，规划航路，规避威胁。

（5）作战。维持目标的稳定跟踪并且在进入作战距离时转为作战阶段，与交战的敌机进行空战或实施对地/海目标的攻击等。这一阶段航电系统的主要任务如下。

① 目标探测和跟踪。目标搜索、跟踪和识别，获取高精度和实时性信息，感知敌空空

导弹的未知 RDR 信号，其中对武器系统火控 RDR、制导 RDR 以及导弹制导 RDR 等高威胁目标具有实时截获、快速识别告警能力。

② 作战态势分析。对敌我兵力对比、兵力部署、武器配备和战场环境进行综合评价，分析敌方作战意图，对敌方兵力的杀伤能力和对我方威胁程度进行估计。

③ 进攻和防御。根据作战态势分析结果，进行攻击决策，制定武器攻击方案或干扰策略，发射武器或启动有源干扰；攻击过程中或攻击后，为了提高生存能力，对外界的 RDR 和导弹威胁告警实时响应并给出威胁规避策略提示或对抗措施；当本机 RDR 受到敌方目标有源干扰压制时，系统应具备多传感器目标信息融合能力以及必要的武器攻击能力。

(6) 作战效果评估。如果实施对目标的攻击，则执行作战效果评估。对目标攻击后，记录任务数据，可通过传感器对目标的探测跟踪状况和其他信息进行攻击效果评估，也可返回基地后进行事后评估。

(7) 返回基地。分为两段：退出阶段 1 起始于离开与目标作战区域，结束于离开敌空域和敌武器系统作战范围，这一阶段空域飞机有遭遇突发威胁的可能；退出阶段 2 起始于退出阶段 1 结束，直至返回到基地，这一阶段空域比较安全。这一阶段航电系统的主要任务如下。

① 飞行路线管理。
② 无源探测目标和威胁，包括进行无源定位和综合告警。
③ 与编队成员通信。
④ 接受作战指挥体系的指挥、控制、通信及情报。

3) 运行事件

运行事件是组成飞行任务最小的飞机级事件，运行事件通过一定的逻辑组织形成飞行阶段，不同作战用途的飞机执行不同的作战任务，其运行事件也各不相同。其中运行事件可分为指挥平台子事件、作战平台子事件、传感器平台子事件以及组成这些子事件的逻辑关系。将运行事件按这 3 类子事件进行拆分，从而捕获相应的子事件，对于不可进行直接拆分的运行事件，则通过这 3 类子事件对该运行事件进行重新构建，并获得相应的子事件，由此可获得运行事件中所包含的指挥类子事件与其他事件的逻辑关系以及座舱事件与其他系统事件之间的逻辑关系。

2. 以 OODA 作战样式主导的功能分配

1) 阶段划分

按照任务场景 OODA 循环理论执行阶段进行划分。观察环节的主要执行阶段为战术导航、战术引导、拦截待战、空空作战、空面作战、战术退出和战术返航等阶段；判断环节的主要执行阶段为任务场景全阶段；决策环节与观察环节任务场景相同；行动环节的主要执行阶段分为战术导航、战术引导、拦截待战、空空作战、空面作战和战术退出等阶段，OODA 执行阶段如图 2-25 所示。

2) OODA 循环理论

在执行 OODA 循环理论作战任务的流程中，为了实现缩减 OODA 攻击环时间，确保在正确的时间调度正确的传感器、使用正确的搜索策略、获取正确的态势信息、使用正确的武器完成对目标的有效攻击，在系统设计过程中，涉及的各个功能的设计描述和研制策划，应将系统功能合理的分配，为后续的详细设计提供输入，OODA 循环模型 4 个环节的功能如图 2-26 所示。

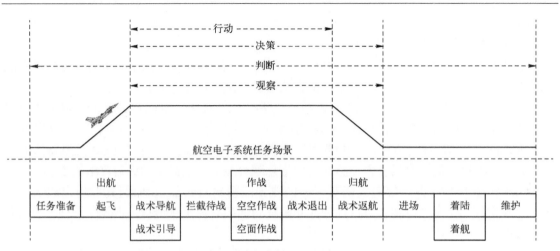

图 2-25　OODA 执行阶段

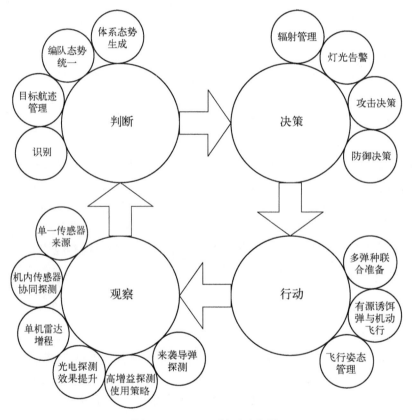

图 2-26　OODA 循环示意图

(1) 观察：采取一切可能的方式，如各种技术手段、人员及装备，从战场环境中收集所需信息。

① 根据编队作战任务，编队长机以地面任务规划为基础，根据实时空情态势（目标类型、数量和空间分布）和编队内可用传感器资源，生成编队传感器使用策略，下发给编队僚机，使用 RDR、电抗、光雷等传感器的功能/模式，搜索空域、时域节拍以及对敌方 RDR 等传感器进行侦测，根据不同的作战场景（任务需求）对全机传感器辐射状态进行统一

管理。

② 根据空中、地面威胁态势评估敌方导弹供给区,结合敌射频特征判别敌发射时机,对敌附近空域的来袭导弹进行探测,掌握敌导弹模型,确认敌导弹攻击区及弹道,进而判别来袭导弹攻击意图,预估时间,实现目标的探测与发现。

(2) 判断:结合以往知识经验,综合理解收集到的信息,形成态势感知,并对战场态势的发展趋势做出判断。

① 作战编队综合地面指挥信息、空中预警信息等,通过多重层次的融合和处理形成全局体系下的态势,用于预警指挥与资源配置。在作战编队内,将不同平台 RDR、对抗、光电等传感器获取的目标、威胁等信息通过分布式系统进行融合与处理,完成信息的时间与空间的统一,完成编队内的目标跟踪、识别,形成编队内的统一态势信息。

② 通过机上传感器的探测信息,数据链传来的编队内协同探测信息,为任务系统提供全面、精确和可靠的目标状态信息与属性信息,支持后端的任务管理、战术决策与火控结算。

③ 根据目标的 IFF 识别、RDR 识别、光电识别、数据链识别等结果以及对目标的速度、位置、姿态等目标状态综合识别后,输出目标信息(类型、型号、敌我属性)。

④ 根据多元传感器数据信息和情报信息,识别出敌我双方的兵力构成、交战区域、胜负判别及电磁频谱态势图等。

⑤ 对空空目标和空面目标的航迹信息、辐射特征信息、敌我态势信息等进行综合分析,从而得到高威胁等级目标的下一步行为概率表,为飞行员提供当前目标的下一步态势。

⑥ 预测敌方战机的战术目的,包括突防、电子干扰、巡航飞行、探测、发起攻击、预警侦查和攻防截断等。

⑦ 判断杀伤评估和危险评估,按等级完成排序,形成对应的攻击列表和威胁列表。

(3) 决策:根据任务目标和作战原则,评价各种行动方案并做出决定,最终形成行动流程(Course of Action,COA)。

① 根据编队飞机类型、挂载武器、目标类型、目标作战意图等,评估每个编队目标的作战能力系数,为各编队分配作战任务。

② 根据本机资源(平台健康情况、剩余油量、传感器性能评估、剩余武器类型/数量等)和空空、空面任务目标类型,评估可支持的战斗次数或饱和打击次数,用于支持编队任务分配以及单机战术决策等。

(4) 行动:根据自身执行能力完成 COA,对当前态势产生影响,并返回观察阶段对信息进行更新,如此循环往复直至完成任务目标。

2.2.2 功能性需求捕获

功能性需求捕获首先根据系统及子系统边界定义,捕获航空电子系统的主要功能;对系统功能进行再描述、再分解和再分配,捕获确定系统的详细功能,直至所捕获的全部功能可以完全分配;最后对系统功能层次进行划分。若功能涉及与机组的交互,则需根据分配结果,将对于机组与航空电子系统的协作功能进行分解,针对航电系统的不同需求,采用不同的系统需求捕获方法,对系统功能进行分配。

1. 航空电子系统的主要功能

航空电子系统功能分配设计是一个不断迭代的过程,这个过程一直分解到获得稳定的结构，航空电子系统功能分解如图 2-27 所示。

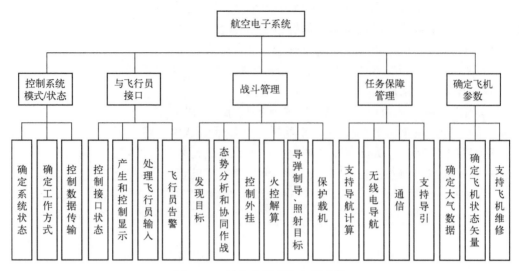

图 2-27 航空电子系统主要功能

1) 控制系统模式/状态

功能模块执行航空电子系统的监控和控制系统的工作模式。

(1) 确定系统状态。应综合航空电子系统、非航空电子系统、武器和座舱的状态报告来确定航空电子系统的状态。

(2) 确定工作方式。按照系统状态和系统请求确定航空电子系统的工作方式，它管理系统的启动、初始化和重构功能。

(3) 控制数据传输。功能模块控制航空电子系统内部和与航空电子系统有关系统的数据传输；控制任务数据（用于评估的音频视频信息）传输给系统加载和记录装置；控制机上所有系统记录、维护和诊断数据。

2) 与飞行员接口

模块控制座舱的输入和输出，它可分解为以下 4 个子模块。

(1) 控制飞行员接口状态。功能模块监控和确定控制及显示的状态。

(2) 产生和控制显示。功能模块产生显示的数据或符号，它必须对座舱中的不同屏幕控制进行显示，同时控制显示的记录。

(3) 处理飞行员输入。功能子模块应综合座舱的全部输入。

(4) 飞行员告警。功能子模块应按照系统状态控制告警装置（告警灯、显示和音响）。

3) 战斗管理

功能模块应管理 A/A 或 A/G 作战任务，它可分为 6 个子模块。

(1) 发现目标。功能子模块应帮助飞行员发现和识别目标。

(2) 态势分析和协同作战。对来自地面指挥系统、友机及本机 RDR 目标的综合信息，进行目标威胁判断和目标分配。

(3) 控制外挂。功能子模块应监控外挂的状态以及武器的启动、准备和投放。

(4) 火控解算。功能子模块应计算 A/A 和 A/G 方式的瞄准参数。

(5) 导弹制导、照射目标。功能子模块应在 A/A 方式使用中程导弹时，对导弹发送指令并对目标实施照射。

（6）保护载机。功能子模块感应和分析电子威胁，提供导弹逼近告警信息，控制发射有源干扰和投放箔条/红外干扰弹。

4）任务保障管理

功能模块应确定飞机与外界的关系并发出飞行指令，其功能分解为：

（1）支持导航计算。功能子模块应控制任务计划和航路管理，包括产生至下一个航路点、返航进场等飞行指令。

（2）无线电导航。无线电导航功能子模块应提供飞机相对位置数据给显示和控制系统，并在着陆时提供自动飞行控制数据。

（3）通信。通信功能子模块应进行无线电通信、与地面站的数据传输、与友机间的数据传输、数据处理以及产生音频告警。

（4）支持导引。支持导引功能子模块应根据地面自动化指挥系统的指令信息，产生并传送控制飞机的导引指令信息，送给自动飞行控制系统（Automatic Flight Control System，AFCS）。

5）确定飞机参数

这个功能模块又可分为三个子功能模块。

（1）确定大气数据。功能子模块包括空气温度、空气密度、空气压力、空速、气压高度和迎角等。

（2）确定飞机状态矢量。根据大气参数和惯性传感器的输出来确定飞机飞行参数，飞机状态矢量参数包括速度、加速度、位置、角度、角速度和几何高度。

（3）支持飞机维修。功能子模块包括监视发动机和非航空电子系统的状态以及存储飞机上所有系统的维修和诊断数据。

2. 航空电子系统的详细功能

航空电子系统可详细划分为数据管理记录、显示控制、告警、态势感知、战术管理、火控攻击、电子对抗、导航、通信、航路管理、任务训练、测试性、维护性等功能，航电系统主要功能如图 2-28 所示。

1）数据管理记录

数据管理记录主要包括数据加载、数据采集和数据记录等功能。

（1）数据加载。能够加载话音通信参数、数据通信及网络编队参数、飞行航路参数、武器外挂清单和攻击方案、对抗威胁数据库信息、无源投放程序库信息和有源干扰技术库信息、飞行员个性化的语言参数、绘图文件、系统软件等。

（2）数据采集。数据采集主要采集飞机的关键信息、任务信息、维护信息和其他信息。

① 飞行的关键信息：发动机、液压、氧气、燃油、电源、调板、火警、起落架、救生、电传等工作参数。

② 任务信息：导航、空空、空面和通信等任务信息。

③ 维护信息：飞机系统的故障和状态信息。

④ 其他信息：通信和语音信息、飞机的飞行轨迹、姿态、大气数据和极限参数。

（3）数据记录。将采集到的数据、音频和视频数据，按使用需求分别记录。记录参数应满足再次飞行和任务执行的快速分析要求，包括发动机历程，机电系统、飞控系统和航电系统的状况等。

数据管理记录	显示控制	告警	态势感知	战术管理	火控攻击	电子对抗	导航	通信	航路管理	任务训练	测试性	维护性
数据加载	系统显示	灯光告警	态势监视	战术协同	火控管理	响应管理	惯性导航	话音通信	飞行计划管理	实战训练	加电自检测	传感器校靶
数据采集	人机接口	显示告警	态势跟踪	威胁排序	武器外挂管理	电子支援	卫星导航	数据通信	飞行操纵解算	嵌入训练	启动自检测	传感器标定
数据记录	响应管理	音频告警	目标识别	攻击决策	武器制导	有源干扰	塔康导航	通信管理	航路重规划	训练评估	周期自检测	机电系统维护控制
			态势处理	辐射控制		无源干扰	航管应答		地形规避		维护自检测	飞控系统维护控制
				攻击方案								软件版本显示

图 2-28 航空电子系统详细功能

2) 显示控制

显示控制的主要功能包括系统显示、人机接口和响应管理,实现人机交互功能。

3) 告警

告警功能主要包括灯光告警、显示告警和音频告警功能。

4) 态势感知

态势感知(Situational Awareness)是在机载环境下实时评估敌方空中目标的战术意图,辅助飞行员进行空战决策,是联合作战与协同作战的基础,包括态势监视、态势跟踪、目标识别和态势处理功能。参与态势感知的传感器有 RDR、光电探测设备(Optical Electronic Detect Equipment,OEDE)、CNI、INS、ADS。其中,RDR 用于目标监视、跟踪和无线电制导等;OEDE 用于目标监视和跟踪;CNI 用于话音通信、数据通信、通信管理、音频告警、无线电导航定位和航管应答等;INS 具有自主导航、卫星导航和卫星授时功能;ADS 用于大气参数测量、极限告警和状态控制等。

5) 战术管理

战术管理功能主要包括战术协同、威胁排序、攻击决策、辐射控制和攻击方案确定等。

6) 火控攻击

火控攻击主要包括火控管理、武器外挂管理和武器制导等功能。

7) 电子对抗

电子对抗的主要功能包括响应管理、电子支援、有源干扰和无源干扰功能。

8) 导航

导航功能包括惯性导航、卫星导航、塔康(Tactical Air Navigation System,TACAN)导航和航管应答。

9) 通信

通信功能主要包括话音通信、数据通信和通信管理等。

10) 航路管理

航路管理功能主要包括飞行计划管理、飞行操纵解算、航路重规划和地形规避。

11) 任务训练

任务训练功能主要包括实战训练、嵌入训练和训练评估。

12) 测试性功能

测试性功能主要包括加电自检测(PUBIT)、启动自检测(IBIT)、周期自检测(PBIT)和维护自检测(MBIT)。

13) 维护性功能

维护性功能主要包括传感器校靶、传感器标定、机电系统维护控制、飞控系统维护控制和软件版本显示等。

3. 系统功能层次划分

系统功能层次划分用于确定系统功能的重要程度,系统功能自顶向下可分解为人机接口、战术决策管理、进攻与防御管理、态势和子系统管理、战术信息/地形参数管理和传感器 5 个层次,航电系统功能层次如图 2-29 所示。

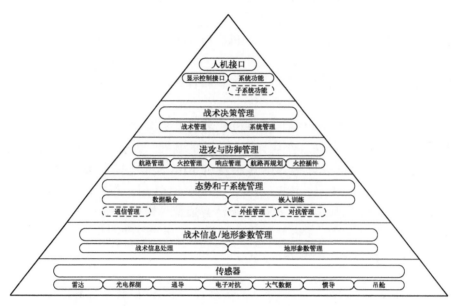

图 2-29 航电系统功能层次

2.2.3 主要功能子系统

子系统是指接受数据传输服务的装置或功能单元，根据功能捕获的结果对子系统进行功能分配，对功能界面进行说明。

1. DCMS

DCMS 是航电系统的人机接口，主要由显示设备、操控设备和 DCMP 等组成。显示设备主要有 HUD 和 MFD；操控设备主要包括正前方控制板（Up Front Control Panel，UFCP）、航空电子启动板（Avionic Activation Panel，AAP）以及油门杆和驾驶杆上安装的各类开关按钮等。显控设备在座舱中的分布示意图如图 2-30 所示，DCMS 主要有以下几方面功能。

（1）处理和显示飞机起飞、导航、引导、作战、进场、着陆（着舰）和维护等信息。

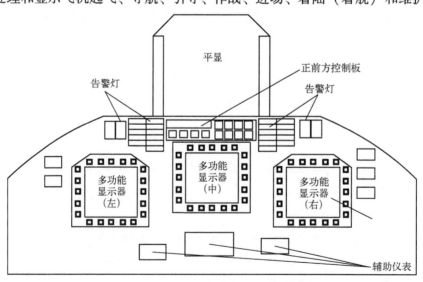

图 2-30 显控设备在座舱中的分布示意图

(2) 根据飞行员的操作命令切换和生成显示画面。
(3) 控制航空电子系统的数据总线和各子系统的工作状态。
(4) 管理各子系统单独/成批的启动或关闭。
(5) 显示 NAMP 的状态信息。
(6) 存储任务数据,同步记录飞行中视频和音频信息,记录信息能通过地面设备重放。
(7) 分级处理和显示故障及告警信息。

2. ADS

ADS 一般由气压传感器、总温传感器、迎角传感器、侧滑角传感器、过载传感器、ADC、极限信号计算机以及加温控制设备等构成,ADS 通过连续测量大气温度、压力和飞机迎角、侧滑角等数据,计算后可向飞行员和机载设备提供大气数据和极限信号。ADS 的组成如图 2-31 所示。

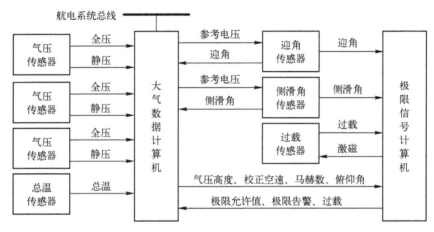

图 2-31 ADS 的组成示意图

3. INS

INS 通常由计算机、陀螺、陀螺稳定平台、加速度计以及全球卫星导航系统（Global Navigation Satellite System, GNSS）/北斗卫星导航系统（BeiDou, BD）等组成,应具有参数装订、对准、导航、校正、标识、标定、非易失存储、BIT、热校靶等功能,可以提供飞机的加速度、速度、位置、姿态和航向等多种导航参数。INS 在进入工作前,先要进行初始对准:即输入初始条件、初始经纬度等积分运算的初始条件,调整平台到预定的坐标系,将实际平台系与理想平台系对准到相互重合的状态。INS 工作时,要对惯性误差进行校准和补偿,通常采用惯性/卫星组合导航,提高 INS 的整体导航性能。在纯惯导导航模式下测量出飞机在任意时刻沿三轴的加速度 a_x、a_y、a_z,通过对时间积分可以得到沿三轴的速度 V_x、V_y、V_z,再进行二次积分得到距离。

4. CNI

CNI 主要实现飞机与外界的话音通信、数据通信、无线电导航、进场着陆引导、航管应答、IFF 等功能;同时还在飞机整个飞行任务期间完成各种音频信号的综合处理和语音告警信号的产生,同时具有 BIT 功能、综合化系统管理与数据管理、无线电话音通信（与其他飞机、舰船、地面台）、A/A 和 A/G 间的数据通信,无线电导航与进场着落/着舰引导、IFF、航管应答、音频信号综合处理、毁钥控制等功能。CNI 子系统的物理实现可分为导航设备、通信设备、应答设备、主控设备以及电磁波接收和发送天线、电缆线束、电源等部分，具有正常、应急工作以及 BIT 三种工作方式。

1) 导航设备

导航设备主要有无线电导航设备、微波着陆设备、信标（Beacon，BCN）、无线电罗盘、无线电高度表等。

（1）无线电导航设备。无线电导航设备具有 A/A、A/G 和测距 3 种工作模式。工作在 A/A 模式时，无线电导航设备与装备同等功能的其他飞机配合使用进行 A/A 测距，用于 A/A 集合、编队和加油。工作在 A/G 模式时，与 TACAN 地面台配合组成 TACAN 导航系统，为飞行员提供相对于 TACAN 地面台的方位、斜距、对台速度、到台识别音等信息。工作在测距模式时，与地面台配合，为飞行员提供相对于地面台的精密测斜距信息等。

（2）微波着陆设备。微波着陆系统（Microwave Landing System，MLS）用于飞机进场、着陆和引导，接收和处理来自地面台的进场着陆方位和仰角信息，提供飞机相对于下滑线的方位偏差和下滑偏差着陆引导信息；可与无线电导航设备的精密距离测量设备（Distance Measurment Equipment-Precision，DMEP）配合，通过坐标变换将相对于台站的方位偏差、下滑偏差和距离数据转换到着陆点，为飞行员提供飞机距着陆点的距离。

（3）信标。BCN 主要用于接收安装在机场跑道中心延长线上的着陆系统中远距、中距、近距地面指定点信标台发出的不同音频调幅的高频信号，以灯光和音响的形式提示飞行员已飞临信标台上空。

（4）无线电罗盘。无线电罗盘接收地面导航台的信号，连续自动地测量并指示出飞机纵轴与导航台之间的相对方位，完成按地面导航台进行导航的任务。

（5）无线电高度表。无线电高度表测量飞机低空相对于地面的真实高度，可用于产生低于预置高度、进场、着陆、决断高度等的告警信息。

2) 通信设备

通信设备主要是机载电台，从频段上分为短波（HF）电台、超短波（V/UHF）电台等。

（1）短波电台，主要用于飞机低空远距飞行时，完成飞机间、飞机与地面指挥台之间以及飞机与海上舰船之间的远距话音通信，具有信道通信、自适应通信和跳频通信等工作方式。

（2）超短波电台，主要用于飞机在本场或高空近距飞行时的话音通信和数据通信，也可用于空中编队机群之间的数据通信。超短波电台具有常规、抗干扰明话通信、密话通信和数据保密通信等能力。

一般地，飞机上为了满足远/近距、数据/语音、明/密等通信需求，都装备有多个电台，并配套装备控制器。控制器可根据多个预置工作程序和多组工作参数进行选择，将电台分为多个工作组，在选定工作组后，为使电台工作在最佳信道，电台每隔一定时间自动进行一次线路质量分析（Line Quality Analysis，LQA），在多个信道中确定一个最佳信道，并自动在此信道进行通信。

3) 应答设备

应答设备主要有 IFF 设备、空管应答设备。

（1）IFF 设备，通常采用询问/应答方式，询问机与机载 RDR 协同工作，与 RDR 同步对搜索到的目标发出询问信号，并试图接收对方的应答信号，如果能接收到对方的应答信号，则对应答信号进行分析识别，判断是否为己方的应答编码信号，并形成识别标志，经机载 RDR 进行目标匹配后进行显示。

（2）空管应答设备，用于配合航空管制系统（Air Traffic Control System，ATCS）工作，接收地面空管二次 RDR 的询问，并向地面发回符合规定的应答信息，实现空中交通管制。

4）主控设备

主控设备是 CNI 子系统的控制、处理与信息交互中心，能够对 CNI 子系统内部设备的工作方式和参数进行控制和管理（如通信波道、跳频速率等）；产生话音告警和单音告警音响；负责 CNI 子系统的维护和状态监视、内部信息的交换以及与航电其他子系统的数据交换。

5. 非航电管理子系统

非航电管理子系统的核心部件是非航电管理处理机（Non-Avionic Management Processor，NAMP），由一台嵌入式计算机实现，具有与飞机上的发动机、燃油、机电等系统的统一接口，能够接收处理非航电系统的工作状态、部分关键工作参数，并上报航电系统的记录设备进行记录，地面维护人员可以调阅记录的故障数据，支持飞机维护工作。

NAMP 主要完成非航电系统的状态监控和管理，监控发动机系统、燃油系统、液压系统、环境控制系统、舱盖系统、起落架控制系统、灯光告警系统、飞行参数记录系统、火警探测系统、电传操纵系统、进气道调节系统、结冰信号器、供电系统和飞行参数显示器（Flight Parameter Display，FPD）等非航电系统的工作状态，为 MFD 与维护监控板（Maintenance Monitoring Panel，MMP）显示提供故障告警信号，可将非航电系统的有关参数传输至航电系统，具有 BIT 能力。NAMP 应能准确地检测非航电系统的故障，本身故障应不影响非航电系统的正常工作。

6. 任务计算子系统

任务计算子系统的核心部件是 MC，主要承担指挥引导、传感器管理、目标参数计算、各种武器的不同攻击方式的火控解算、瞄准线坐标转换、数据链信息显示控制等任务。具有指挥控制引导计算、传感器协同控制、火控攻击解算、战场态势生成与威胁评估、编队协同作战、时延补偿、数据链战术信息综合处理等功能。主要工作方式如下。

1）初始化工作方式

MC 上电启动后，进行 PUBIT 过程中，对武器校靶数据、约定点数据、偏置数据等参数进行初始化。

2）正常工作方式

正常工作时，MC 有引导、A/A、A/G 3 种工作方式，在每种工作方式下设置规定子模式执行规定的程序。

（1）引导工作方式。通过对制导武器火控解算和数据链战术任务进行信息处理，生成攻击引导指令，引导工作方式分为指令引导、机上引导和机上搜索等工作子模式。

（2）A/A 工作方式。A/A 工作方式有航炮连续计算命中线（Continuously Computed Impact Line，CCIL）和前置计算光学瞄准（Lead Computing Optical Sight，LCOS），以及制导武器的定轴（Boresight，BS）、垂直扫描（Vertical Scan，VS）、随动（Slave，SLV）等工作子模式。

（3）A/G 工作方式。A/G 工作方式有航炮连续计算弹着点（Continuously Computed

Impact Point，CCIP）、火箭 CCIP、炸弹 CCIP、炸弹连续计算投放点（Continuously Computed Release Point，CCRP）和偏置轰炸等工作子模式。

7. RDR 子系统

RDR 是态势感知系统的组成部分，是最重要的火控传感器，是战斗机全天候远距离探测、跟踪目标的重要手段。在现代高技术信息化作战条件下，对机载火控 RDR 提出的功能、性能、综合能力和可靠性等要求也日益增高，传统的机械扫描式脉冲多普勒雷达（Pulse Doppler Radar，PDR）已经无法满足这些需求，随着微电子技术、高速大容量电子计算机技术、有源相控阵天线技术、多通道多维信息处理技术的发展，催生了机载有源相控阵雷达（Active Electronically Scanned Array radar，AESA），它不仅能满足现代先进战斗机对机载火控 RDR 提出的要求，而且能大幅度提高战斗机的综合作战效能。

1) RDR 电磁波频谱

（1）RDR 工作的电磁波频谱如图 2-32 所示。

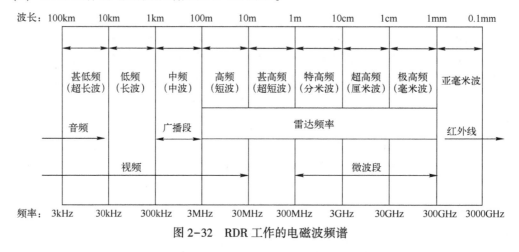

图 2-32 RDR 工作的电磁波频谱

（2）常对 RDR 工作频率用频段来命名，RDR 频段和频率的对应关系见表 2-2。

表 2-2 RDR 频段和频率对应关系

频段名称	频率范围	基于国际电联分配的雷达特定频率范围		
		范围1	范围2	范围3
HF	3~30MHz		None[①]	
VHF	30~300MHz	None	138~144MHz 216~225MHz	223~230MHz
UHF	300~1000MHz		420~450MHz 890~940MHz	
L	1~2GHz		1215~1400MHz	
S	2~4GMHz		2300~2500MHz	
		2700~3600MHz		2700~3700MHz
C	4~8GHz		4200~4400MHz	
		5250~5850MHz		5250~5925MHz
X	8~12GHz		8.5~10.68GHz	

续表

频 段 名 称	频 率 范 围	基于国际电联分配的雷达特定频率范围		
		范围1	范围2	范围3
Ku	12~18GHz	13.4~14GHz		
		15.7~17.7GHz		
K	18~27GHz	24.05~24.25GHz		
Ka	27~40GHz	33.4~36GHz		
V	40~75GHz	59~64GHz		
W	75~110GHz	76~81GHz		
		92~100GHz		
mm	110~300GHz	126~142GHz		
		144~149GHz		
		231~235GHz		
		238~248GHz		

① HF 国际电联未规定的无线电定位频段。一般 HF 雷达可以在宽频带（1.605MHz）以上到40MHz或更高的地方工作，多数用作民用电台广播及短波广播远距离短波通信

2) RDR 基本原理

发射机产生辐射所需要求的高频脉冲信号（脉冲信号通常用脉冲宽度、脉冲重复周期、工作频率和脉冲功率等参数来描述），通过 T/R 转换开关馈送到天线系统，由天线系统向空间定向发射电磁波。在 RDR 天线接收到反射回的电磁波后，经过传输介质和 T/R 转换开关转送至接收机，接收机将信号放大选择变换，经信号处理机处理后得到所需要的目标信息，并将目标信息送至显示器，其中激励和同步设备用于产生激励信号和同步信号。T/R（收/发）转换开关既能传递信号，又能进行 T/R 隔离，在发射时将发射机与天线接通，使 RDR 信号能够辐射出去，同时将发射机与接收机断开，防止大功率发射信号将灵敏度极高的接收机烧毁；接收时接通接收机与天线，使目标发射形成的回波信号，尽可能多的进入接收机中进行处理，同时将天线与发射机断开，防止原本就很微弱的回波信号，再因发射机旁路而减弱。T/R 转换开关通常由高频传输线和放电管组成或用环形器及隔离器等实现，RDR 基本原理框图如图 2-33 所示。

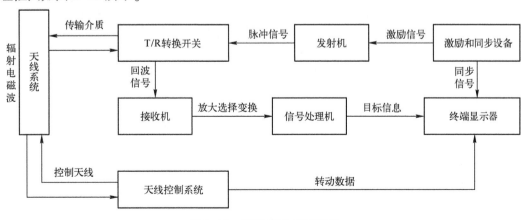

图 2-33　RDR 基本原理框图

3) 相控阵雷达的定义

"相控阵",即"相位控制阵列"的简称,传统的机载 RDR 天线是一个平面板,上面布满孔缝,雷达波从这些孔缝中辐射出去,各辐射单元辐射出去的信号相位相对固定,要改变 RDR 波束的指向必须转动 RDR 天线的方向。相控阵雷达的天线是由许多辐射单元排列而成的阵列,利用电磁波的干涉现象,按一定规律控制各个单元的相位差,通过改变天线各辐射单元的相位差可以控制波束方向,就能实现波束在空间的扫描和控制,扫描波束在一定范围内就可以偏转任意的角度。通过控制天线各辐射单元的相位差而实现波束扫描,因此采用相控阵天线的 RDR,天线不用做机械转动,相控阵天线分为有源相控阵天线与无源相控阵天线,两者的主要区别是:有源相控阵天线的每一个辐射单元都与一个射频 T/R 组件相连,射频信号的发射/接收均在每个 T/R 组件完成;无源相控阵天线辐射出去的射频信号是由大功率发射机集中产生的,经功率分配器分配到各辐射单元进行辐射。

4) AESA 的基本工作原理

AESA 的基本工作原理与传统 RDR 类似,主要在波束扫描和辐射信号功率形成两方面有所差别。AESA 的天线通常由上千个 T/R 组件按照一定规律排列组成,每个 T/R 组件具备独立的信号放大能力。具体地说,就是在天线的每个发射单元后面安插一个移相器,天线不同发射单元所发射的信号也不同,于是有相位差的电波信号相互抵消,只有沿着一条狭窄的波束通道,它们才会互相叠加,要改变 RDR 波束的方向,只需调整相位差,电波信号将在另一个方向上叠加,形成新的波束,波束的灵活性也因此不再受限于传统 RDR 的机械转动惯性,而完全取决于电子单元之间信息传播的速度,波束的转换可以在毫秒级时间内完成,因此 AESA 具有波束捷变的优点。RDR 辐射信号的总功率是所有 T/R 组件辐射信号功率的总和,尽管每个 T/R 组件的辐射功率不大,但组合后的平均功率可以很大。典型 AESA 系统组成如图 2-34 所示。

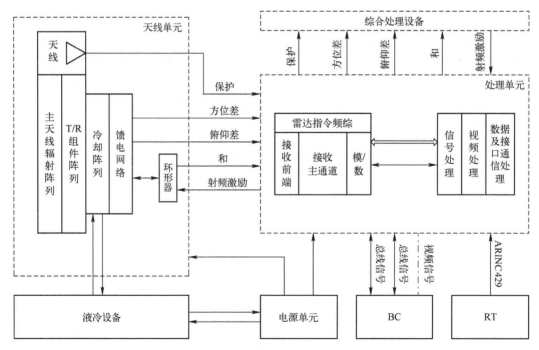

图 2-34 典型 AESA 系统组成

5）RDR 的主要工作模式

（1）边搜索边测距（Range While Search，RWS）模式。

对迎头目标，采用高脉冲重复频率（High Pulse Repetition Frequency，HPRF）波形，使用线性调频测距，该方式可用来探测上视迎头目标和下视迎头目标。

对追尾目标，采用中脉冲重复频率（Medium Pulse Repetition Frequency，MPRF）波形，该方式可用来探测上视追尾目标和下视追尾目标，也可用来探测迎头目标，探测距离小于 HPRF 方式的探测距离。

（2）边扫描边跟踪（Track While Scan，TWS）模式。该方式用于对多目标跟踪（Multi Target Track，MTT）、攻击及空域监视。RDR 天线以固定的扫描图形在选定空域内扫描，检测到目标后经预处理和坐标变换，对目标参数相互关联处理和滤波并建立相关波门，为下一帧观测提供相关条件。对目标威胁进行判断，按照优先级选出目标，完成威胁等级排序后再进行跟踪。

（3）单目标跟踪（Single Target Track，STT）模式。RDR 在检测到目标后，自动或人工转入对所选目标的跟踪，对攻击目标实现全方位、全高度 STT，在 STT 方式下测量目标的方位角和俯仰角。

（4）空战格斗模式（Air Combat Mode，ACM）。ACM 是 RDR 的一种近距作战方式，常采用自动截获目标。按照 RDR 扫描图形不同，可分为可偏移扫描（Slewable，SLW）、最佳扫描、BS、VS、头盔扫描等扫描子方式。

（5）空地测距（Air Ground Ranging，AGR）模式。AGR 方式是飞行员选择空地武器对地攻击或对某一地目标进行目视校正时，RDR 转入空地测距模式，测量到指定点的斜距。

8. 光电瞄准分系统

光电瞄准分系统（Optical Electronic Sight Subsystem，OESS）主要包括光电雷达和头盔瞄准具（Helmet sight，HMS）。

1）光电雷达

光电雷达一般由红外搜索与跟踪装置、激光测距机组成，主要是利用目标自身辐射的红外线进行被动探测，具有良好的隐蔽性和复杂电磁环境下的生存能力，经常与机载 RDR 配合共同完成目标探测功能。红外搜索与跟踪装置组成如图 2-35 所示。

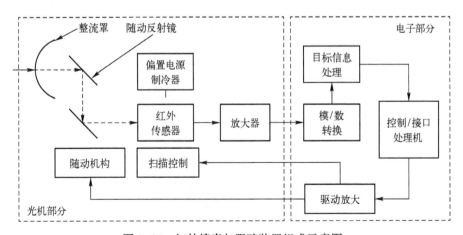

图 2-35 红外搜索与跟踪装置组成示意图

光机部分主要是接收目标红外辐射能量，通过红外传感器转变成电信号，并在系统控制下驱动随动装置实现对目标的搜索与跟踪。电子部分主要是对探测信息进行处理，检出目标信息，完成截获和跟踪控制运算，向光机部分输出随动控制信号，实现红外搜索与跟踪，与机载 RDR 边 TWS 工作方式类似，可以大范围搜索空中目标，发现目标后立即确认其属性并进行跟踪。

2) 头盔瞄准具

头盔瞄准具（HMS）用于近距格斗状态下目视可见目标的快速指定，通过头位测量系统感受飞行员头部的变化，将飞行员瞄准线信息传送给 MC 进行解算，从而控制 RDR、光电雷达和红外导弹引导头随动。

HMS 主要由显示单元、电子单元、头部跟踪发射单元和瞄准轴单元等组成，如图 2-36 所示。显示单元安装在头盔外壳上，包括光学组件、阳极射线管（CRT）显示器、头盔跟踪系统接收器、自动亮度传感器、电池和连接电缆等，与头部跟踪发射单元配合使用，感受到飞行员头部空间位置变化，将探测到的信息送电子单元进行解算，电子单元计算后得到飞行员瞄准线指向并输出，瞄准轴单元提供准确的光学参照物以校准头盔跟踪系统。

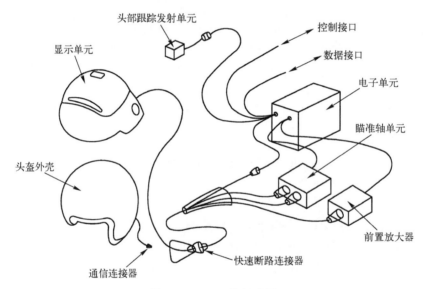

图 2-36 HMS 的组成图

头盔设计一般应满足以下要求。

（1）头盔应适体，重心接近人头重心，头瞄坐标系应与人体头部解剖学坐标系空间平行，转动惯量小，以保证佩戴稳定。

（2）头盔表面应呈流线型，减少突出物，最大程度地减少气动力。

（3）安装盔装装置时，在正常飞行条件和机动飞行过载条件下，头盔应能牢固地支撑盔装装置。

（4）供氧面罩、防毒面罩在弹射后应牢固地被支撑。

（5）所设计的组件应满足相关详细规范的要求。

9. EW 系统

为了适应未来作战环境，飞机应具有较强的自卫电子对抗能力，可对各类威胁载机的

RDR 进行告警，对尾后来袭近距导弹进行导弹逼近告警，并可根据威胁程度合理地使用干扰资源。EW 由控制管理设备、电子支援、有源干扰和无源干扰等组成，如图 2-37 所示。这些设备互连构成综合 EW，形成了从威胁探测识别、干扰策略判断、干扰措施实施的自动控制链，有效地发挥了电子对抗的效能，也大大减轻了飞行员的负担。

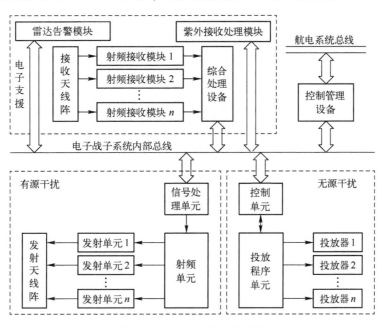

图 2-37　EW 系统组成框图

1) 控制管理设备

控制管理设备是 EW 的接口设备，主要功能包括：一是能够将 DCMS 输出的控制指令（如无源干扰的自动、人工控制等）、EW 工作方式（正常、降级、应急）、投放程序等参数输出到 EW 的内部总线上；二是能够接收航电记录与加载设备（Avionics Recording&Loading Equipment，ARLE）的工作参数，包括威胁数据库、干扰数据库、投放程序库等；三是能够将 EW 的工作状态、威胁参数（如威胁 RDR 类型、型号、优先级等）、自检状态等输出到航电系统。

2) 电子支援部分

电子支援部分主要由雷达（RDR）告警模块、紫外接收处理模块和综合处理设备等组成。实现威胁告警功能，接收威胁 RDR 辐射信号和导弹逼近告警信号，进行威胁告警，并引导干扰设备。告警方式和内容一般采用方位与字符显示，音响告警方式，显示威胁源的类型、方位角、俯仰角（相对本机上、下）、归一化距离、威胁等级以及干扰情况，电子支援部分包括 RDR 告警和紫外告警。

(1) RDR 告警模块，通过截获、处理、识别敌方的 RDR 信号，及时地向飞行员提供威胁存在告警，指明威胁的大致方向、距离以及威胁等级和种类（机载 RDR、导弹制导 RDR）等。

(2) 紫外接收处理模块，接收导弹发动机工作时尾焰中的紫外波段辐射，形成图像，经图像识别、处理后解算图像空间的相应位置，并进行距离的粗略估算。同时将形成的导弹方位、距离等信息传送至 EW 内部总线。主要性能有紫外波段目标作用距离、紫外特征信号辐射强度识别、目标大气衰减系数等。

（3）综合处理设备，对射频接收模块输出的数字信号进行分析、识别和处理，并与数据库中事先加载的 RDR 数据进行比较，从而识别 RDR 信号的性质（RDR 平台、方位、距离、工作状态、威胁等级），产生相应的告警信息输出。

3）有源干扰

（1）有源干扰的功能。有源干扰是指对威胁 RDR 实施的干扰，有意发射或转发某种类型的干扰电磁波，以扰乱或欺骗敌方 RDR，使其无法正常发挥作战使用效能的一种积极主动的干扰活动，通常采用噪声干扰和欺骗干扰两类干扰方式。

（2）有源干扰的组成。有源干扰通常包括信号处理单元、射频单元、发射单元和发射天线等。

① 信号处理单元：通过 EW 内部总线接收 ESM 输出的威胁数据，分配系统干扰资源，在干扰方向、时间、频率和功率等方面进行管理。

② 射频单元：接收射频模块发送的射频信号，在信号处理单元的控制下形成射频干扰信号，并向发射机输出。

③ 发射单元：完成干扰信号的功率放大和发射，主要由微波组件和电路组件组成，其中微波组件包括 PIN 开关、检波器、行波管和放大器等；电路组件包括电源、控制电路和自检电路等。

④ 发射天线：可采用平面螺旋天线、喇叭天线等。

（3）有源干扰的主要工作方式。

① 干扰能力：可进行前向干扰、后向干扰。

② 干扰样式：具有噪声、拖距、拖速、调幅和组合等干扰样式，对所储存的已知 RDR 自动选择最佳干扰样式，对未知的威胁信号选择通用干扰样式。

③ 投放能力：发射箔条、红外诱饵弹干扰弹，提供余弹数量信号。

④ 投放方式及程序：具有人工投放、半自动投放、自动投放、应急投放和降级投放等方式。

4）无源干扰

无源干扰主要用于投放箔条和红外诱饵弹，当载机控制投放干扰物时，干扰物被抛入空中，形成 RDR 或红外诱饵，能够模拟飞机的 RDR 回波特征和红外特性，用来欺骗 RDR 和红外制导导弹，用于自卫时可保护载机免遭敌方武器攻击。为了获得良好的无源干扰效果，需要在投放时间和间隔时间上有所区别，这样就形成了不同的投放程序，投放程序的设定通常在 DCMS 中完成。

（1）控制单元，通过 EW 内部总线接收紫外接收机输出的威胁源参数，获得控制管理设备输出的工作方式、投放程序等参数，处理后得到投放策略参数并输出。投放后，控制单元将投放状态、余弹量等参数送至 EW 内部总线。

（2）投放程序单元，接收控制单元的投放信号，进行弹种识别，按照装订程序要求产生控制脉冲。

（3）投放器，用于安装、固定、发射无源干扰弹，根据控制脉冲的作用产生点火脉冲，并将该点火脉冲分配到各个弹匣上，实施投放。

10. SMS

1)SMS 的组成

SMS 是航电系统和武器系统之间的接口,由外挂物管理处理机(Stores Management Processor,SMP)、武器接口单元、分布式通用非制导武器挂架接口装置、武器总线、武器控制板(Arm Control Panel,ACP)、安装架和地面准备板等 LRU 组成。主要功能是武器和外挂物的加载控制、管理外挂物清单、监控航炮余弹数量、控制机载武器的准备程序和发射程序,保证武器的正常发射,系统工作状态有作战、训练和 BIT。外挂物管理子系统的组成如图 2-38 所示。

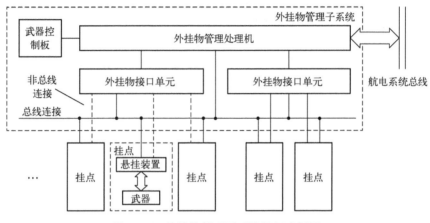

图 2-38 外挂物管理子系统的组成框图

2)SMS 的功能

SMS 的主要功能有:

(1)接收来自各武器的挂载状态信息,并送到航电系统进行显示。例如,武器挂载状态,当武器的挂载状态发生变化,要重新发送更新后的状态。

(2)接收来自航电系统的目标信息,经处理后向武器系统输出。

(3)当飞行员选择制导武器时,接收航电系统的飞行任务数据、状态数据等,并发送至武器系统,同时接收武器系统返回的状态信息,送航电系统显示。

(4)接收来自航电系统的武器投放指令或应急投放指令,形成导弹的正常发射或应急发射指令。

(5)SMS 具有总线接口和非总线接口,通过总线接口与航电其他子系统通信,同时按照标准信息格式与导弹挂架进行通信。非总线接口用于实现外挂物管理子系统与操纵杆、油门杆、起落架、防喘系统、机上电源系统和武器系统的交联。

11. 数字地图子系统

数字航空地图子系统负责地图数据管理(存储、检索、图形生成)、地形参数处理、航路管理、地图导航、近地告警、图像和战术态势信息叠加,为飞行员提供准确的飞行引导和战场的战术态势显示。

1)数字地图

数字地图以计算机系统为处理平台,以数字形式表示地物要素、地形要素和其他环境信息等,并将其存储在硬盘介质上,它通过把纸质地图(或航空、航天相片)上离散的或连续分布的点、线、面符号及注记,按一定的规则分离为一系列离散性的点,测出其空间位置,并按一定的编码数据结构模式,描述它们的属性位置和拓扑关系,使之变为机载计算机能够识别存储和处理的地物地形信息,即完成图/数转换;再依据数据结构设计出逆反的数/图转换软件,使之能根据需要在屏幕上集合生成以符号、注记表示的电子地图。

2) 数字地图的分类

数字地图按其数字化方法的不同,可分为矢量数字地图和栅格(像素)数字地图,为系统提供地形参数。

(1) 矢量数字地图。矢量数字地图是以矢量数据方式组织并以矢量数据结构存储的数字地图,其数据分为全要素地图制图数据和框架要素地图制图数据。

① 矢量数字地图描述。军用数字地图矢量数据模型采用矢量形式表示地理空间实体及相互关系,采用矢量的格式记录数据,其表达式为特征码之后紧跟着一组坐标或数据串,它对点的描述一般为 X,Y,Z;其中 X,Y 为其定位点的坐标,Z 表示特征码。

② 矢量数字地图模型。矢量数字地图模型一般分为四层结构描述:第一层为区域,它是数据组织的基本单元,也是数据操作和数据应用的基本单元;第二层为要素层和注记层,它是区域中地理实体的分类单元;第三层是要素,分为基本要素、复合要素和注记要素,是组成要素层的基本单元;第四层为基本要素的具体表现形式,分为点状要素、线状要素和面状要素。数字地图矢量数据模型如图 2-39 所示。

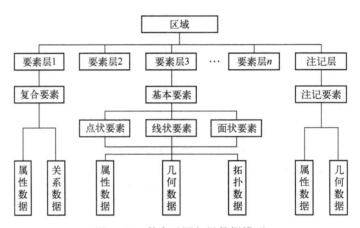

图 2-39 数字地图矢量数据模型

(2) 栅格数字地图。栅格数字地图是以像元数据表示并以栅格数据结构存储的数字地图。栅格数字地图数据的分类有彩色全要素数字栅格地图数据、彩色框架要素数字栅格地图数据、单色全要素数字栅格地图数据和单色框架要素数字栅格地图数据 4 种。

① 数据结构。以像元为单位表示地图图像的灰度数据,其数据按所在位置进行组织,数据内容由地图灰度数据和元数据两部分组成。按顺序记录每个像元的灰度值,其地面坐标根据地图原点位置和像元的大小推算,灰度数据按由西向东,由北向南的顺序存储。

② 栅格数字地图描述。栅格数字地图以一系列大小相同、排列有序的栅格像素的灰度值表示,栅格的大小取决于扫描内容与精度等要求,栅格数据子地图采用整数表示地形符号的形式,以地形符号所在位置的像素有序集合表示其位置与分布,可用图像矩阵进行描述,即

$$G = \begin{bmatrix} g_{1,1} & g_{1,2} & \cdots & g_{1,n} \\ g_{2,1} & g_{2,2} & \cdots & g_{2,n} \\ \vdots & \vdots & & \vdots \\ g_{m,1} & g_{m,2} & \cdots & g_{m,n} \end{bmatrix} \qquad (2-3)$$

式中　G——图像矩阵；

　　　$g_{i,j}$——像素的灰度值。

3）模块框架

数字地图模块由引导程序、操作系统、驱动程序和测试程序等组成，其中驱动程序分为总线通信驱动、触控/按键驱动和导航驱动3个部分。数字地图模块框架如图2-40所示。

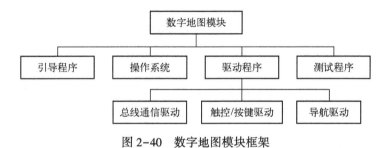

图2-40　数字地图模块框架

4）数字地图显示

数字地图显示一般由MFD完成对地图显示画面的切换以及对地图显示比例和地图显示方式等的控制。

(1) 数字地图的性能。

① 正确性。在飞行过程中，需要正确地计算起始位置与终止位置之间的距离（即航线距离），并计算出飞机的航向角。

② 航空电子地图的逼真度。地图应平稳转动、实时显示动态的逼真图像，无变形和漏白，可使飞行员更容易直观地观测到飞行参数的变化，并快速的采取相应的应对措施。

③ 扩展性和维护性。确保航空电子地图在制作完成后，可以很容易地对原来的显示界面进行修改、扩展完善和维护。

(2) 主要技术指标。数字地图模块的主要参数有地图数据库特性（数字地图库范围、地图比例）、地图显示特性（地图显示格式、显示方式、活动方式、量程）、图形显示特性（彩色光栅显示、显示分辨率、色彩）、视频输出特性（地图色彩、定点转化率、像素填充率、最大分辨率、带宽）等。

(3) 数字地图的主要用途。

① 地图导航。地图导航是数字地图的主要功能，以地图数据作为画面背景，可在地图背景上叠加显示航线、航路点、空中走廊等的航空要素，根据不断传输的地理位置实时可视化地理数据。

② 地形告警。地形告警是以数字地图为画面背景，根据飞机当前的位置和高度，结合地形数据，对空间进行分析，在整个显示区域内以不同色带标注飞机距离地面的高度是否危险，实时地形告警。

③ 数字地图显示画面。数字地图显示画面如图2-41所示。

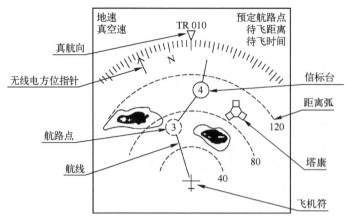

图 2-41 数字地图显示画面

12. 数据链

数据链是按照规定的消息格式和通信协议，以及利用各种先进的调制解调技术、纠错编码技术、组网通信技术和信息融合技术，以面向比特的方式实时传输格式化数字信息的 A/A、A/G、地/地（Ground/Ground，G/G）间的战术无线数据通信系统。数据链是一种高效传输、实时分发保密、抗干扰、格式化消息的数据通信网络。

1) 数据链与作战平台

（1）传感器平台。传感器平台是数据链系统的情报信息源，分为侦察监视和预警探测两大类平台，分别为系统提供侦察监视情报信息和预警探测情报信息。

① 侦察监视类传感器平台，包括侦察机、无人机、气球、侦察卫星以及技侦设备等，其基本任务是提取目标特征信息、进行数据处理。该类平台的作用是平时搜集、积累、掌握敌方的基本信息，为制定战略决策提供信息依据；战时及时发现、定位、识别和确认目标，有效地支撑作战决策；战后评估打击效果。从战术层面上讲，它主要用来侦察敌方意图、作战编队、作战装备、作战能力、兵力部署、防御工事和障碍、作战特点、指挥机构和通信枢纽位置，以及作战地区的地貌、气象、水文等情况。

② 预警探测类传感器平台，包括 RDR 和预警机等，对特定区域实施目标警戒，其基本任务是及早发现、识别和跟踪各种目标，为作战部队提供足够的预警时间。在和平时期，它可用于对周边国家的监视或对某一特定地区的监控；在战争时期，多种预警探测传感器组成的防空预警网络可执行防空预警任务。以预警机为例，它是一种特殊用途的飞机，其主要任务是对空中目标的警戒和对空中作战的指挥控制，实现巡逻警戒、指挥、控制等功能，是预警探测的重要组成部分。

（2）武器平台。武器平台包括陆基、海上、空中和天基武器平台，它是作战任务的具体执行者，实现拦截、攻击等不同作战任务。其中，陆基武器平台以坦克、战车、火炮和导弹为代表；海上武器平台以舰艇和潜艇为代表；空中武器平台则以各类飞机为代表。美国 F-22、F-35 为代表的第四代战机是以隐身、超声速巡航、超机动性、高度综合的航电系统为主要特征的新一代空中武器平台。

（3）指挥控制平台。指挥控制平台是部队实施作战决策、指挥控制的核心，包括陆海空各级地面指挥所、机动指挥所以及预警机等。指挥人员根据战场监控实施指挥控制分散在不同地理空间的作战平台，通过数据链被链接成一个作战整体，相互协作，共同完成作战任务。其链接关系反映了各作战平台之间的战术组合关系,如分布在空中某一个区域的飞机编队、分布在海上某一区域的舰艇编队等。

2) 数据链战术消息交互关系

数据链与作战平台的链接关系有两种:一种是链接异类型平台,将异类型平台组网,如图 2-42 (a) 中椭圆链接的传感器平台、武器平台和指挥控制平台;另一种是链接同类型平台,将多个同类型平台组网,如图 2-42 (b) 中指挥控制平台的圆形代表链接多个指挥控制平台。随着数据链技术的发展和新型作战平台的出现,数据链链接平台的种类不断扩展,链接关系的复杂度不断增加,数据链网络的边界将延伸。数据链与作战平台示意图如图 2-43 所示。

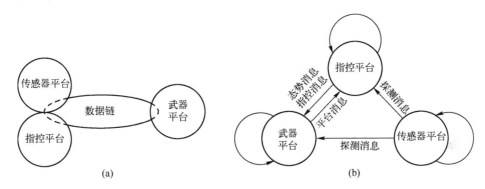

图 2-42　数据链与作战平台示意图
(a) 数据链与作战平台链接关系;(b) 数据链战术消息交互关系。

3) 数据链通信网络结构

通过数据链的系统组网,使系统的整体性能大于单系统功能之和,数据链通信网络结构有星形拓扑和网状拓扑,典型数据链通信网络结构如图 2-43 所示。

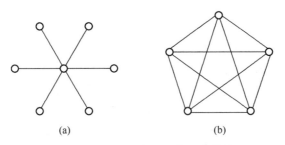

图 2-43　典型数据链通信网络结构
(a) 星形拓扑;(b) 网状拓扑。

4) 数据链系统简介

(1) Link-16 数据链系统。1997 年,美军发布了 Link-16 数据链的正式标准 MIL-STD-6016,1999 年改进为 MIL-STD-6016A,2002 年升级为 MIL-STD-6016B。Link-16 数据链的主要功能由数据终端来实现,目前有联合战术信息分发系统 (Joint Tactical Information Distribution System, JTIDS) 和多功能战术信息分发系统 (Multi-function Information Distribution System, MIDS) 两代。Link-16 数据链的通信频段为 960~1215MHz,视距通信距离中舰对空 150n mile,空对空 300n mile,而舰对舰 25n mile。Link-16 主要用于"三军"联合作战,在飞机、陆基和舰艇战术数据系统之间交换数字信息,兼具相对导航和识别功能。Link-16

数据终端组成结构示意图如图2-44所示。

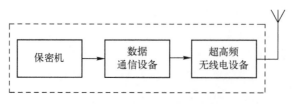

图2-44　Link-16数据终端组成结构示意图

（2）Link-22数据链系统。Link-22是一种可借由中继系统进行超视距通信的保密、抗干扰战术数据通信系统，可在陆地、海上、空中、水下、太空各平台之间交换目标跟踪信息，实时传递指挥控制命令与告警信息。

① 主要战术功能有参与定位与识别、（空中、海上、水下）监视、地面监视、空间监视、EW（包括电子监视）、情报获取、任务管理、武器协同和管理、信息管理以及系统信息交换和网络管理。

② 战术信息传输能力：一方面，通过采用QPSK/8PSK调制以及RS编码等技术，Link-22数据链的信息传输速率HF定频可达4053b/s，UHF定频可达12667b/s；另一方面，每个Link-22数据链终端最多可支持四个网络，其典型配置是三个HF定频网络与一个UHF定频网络，可选配置是两个HF定频网络与两个UHF定频网络。通过多网并行，整个网络的信息传输能力进一步提高。

（3）Link-16和Link-22关系。Link-16和Link-22都是J系列数据链，但它们具有不同的特点，从而相互补充。Link-16数据链多用于空战场景中的战术信息视距传输，并依靠空中中继扩展通信距离；而Link-22数据链多用于对海/反潜作战场景中的战术信息视距传输，很少依靠空中中继，而是依靠HF远距通信或舰—舰中继扩展通信距离，不同的应用使Link-22和Link-16构成互补关系。

13. 空战机动仪器

空战机动仪器（Air Combat Maneuvering Instrumentation，ACMI）又称空战训练系统（Air Combat Training System，ACTS）吊舱或战术空战训练系统（Tactical Air Combat Training System，TACTS）吊舱。ACMI通过实时采集武器平台数据，构建A/A、A/G以及地/空（Ground-To-Air，G/A）数据传输网络，模拟武器攻击过程，实现A/A对抗、A/G对抗、G/A对抗的客观评估，利用机载和地面设备仿真战场环境、虚拟目标机、空中威胁源、地面威胁、海面威胁、训练场景等。

1）系统组成

ACMI吊舱主要分为机载系统和地面系统两大部分。其中，机载系统由吊舱和机内子系统组成，吊舱参与空战训练；地面系统位于地面站，通过数据链系统以无线组网通信技术完成数据传输，在地面站可进行任务规划、地面监控和数据回放。

2）主要功能

ACMI是用于在空战对抗训练中对飞行员的平台操纵能力、武器使用能力和战术运用能力进行训练和评估的辅助设备，训练提升飞行员在战场环境下的战术决策与机动能力。实现对飞机武器系统相关数据进行采集与记录，同时通过与挂载的ACMI训练弹交联，实时传输武器弹道仿真、态势监控、语音提示等信息。可以评估空勤人员战术对抗和训练质量，用于空战对抗战术训练实时或事后训练效果的评估。

ACMI 涉及有无线组网通信、精确时空定位、武器建模与仿真、杀伤结果实时告知、地面显示与回放等关键技术，同时具备训练安全监视、武器装备性能验证等功能。

在空战对抗训练领域，ACMI 体现出非常重要的作用，典型 ACMI 吊舱内部结构如图 2-45 所示。

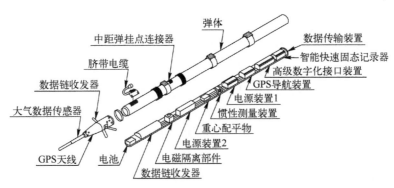

图 2-45 典型 ACMI 吊舱内部结构

第3章 接口控制与消息传输

接口控制是指描述航空电子系统内部系统、子系统与飞机其他功能子系统之间的接口控制关系和数据传输关系。飞机接口包括硬件接口、软件接口和人在回路的人机接口，其中硬件接口可以分为内部接口和外部接口；软件接口包括软件系统与其他系统或子系统之间的接口、系统内部软件间接口等；人机接口是系统为了在人与飞机之间互相传递信息而提供的功能接口，对一些特别关键的功能，还要在系统中使用一些专用的离散信号。接口控制实现了数据传输、介质控制、初始化过程（或启动过程）、正常的数据总线操作过程（如时间同步、数据安全性和数据完整性）、异常总线操作过程（如故障处理和恢复、错误处理和恢复、余度管理）以及系统关机过程。

3.1 接口控制

3.1.1 硬件接口

1. 内部接口

1) 总线接口

（1）MIL-STD-1553B 总线接口。

① 接口耦合方式。短截线耦合方式是将短截线耦合到数据总线的技术，MIL-STD-1553B 总线可采用直接耦合和变压器耦合。短截线耦合方式如图 3-1 所示。

ⓐ 直接耦合。直接耦合通常限于长度小于 0.3m 的短截线使用，直接耦合如图 3-1（a）所示。

ⓑ 变压器耦合。变压器耦合中短截线长度应不超过 6m，变压器耦合如图 3-1（b）所示。

② 短截线的长度。假定变压器是一个理想的耦合变压器，短截线负载取决于阻抗变换，正比于匹配匝数，理想变压器阻抗较高。MIL-STD-1553B 总线标准变压器的最小阻抗为 $3k\Omega$；直接耦合中一种终端阻抗为 $2k\Omega$，另一种为 $1k\Omega$。在主电缆阻抗为 77Ω，分布电容为 $30pF/ft$ 的条件下，短截线阻抗和长度的关系曲线如图 3-2 所示。

（2）FC 总线接口。

对光纤总线应采用系统匹配的统一、标准的终端接口和软件驱动程序，接口模块框图如图 3-3 所示。

2) 非总线接口

非总线接口用于传输非总线信号，非总线信号主要有离散信号、视频信号、脉冲信号、射频信号、音频信号和电源信号等。

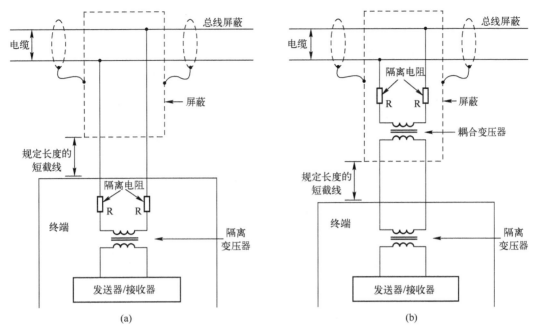

图 3-1 短截线耦合方式

(a) 直接耦合；(b) 变压器耦合。

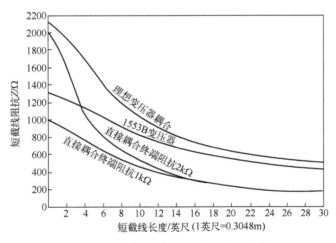

图 3-2 短截线阻抗和长度的关系曲线

(1) 离散信号。

离散信号是在时间的离散时刻上取值的变量，是在连续信号上采样得到的信号。离散信号又称开关信号，一般用于开关动作的输出或两个设备之间的状态传递。连续信号的自变量是连续的，而离散信号是一个序列，其自变量是"离散"的，这个序列的每一个值都可以被看成是连续信号的一个采样。离散信号如状态类信号（故障信号、完好信号）、轮载（Weight on Wheels，WOW）信号等。

(2) 视频信号。

视频信号是指电视信号、静止图像信号和可视电视图像信号。座舱外视景显示信号、昼夜瞄准吊舱信号、前视红外视频信号、导弹制导视频显示信号等的输入一般使用 PAL-D 视

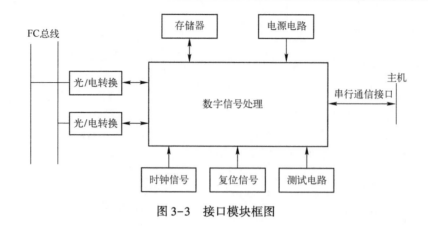

图 3-3 接口模块框图

频信号，PAL-D 制视频信号波形图如图 3-4 所示，RDR 视频信息显示采用数字视频接口（Digital Visual Interface，DVI）输入。

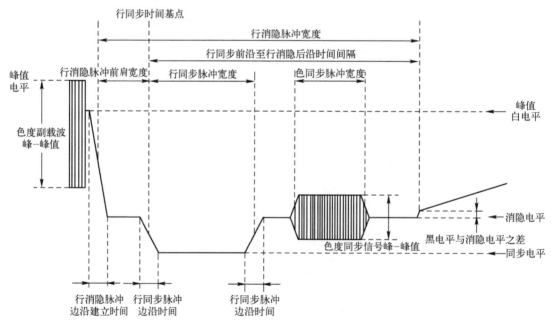

图 3-4 PAL-D 制视频信号波形图

(3) 脉冲信号。

脉冲信号是按一定电压幅度，一定时间间隔连续发出的信号。脉冲信号之间的时间间隔称为周期；而将在单位时间内所产生的脉冲个数称为频率。如 RDR 辐射信号、干扰时序信号、对抗信号等都是脉冲信号。

(4) 射频信号。

射频信号是经过调制的，拥有一定发射频率的电波，如无线电发射、接收信号等。

(5) 音频信号。

音频信号是带有语音、音乐和音效的有规律的声波频率、幅度变化的信息载体，如话筒信号、耳机信号等。

（6）电源信号。

电源信号是向电路（电子设备）提供电能的信号。

2. 外部接口

1）设计原则

航电系统作为全机系统的显示、告警和数据记录中心，为了保证信号驱动源的统一，保证对重要信息的显示和告警能力，对外部接口总体要求如下。

（1）显示和告警接口应保证硬线、非总线和总线余度设计。

（2）危险级告警由告警子系统或设备通过硬线直接驱动灯光和音频告警。

（3）不影响飞行安全的告警信号一般由发出信号的系统独立处理，由显示器显示和语音设备提示。

（4）作为应急使用的 FPD 应采用独立信号源完成显示。

（5）数据管理记录分系统（Data Management and Record Subsystem，DMRS）应独立采集信息，并确保信息记录的准确性。

2）外部信号接口

（1）串行通信接口。

① 全双工接口。全双工接口多用于无主/从式控制且信息量交互较大的通信情况，全双工接口连接如图 3-5 所示。

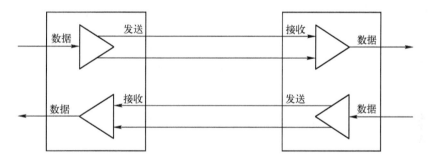

图 3-5　全双工接口连接

② 半双工接口。半双工接口多用于主/从式控制，且信息量不大的通信情况，半双工接口连接如图 3-6 所示。

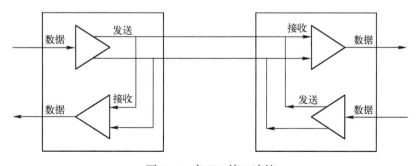

图 3-6　半双工接口连接

（2）离散量接口。

离散量接口分为有源离散量信号接口和无源离散量信号接口，离散量接口示意图如图3-7所示。离散量采用滤波电路做去抖处理，后端采集电路再进行整形，可以保证采样值的稳定、可靠。

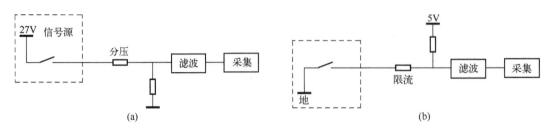

图3-7　离散量接口示意图
(a) 有源离散量信号接口；(b) 无源离散量信号接口。

（3）模拟量接口。

① 直流电压模拟量接口。直流电压模拟量输入信号一般是通过分压保护电路、滤波电路比例放大、多路开关、A/D转换电路（进行A/D转换）的方式进行处理，如图3-8（a）所示。

② 交流电压模拟量接口。交流电压模拟量输入信号一般是通过分压保护电路、有源低通滤波、RMS-DC电路、多路开关、A/D转换电路（进行A/D转换）处理，如图3-8（b）所示。

③ 电流模拟量接口。电流模拟量输入信号一般是通过电流/电压转换电路、比例放大滤波电路、多路开关、A/D转换电路（进行A/D转换）处理，如图3-8（c）所示。

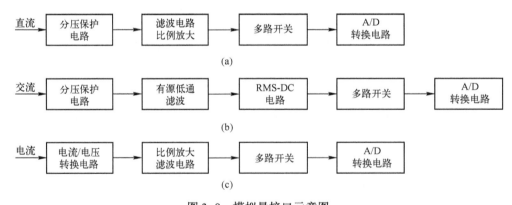

图3-8　模拟量接口示意图
(a) 直流模拟量接口；(b) 交流模拟量接口；(c) 电流模拟量接口。

3.1.2　软件接口

1. 软件接口设计

接口设计是软件系统设计的重要组成部分，通过分析系统规模和复杂程度来分析和设计软件接口，一般采用自顶向下的方法进行软件接口的分析和设计。当一个软件产品中接口关系比较复杂、接口数量较多时，关于软件接口的需求分析和说明需要单独对各个软件接口进行完整描述。

1) 软件接口需求分析

软件接口需求应对产品中全部接口的功能、性能进行集中的、完整的分析和描述，作为该软件产品接口设计的基础和依据，主要技术要求应包括以下几点。

(1) 分类明确说明该软件产品所需配置的各个接口的功能、性能等技术要求。

(2) 列出各个接口的有关接口标准、接口约定等技术要求。

(3) 接口的数据需求。

(4) 接口的质量保障要求。

2) 系统总体描述

概括地描述软件产品项目的总体结构，包括硬件系统的体系结构和软件系统的层次结构，明确各个接口在该软件产品项目中的地位和作用。

3) 接口关系

以框图或结构图的方式说明系统与各个接口之间的连接关系，包括主要控制信息和数据信息流向。

4) 接口规格

说明本系统各个接口需用的各种规程或有关协议、约定。

(1) 通信接口的通信规程、报文格式、内容说明等。

(2) 人机接口、软件和硬件间接口的信息传输协议、传输速率、工作方式等。

(3) 软件间接口的有关协议或约定。

5) 接口的设计特性和程序编制要求

软件系统的接口设计应明确规定软件系统各个接口的设计特性和程序编制要求，其主要内容如下。

(1) 接口的名称标识。

(2) 接口在该软件系统中的地位和作用。

(3) 接口在该软件系统中与其他程序模块或接口之间的相互关系。

(4) 接口的功能定义。

(5) 接口的规格和技术要求，包括它们各自适用的标准、协议或约定。

(6) 接口的数据特性。

(7) 接口资源要求，包括硬件支持、存储资源分配等。

(8) 接口程序的数据处理要求。

(9) 接口的特殊设计要求。

(10) 接口对程序编制的要求。

2. 软件间接口

1) 与其他系统或子系统之间的接口

说明本软件系统与其他软件间接口的设计特性。

(1) 接口功能说明。

① 在相应的软件系统或子系统中的联结作用。

② 输入/输出关系。

③ 需要完成的处理。

④ 特殊要求，如数据传输的校验、检查。
(2) 接口程序的运行控制。
① 说明本接口程序的运行控制方式及具体实施方法，如程序的启动、停止、恢复、重启等操作的控制方法、调用方式及其具体格式参数等。
② 在接口控制中使用中断方式的，要说明其中断优先级以及对中断处理内容的具体要求。
(3) 接口时间特性。
具体说明本接口设计所涉及的时间特性，如中断响应时间、数据传输时间、数据处理时间等。
(4) 存储资源分配。
具体说明本接口所需占用的存储资源，如空间和地址分配，转储媒体等。
2) 系统内部软件间接口
逐个说明本软件系统内部软件之间各个接口的设计特性。
(1) 接口功能。
① 所连接程序模块间的相互关系及该接口的作用。
② 输入/输出关系。
③ 需要完成的处理。
④ 特殊要求。
(2) 控制方式。
具体说明接口程序运行的控制方式，如启动、停止、恢复等控制方法；或者说明调用的名称、调用方式、格式、参数等。
(3) 时间特性。
说明接口程序运行的有关时间特性，如数据处理时间、数据传输时间、响应时间等。
(4) 存储器分配。
说明对接口使用的有关存储单元的具体分配，包括占用的空间大小和地址范围等。

3.1.3 人机接口

飞机座舱是飞行员操纵飞机执行作战飞行任务的核心部位，是飞机控制的人机交互节点，飞行员通过操纵座舱内的控制部件与各种设备来实现对飞机的控制和监视，完成飞行和作战任务，良好的座舱人机功效设计是飞行员顺利完成飞行及作战任务的重要保证。

1. 座舱人机工效

座舱人机工效设计以功能为设计核心制定飞机座舱系统的设计目标，通过功能定义、功能分类和功能整合，制定座舱系统的设计目标。

1) 人机功效的一般要求
人机功效的一般要求有以下几点。
(1) 航空电子系统应确保座舱具有较高的人机工效。对于双舱飞机的前后舱，应进行合理的功能划分和任务分工，人机控制和显示界面设计既要保证前后舱飞行员安全驾驶飞机的能力，又要保障前后舱飞行员独立完成作战任务和协同完成作战任务的能力。
(2) 系统控制设计应确保飞行员操纵的可达、方便、高效和舒适；显示器设计应确保给飞行员提供最佳观察视野，画面设计应结合飞机安全驾驶、任务需求合理布局。

（3）应能够通过视觉、听觉多种通道给飞行员提供紧急消息，辅助飞行员管理机载设备和战术信息，使其能够集中精力进行关键性决策，减轻飞行员负担，全身心地投入战斗，提高飞机的生存率和作战效能。

2）人机功效的实现方法

人机功效的实现方法包括以下几点。

（1）针对设计方案的实现，通过求解子功能、构建功能技术矩阵，实现方案的组合与选择，提出座舱功能到设计方案的转化。

（2）建立相关理论方法及模型，以支持飞机座舱的人机工效设计。

（3）对座舱内部总体布置的功效设计。通过建立设计眼位坐标系，基于眼位点推算给出座舱空间设计边界范围的确定方法。

（4）通过分析飞行员上下肢的舒适角度范围及操纵动作的平顺性，对飞行员动/静态动作特性进行研究，进行脚蹬设计。

2. 人机接口的设计要求

1）系统控制要求

为飞行员提供简单直接控制和管理系统信息的方法，系统控制设计应满足以下几点要求。

① 接口化以满足飞行任务需求。
② 满足飞行员习惯。
③ 最少控制动作。
④ 最少数据需求。
⑤ 飞行员最小的记忆负担。

2）飞行员控制响应要求

任何指令或控制输入都要给飞行员响应反馈，表示系统是否接受了飞行员控制，是否已完成期望的系统响应等，提供的反馈应是明确的、实时的。

3）错误处理要求

所有的告警提示信息，都应能够使飞行员作出明确的反应。

① 人机接口设计应能减少潜在的误操作，并能协助飞行员纠正误操作。
② 为飞行员提供简明、清晰的错误提示，并提供纠正措施建议。
③ 在可能的情况下，人机接口将错误造成的后果最小化，为飞行员提供一个简单的改变、消除或修正错误的手段。
④ 飞行员能够处理多任务，并有效地执行任务转换。
⑤ 应给飞行员提供安全使用和执行任务所必需的控制功能。
⑥ 应给飞行员提供对告警和提示信息确认或复位的手段。

4）系统显示要求

应能使飞行员准确地察觉、获得和理解显示信息，飞行员使用信息时对感性、记忆和认知潜能的需求最小。

5）设计中需考虑的因素

在特定环境下，飞行员容易出现几点问题：一是在飞机机动动作时，飞行员暴露在一个重力和惯性力的合成力环境中，体觉和前庭感官感知的"向下"的信息将会出现错误；二是外界能见度低，尤其海上飞行，海天一色易造成眩晕和视觉判断错误；三是飞行员长时间飞行疲劳、分神等生理、心理因素，其视觉、体觉（对于运动和力场的身体感觉等）的灵敏度降低，易出现感知幻觉和错误，在设计人机接口时应尽量考虑到这些因素。

3. 人机接口的设计方法

人机接口应实现系统提示信息的显示、飞行员控制的输入和语音控制功能。人机接口主要由人机界面、油门杆和驾驶杆以及脚蹬操作组成，从飞行员角度考虑，人机接口设计主要分为操控、视觉（显示）、听觉和触觉4个方面。

1) 操控

操纵装置应按照使用时机或功能相对集中布置，按照系统分区排列。操纵装置如飞行控制（如驾驶杆、油门杆、脚蹬）、动力、火控和应急操纵，应布置在飞行员便于操作之处。

2) 视觉

显示装置应按使用顺序或功能关系来设置相对位置，显示信息应按功能分类进行区分，应便于飞行员的观察。

(1) 显示信息的基本要求。

① 单个的主显示器故障不影响完成任务，多余度显示的关键飞行数据应显示一致。

② 系统显示应能使飞行员准确地察觉、获得和理解显示信息，飞行员使用信息时对感性、记忆和认知潜能的需求最小。

③ 在设计眼位观察信息，显示要清晰、易见，确保判读迅速、准确，并为飞行员提供防拥显示的控制。

④ 应给飞行员提供可选择的正常和应急处置的显示。在系统出现性能降低或存在故障的情况下，飞行员应能确定系统状态并适当处理，防止可能造成不利任务完成的情况。

⑤ 系统降级时，给飞行员提供对任务能力影响的信息。

(2) 飞机告警显示。

① 灯光告警系统。灯光告警系统为飞行员提供故障和异常事件与情况告警功能，由告警计算机、主告警灯盒、综合告警灯盒、加油状态信号灯盒、起落架操纵及位置指示器、控制盒和分离信号灯等组成，用于向飞行员发出与飞行安全有关的紧急提示信息并引导飞行员采用适当的操作。当告警灯盒和分离信号灯在变化的环境照明度下使用时，应具有日夜亮度转换功能，满足白天和夜间环境条件下使用要求。灯光标识字符所采用的信息表达要准确、简明、容易理解，能确切地反映信息内容，不产生异议和混淆。

② 飞机告警级别。按照故障和事件发生后对飞行和任务执行的影响，飞机告警级别分为五类，飞机及各机载系统需要飞行员关注的告警信息分为四类，第五类用于地面维护。当探测到系统故障时，应将导致故障原因的信息显示给飞行员，应给飞行员提供处理措施清单。

(a) 危险级：严重危及飞行安全的状况，要求中断任务，需要飞行员立即果断采取措施的告警信息，一般使用红色字符。

(b) 告警级：表明出现危及飞行安全的状况，要求中止任务立即返航，否则故障将会向危险级的情况发展，需要让飞行人员立即知道并立即采取措施的信息，一般使用红色字符。

(c) 注意级：表明将要出现危险状况或某系统（设备）故障，将影响飞行任务的完成或导致该系统（设备）性能的降级，需要让飞行人员立即知道，但允许有条件地继续执行任务，注意级使用黄色字符。

（d）提示级：表明需要提醒飞行人员重视的飞机上某些系统（设备）的故障状态，正常工作状态指示、性能状况及提醒飞行人员进行例行操作的信息，允许无条件地继续执行任务，提示级使用绿色字符。

（e）维护级：表明故障信息不需飞行员了解，专门用于地面维护。

（3）显示装置设计。

① 在预期的震动和照明状态下，显示器的安装和设计要满足从飞行员的设计眼位看去，显示器上显示信息都是清晰可见的。

② 视觉显示器应设计成使闪光和反射最小，视觉显示器不能被其他设备、人的四肢和设备遮挡。

③ 在外界条件包括直射太阳光下，所有的显示都是清楚易读的。

④ 尽可能根据人的视觉系统性能特性显示信息的样式、数量及精度等，使显示器的性能参数（如灰度、分辨率、色彩组成、对比度）综合最适于人的视觉感受。

⑤ 显示器不应展示或产生分散注意力的视觉效应、虚影或变形（如闪烁、颤动、干扰噪声），这些现象将诱导人的疲劳并降低工作能力。

⑥ 在整个预期的周围环境亮度范围内，对所有预期的极端检查条件，视觉显示器是舒适易读的。

3）听觉

在所有听觉环境条件下，信息内容都能被听得见和易于理解的，通过飞行人员听觉器官感知到的告警信息，统称为听觉告警，一般采用话音和音调两种形式。

（1）话音告警。

① 使用语言将告警信息直接通报给飞行人员的告警。

② 对于危及飞行安全的关键系统故障，应能向外界进行话音告警。

③ 按照优先级进行话音告警和提示，并且按级别确定重复次数。

④ 除了话音告警音量外，飞行员可同时/分别调整所有听觉信号的音量。

（2）音调告警。

① 在探测到外界高等级威胁时，要用特定的音频向飞行员告警。

② 选用不同频率、不同间断速率的各种音调代表不同告警信息通报给飞行人员进行告警。

③ 通过听觉通道辅助告警灯进行告警，采用特定的进步音调和间断时间的音调告警信号。

4）触觉

通过飞行人员触觉器官感觉到的告警信息，统称触觉告警，一般采用振动驾驶杆或脚蹬板的形式。

3.1.4 ICD

ICD 定义了航空电子接口的数据流，表述了系统协议的实现及结构，定义了消息块的传输及更新速率，消息和数据字之间关系，并且规定了可选项是否采用，说明了消息传输所用的格式。ICD 主要包括电气和电子接口的详细说明，子系统之间的接口，航空电子系统与非航空电子系统之间的接口,它作为系统 TLD 文件补充总体设计文件,成为航空电子系统规范的重要组成部分。

1. ICD 文件的要素组成

ICD 文件作为设计人员识别数据流的标准文件,对定义系统提供了基础。系统设计人员要确定所有硬件的接口要求,并为正确通信制定互相兼容的字和消息。

1)字格式的定义

字格式是指信号数据传输过程中用若干位来表示结构、次序和量值,选用统一工程单位,进行换算、编码和确定状态。

2)字格式的要素

字格式的要素有标准或非标准的数据字。

3)字结构通用规则

字结构通用规则包括字的编号、最高有效位、最低有效位以及发送顺序。

4)信号编码和布局

信号编码和布局以 MIL-STD-1553B 为例,MIL-STD-1553B 中规定数据字的内 16 位数据字段,用横向形式表示的方式,数据字段内各位自左向右依次为编号 00~15,位号 00 指定为最高有效位(MSB),位号 15 为最低有效位(LSB),在数据总线上首先发送最高有效位。MIL-STD-1553B 标准数据字如图 3-9 所示。

图 3-9 MIL-STD-1553B 标准数据字

(1) MIL-STD-1553B 总线规定,MSB 总是先传输。

(2) 所有备用位或未用位均按逻辑 0 被发送。

(3) 传输多精度的参数(即信息的精度或分辨率,要求数据大于 16 位)时,应先发送最高有效位,然后以降序方式依次发送次高有效位,直至数据字(或多个)发送完毕。

(4) 数据的数值必须用二进制补码计算法来表示,最高有效位必须是 2 的整数幂。

(5) 向左对齐:正负号、最高有效位或第一个离散量(按其优先次序)应出现在最左位置(位号 00)。

(6) 未用位应置于比数据低的位置。但此规则对 ASCⅡ-7 例外,因为标准的 7 位 ASCⅡ 每个字符段的第一位(MSB)应置为逻辑 0,而 7 位 ASCⅡ 码占用字段中剩下的 7 位。

(7) 应避免把数字数据与离散量或编码的数据在同一字内混合使用。

(8) 在接收子系统内,离散量与类似功能的编码数据组合情况应予限制。

(9) 由于一种数据字格式必须适应多种信号类型的字使用,数据字如图 3-10 所示。

	MSB															LSB
289字的位	00	01	02	03	04	05	06	07	08	09	10	11	12	13	14	15
二进制补码	S	N	N	N	N	N	N	N	N	N	N	N	N	N	N	N
离散量	D	D	D	D	D	0	0	0	0	0	0	0	0	0	0	0
编码的位	0	0	C	C	0	C	C	C	C	C	C	C	0	0	0	0
(ASCⅡ)	0	A	A	A	A	A	A	A	0	A	A	A	A	A	A	A
(BCD)	B	B	B	B	B	B	B	B	0	0	0	0	0	0	0	0
(有效位)	V	V	V	V	0	0	0	0	0	0	0	0	0	0	0	0

(a)

数据类型	表示符号
二进制补码	S（符号位）、MSB、LSB、N（数据位）
离散位	D
编码位	MSB、LSB、C（数据位）
二十进制数（NBCD、8421）	MSB、LSB、B（数据位）
ASCⅡ字母数字码	MSB、LSB、A（数据位）
有效位	V
未用位或保留位、逻辑0	0
逻辑1	1
浮点	MSB、LSB、符号、M（尾数）

(b)

图 3-10 数据字
（a）数据字格式；（b）数据字格式表述。

2. ICD 的说明

ICD 包括了对航空电子接口信号的要求，这些接口信号主要是指在航空电子设备之间通过数据总线互联的信号，该接口仅是在设备级上的反映，一般由信号描述和信号接口两部分组成，规定字格式和消息格式准则。

1）信号描述

ICD 是依据航空电子系统详细设计（Detailed Design，DD）及航空电子系统接口控制关系编制的，总线传输一般以物理块作为消息，物理块中传输逻辑块。

（1）物理块。一个消息中的数据字组成一个物理块（PHYSICAL BLOCK），物理块明确消息传输的总线，消息源子系统和子地址号、消息的目标子地址和子地址号以及块中的字数、传输类型等。

（2）逻辑块。一个物理块可被分成多个逻辑块（LOGIC BLOCK）。逻辑块用物理块中第一个数据字的第一个字节作为逻辑块的标志。对每个物理块中的逻辑块，块标志或块 ID 能够产生 255 个逻辑块，与一个物理块有关的逻辑块应具有相同的标识参数。

（3）标识方法。每一个信号以及产生此信号的设备，应采用单一的助记符定义并加以说明。物理块、逻辑块及其字的标识如下。

ⅡXX/YY-ZZ-WW

① Ⅱ 为 PHYSICAL BLOCK 的发出源。

② XX 为 PHYSICAL BLOCK 的目的地。

③ YY 为 PHYSICAL BLOCK 的块号。
④ ZZ 为 LOGIC BLOCK 的块号。
⑤ WW 为字编号。

2）信号接口

信号接口可以分为标准接口和非标准接口两类。

(1) 标准接口。标准接口是数字式的信号接口，包括串行的数字信号和离散量信号两类数字信号。

(2) 非标准接口。非标准接口主要包括模拟量信号、同步/交流信号、音频/视频/无线电频率信号及特殊的离散量信号。

3. ICD 的制定

1）串行数字信号

MIL-STD-1553B 总线所采用的曼彻斯特Ⅱ双极性编码脉冲是典型的串行数字信号，标准串行数字信号 ICD 格式见表 3-1。

表 3-1 标准串行信号 ICD 格式

输出串行数字信号描述	SN①	助记符②	目的③	LRU⑤/LRM	范围⑥		MSB 值⑦	LSB 值⑧	DN⑨	单位⑩	注解
					低	高					
	…										
输入串行数字信号描述	SN	助记符	源④	LRU/LRM	范围		MSB 值	LSB 值	DN	单位	注解
					低	高					
	…										

注：① SN=信号量，是指消息格式中的信号数；
② 助记符：是所用的信号名称缩写；
③ 目的：是输出信号的吸收点；
④ 源：指输入信号的发源地；
⑤ LRU/LRM：指输出或接收信号的设备单元；
⑥ 范围：信号参数的物理范围；
⑦ MSB 值：字的最高有效位置；
⑧ LSB 值：字的最低有效位置；
⑨ DN：数字量或字的有效数字数目；
⑩ 单位：指测量单位。

2）离散量数字信号

仅仅有 0 或 1 两个状态的信号归类于离散量，如长时脉冲、短时脉冲和开关信号等。离散量数字信号 ICD 格式见表 3-2。

表 3-2 离散量数字信号 ICD 格式

输出离散量信号描述	助记符	目的	LRU/LRM	电平		类号	负载	单位	注解
				"0" 低	"1" 高				
	…								
输入离散量信号描述	助记符	源	LRU/LRM	电平		类号	负载	单位	注解
				"0" 低	"1" 高				
	…								

3) 模拟量信号

它是以电位或电流模拟量形式表现的变量，模拟量信号 ICD 格式见表 3-3。

表 3-3 模拟量信号 ICD 格式

输出信号描述	助记符	目的	LRU/LRM	变量范围		模拟量范围		最大变化率	模量刻度单位	最大信源阻抗	最小接收负载	精度	单位
				低	高	低	高						
	...												
输入信号描述	助记符	源	LRU/LRM	变量范围		模拟量范围		最大变化率	模量刻度单位	最大信源阻抗	最小接收负载	精度	单位
				低	高	低	高						
	...												

4) 同步/交流信号

其中同步是指同步通信信号，交流信号指飞机 400Hz 供电信号。同步/交流信号 ICD 格式见表 3-4。

表 3-4 同步/交流信号 ICD 格式

输出信号描述	助记符	目的	LRU/LRM	变量范围		模拟量范围		最大变化率	通信类型	最大信源阻抗	最小接收负载	精度	单位
				低	高	低	高						
	...												
输入信号描述	助记符	源	LRU/LRM	变量范围		模拟量范围		最大变化率	通信类型	最大信源阻抗	最小接收负载	精度	单位
				低	高	低	高						
	...												

5) 音频/视频/无线电频率信号

主要包括交流信号，调制音频、微波信号，信号 ICD 格式见表 3-5。

表 3-5 音频、视频、无线电频率信号 ICD 格式

输出信号描述	助记符	目的	LRU/LRM	频率范围		电压		动态范围	同步/调制频率	最大信源阻抗	最小接收负载	频率	单位
				低	高	峰N	峰F						
	...												
输入信号描述	助记符	源	LRU/LRM	频率范围		电压		动态范围	同步/调制频率	最大信源阻抗	最小接收负载	频率	单位
				低	高	峰N	峰F						
	...												

6) 特殊的离散量信号

该类信号不属于前五类，如 ARINC 串行通道。特殊的离散量信号 ICD 格式见表 3-6。

表 3-6 特殊的离散量信号 ICD 格式

输出信号描述	助记符	目的	LRU/LRM	切换电平"0"		切换电平"1"		类别	注释	最大信源阻抗	最小接收负载	最大脉冲频率	单位或MSB值
				低	高	低	高						
	...												
输入信号描述	助记符	源	LRU/LRM	切换电平"0"		切换电平"1"		类别	注释	最大信源阻抗	最小接收负载	最大脉冲频率	单位或MSB值
				低	高	低	高						
	...												

航空电子设备利用表 3-1~表 3-6，可以全面地表示信息流的相互关系，这就是 ICD，系统设计中一个重要的任务便是编制 ICD，反映信息特性的 ICD 编成之后，设备之间的关系也就明确了。

3.2 消息传输

3.2.1 消息传输优先级

系统消息传输优先级一般分为紧急消息、周期消息、事件消息和数据块消息 4 种类型。

1. 紧急消息

紧急消息是指具有最高发送优先级，要求带宽低，延迟低，如发射、指定类信息等。

2. 周期消息

周期消息比紧急消息的发送优先级低，要求带宽较高，周期性传输，延迟时间满足要求，如传感器信息、火控解算类信息等。

3. 事件消息

事件消息比紧急消息与周期消息的发送优先级都低，要求带宽低、延迟时间需满足响应要求，如飞行控制信息等。

4. 数据块消息

该消息的发送优先级最低，要求带宽高、延迟低。

3.2.2 消息传输方式

航电系统总线消息由 BC 组织传输，BC 能够自动启动从子系统来的多个消息描述块，每个消息描述块由指令字、数据地址、控制信息等组成，多个相关消息描述块组织成消息列表。消息列表一般存放在子系统的可共享存储器中，子系统把要发送的数据映射到存储器内部，并把消息列表的地址指针写入 BC，由 BC 自动将消息列表中的多个消息发送到总线上，消息列表的组织最常用的有堆栈和链表两种方法。

1. 消息堆栈

在消息堆栈结构中，每个小周期的消息用独立的堆栈进行存储，在堆栈中存储消息指针，每个指针指向在公共存储器中读或写消息描述块的地址。例如在图 3-11 中，堆栈 1 内部存储了 6 个消息指针，每个消息指针可指向相同或不同的消息描述块，如消息指针 1 指向消息描述块 1，而消息指针 2 和消息指针 6 同时指向消息描述块 2。

当小周期开始时，子系统处理器重新初始化堆栈指针指向适当的堆栈，如图 3-11 中堆栈指针指向堆栈 1，并把堆栈指针写入 BC，BC 即可通过堆栈中的消息指针读写公共存储器中的消息。

消息堆栈最容易实现，缺点是向一个堆栈中插入一个新消息很困难，如检测到差错时向消息流中插入一个差错恢复程序，或根据操作员输入信息插入非周期消息，这就要求子系统要建立一个含有要增加消息的新堆栈，并改变消息指针，当增加消息完成时，子系统将重新

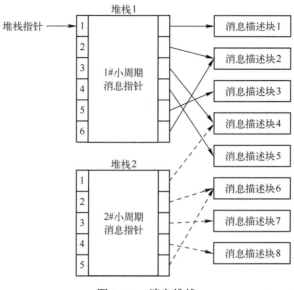

图 3-11 消息堆栈

初始化堆栈指针指向最初的堆栈。

2. 消息链表

用链接列表处理消息时，每个消息指向下一个要传输的消息。这种方法使得它容易在特定小帧的消息流中插入消息。在链接列表的结构中，每个消息描述块中增加指针，用来指向下一个被发送的消息描述符，多个消息描述块通过指针链接形成链表，如图 3-12 所示。

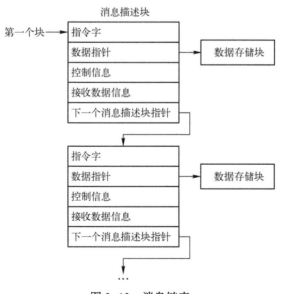

图 3-12 消息链表

当小周期开始时，子系统处理器重新初始化链表指针指向链表中的第一个消息描述块，并把指针地址写入 BC，BC 即可通过该地址依次读写公共存储器中的消息。消息链表方法的优点是在指定小周期消息流中插入消息非常简单，其缺点是在同一周期内多次使用同一消息时，要建立多个消息描述块，子系统需要更多的存储器空间和更多的系统开销来保持这些消息的完整性。

在传送周期消息时，若 BC 要发送一个非周期消息（操作员的命令或数据字中的数据引起），子系统处理器必须修改当前消息流把这个消息包含在内，通常可在当前消息描述块的尾部或下一个消息块的顶部放入该非周期消息，或通过专门的 BC 指令插入该消息，作为下一个消息输出。

需要说明的是，为了减小总线传输的消息量，有效提高系统的实时性，当总线传输消息时，在上述数据传输机制中增加更新机制，只传送更新的数据，对于 BC 到 RT 的消息，由 BC 检查发送给每个 RT 的数据是否更新，若更新则启动消息的总线传输。对于 RT 到 BC 和 RT 到 RT 的消息，在每个 RT 中增设一个矢量字，在编排消息列表时，要增加一些查询 RT 有无更新数据块的方式控制消息（带数据字的方式指令），RT 回复矢量字，BC 检查矢量字的相应位，并按消息列表执行消息传输指令。

3. 消息传输

消息通过传输层进行传输，传输层主要部署路由转发或存储交换设备，按照传输协议实现数据路由和传输转发，消息传输如图 3-13 所示。

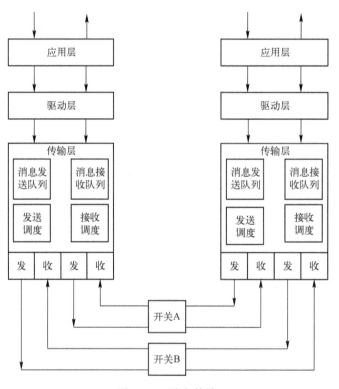

图 3-13 消息传输

3.2.3 总线编码特性

总线编码应具有丰富的时钟含量、高效性、错误检测和纠错能力、有利的频率含量、透明性等特性。

1. 丰富的时钟含量

系统可以从传输的信号中提取尽可能多的时钟信息。

2. 高效性

在给定的带宽和发送功率条件下,编码应具有最小差错能力,如对通道噪声和码间串扰有很强的抗干扰能力。

3. 错误检测和纠错能力

能够检测到错误,并能适当地纠正错误,如在曼彻斯特双极性码中,有些错误会引起编码混乱,但能够被很容易地检测到。

4. 有利的频率含量

信号的频谱应该与通道的频率响应相匹配。例如,如果通道对低频有很大的衰减,为了避免过多的失真,信号在这个频谱范围内的能量应很小。

5. 透明性

无论 0 和 1 组成何种序列,编码应能够准确地传输数字信号,对数据位的每种可能序列都能正确译码的编码,就说它具有透明性。

3.2.4 常用总线消息格式

1. ARINC429 消息格式

1) ARINC429 消息传输的技术特点

(1) 传输方式:单向广播总线,信息只能从发送设备输出,经传输总线至对应的接收设备接口,不可反向传输,可采用在一个单元单独采用接收模块和发送模块,形成全双工通信。

(2) 比特率:高速状态下传输速率为 100kb/s,低速状态下传输速率为 12~14.5kb/s,选定速率后误差范围应在±1%之内。

(3) 编码调制:采用双极性归零三态码方式。

(4) 消息长度:块传输模式下 32 位字,支持 255 个字的数据块传输。

(5) 服务类型:周期性、偶发性和文件传输。

(6) 传输介质:77Ω 屏蔽双绞线。

(7) 节点数量:一个发送端,最多 20 个接收端。

2) ARINC429 编码

ARINC429 编码采用双极性归零三态码调制方式,由"高""零"和"低"三个状态组成,代表了双绞线两条线之间的电压。ARINC429 数据字可采用二进制(BNR)编码或二—十进制(BCD)编码,通用 BCD 编码格式如图 3-14 所示。

32	31	30	29	28	27	26	25	24	23	22	21	20	19	18	17	16	15	14	13	12	11	10	9	8	7	6	5	4	3	2	1
P	SSM		MSB						←Data→												LSB	SDI		LSB			←Label→				MSB

图 3-14 编码格式

(1) 信息标志码(Label):用于识别字内所包含的信息,区别数据类型和相关参数,通过这些数据标号，接收设备可以很容易地判断出所接收到字的用途。

（2）源/目标识别码（SDI）：用作数据的源、目标标识功能，当需要特定字发送给多系统设备处的某一特定接收系统，或者多系统设备的源系统，需要根据字的内容被接收器识别时，可利用 SDI 进行标识，也可以作为标号的一个扩展区域使用。

（3）数据内容（Data）：表示传输的信息，当该字段中有未用位时，可用二进制"0"或离散量填充。

（4）符号/状态矩阵（SSM）：主要用来表示符号信息，如数据的正负、方向等，也可以用来表示源设备状态、操作模式和数据的有效性。

（5）奇偶检验（P）：字的第 32 位为奇偶校验位，可实现简单的数据校验功能。若由 1 位到 31 位所出现的高电平位数的总和为偶数，则将第 32 位置为"1"；如果为奇数，则置为"0"。

2. MIL-STD-1553B 总线消息格式

1）MIL-STD-1553B 总线字格式

MIL-STD-1553B 总线标准定义了三种类型的字，即指令字、数据字和状态字，每类字的长度为 20 位，其中包括 3 位同步头、16 位信息位及 1 位奇偶校验位。所有字的位编码采用曼彻斯特 II 型双相电平码，逻辑 1 为双极编码信号 1/0（一个正脉冲和一个负脉冲），逻辑 0 为双极编码信号 0/1（即一个负脉冲和一个正脉冲），过零跳变发生在每一位时的中点，数据编码如图 3-15 所示。

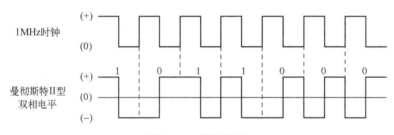

图 3-15 数据编码

终端硬件负责各类字的编码和解码，子系统接口是 16 位信息字段，接口不直接提供同步字段和奇偶字段。对于接收到的消息，解码器硬件向协议逻辑电路提供关于字的同步类型和奇偶校验是否确认的信号。对要传输的消息，将同步类型输入至解码器，并置于字的开头，奇偶校验由编码器自动计算，MIL-STD-1553B 总线的字格式如图 3-16 所示。

（1）指令字，用于控制及管理信息传输系统，字段的具体定义如下。

① 同步头：指令字同步头是一个无效的曼彻斯特波形（图 3-17），当其宽度为 3 位时，前 1.5 位时的波形为正，后 1.5 位时的波形为负，如果紧跟同步头后的一位是逻辑"0"，那么同步头的后半部分有两个位时的表现宽度。

② 终端地址：每个 RT 被指定一个专有地址，从十进制地址 0 到十进制地址 30 均可采用，十进制地址 31（11111）为所有 RT 的公用地址，供系统广播操作时使用。

③ 发送/接收：要求 RT 做的操作，其中逻辑"0"指定 RT 做接收操作，逻辑"1"指定 RT 做发送操作。

④ 子地址/方式指令：标识 RT 的具体消息子地址或者用作总线系统进行方式控制时的标记（00000 和 11111）。

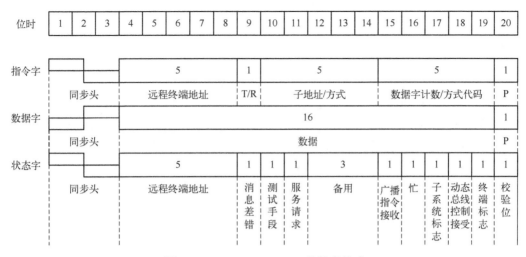

图 3-16 MIL-STD-1553B 总线字格式

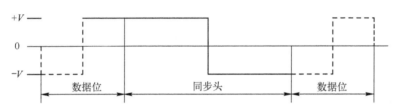

图 3-17 指令字和状态字的同步头

当系统进入方式控制模式时，在 BC 发出的指令中，子地址/方式字段必须是 00000 或 11111，且紧接的"数据字计数/方式码"的内容就是 5 位方式代码。它们仅用于与总线系统有关硬件通信和用于信息流的管理，而不用于从子系统提取数据或向子系统送入数据。

⑤ 数据字计数/方式码：规定了 RT 发送或接收的数据字的个数，或者需要执行的方式代码。在任何一个消息块内，最多可以发送或接收 32 个数据字，字计数 1 逻辑上用 00001 表示，字计数 31 逻辑上用全 1（11111）表示，字计数 32 逻辑上用全 0（00000）表示。

⑥ 校验位：字的奇偶校验位，用于表示在传输及字检测时发生的位差错，要求采用奇校验的漏检位差错率为 10^{-12}。

（2）数据字：数据字是消息中要传输的实际信息，可由 RT 发送或由 BC 发送。数据字的前 3 位是数据同步信号（图 3-18），同步信号的格式与指令字和状态字采用的格式相反，是数据字独有的。

图 3-18 数据字的同步头

（3）状态字：状态字由 RT 发送，用来通知 BC 消息是不是已经被正确地接收，或者告知 BC 该 RT 的状态（如服务请求、忙等）。状态字各位的定义如下。

① 同步头：与指令字的同步头相同。

② RT 地址：该字段与指令字中相应字段的定义一致。

③ 消息差错：检测到送到 RT 的消息有差错，或检测到无效消息（非法指令）时，RT 把该位设置为逻辑"1"。

④ 测试：在所有条件下该位总置为逻辑"0"。该位为可选位，如果使用，指令字中的相应位将置为逻辑"1"，用来区分是指令字还是状态字。若使用该方法，将使指令字中可用子地址减少到 15 个，并且要求子地址 31（11111）用于标识方式指令。

⑤ 服务请求：当 RT 需要服务时，向 BC 发出请求。子系统将该位置为"1"，表示需要进行服务。当 BC 在对 RT 进行"轮询"，以决定 RT 是否需要进行处理时，要使用该位。当接收到该位为"1"时，BC 发送预先定义的消息或者按照需要向 RT 请求更多的数据。

⑥ 备用：用于系统扩展。

⑦ 广播指令接收：表明 RT 接收到了有效的广播指令。收到有效的广播指令后，RT 把该位置为逻辑"1"，并禁止发送其状态字。

⑧ 忙：该位为逻辑"1"时表示 RT 处于忙状态，不能按照 BC 的指令将数据移入子系统或从子系统取出数据。如果 RT 在响应发送指令时置"忙"位，那么它只能发出状态字。该位为逻辑"0"时表示不存在忙状态。

⑨ 子系统标志：用来向 BC 指出存在子系统故障，且警告 BC 本 RT 提供的数据可能无效。如果与一个 RT 相连的几个子系统都呈现故障状态，应将它们各自的信号逻辑或，形成状态字中的子系统标志位，并将事先准备好的一个数据字的相应位置"1"，记录它们的故障状态，以供做进一步检测、分析用。

⑩ 动态总线控制接收：用来通知 BC，RT 已经接收到动态总线控制方式码，并且已经接管了总线控制。发送状态字后，RT 就成了 BC。一旦从 RT 接收到动态控制位已被设置的状态字后，BC 就终止它作为 BC 的功能，并可能成为一个 RT 或 BM。

⑪ 终端标志：用来通知 BC，RT 电路存在错误或故障，请求 BC 干预，逻辑"1"表示出错。

⑫ 校验位：利用奇偶校验位识别在字的检测及传送期间发生的各种差错位，要求采用奇校验的漏检位差错率为 10^{-12}。

2）MIL-STD-1553B 总线消息格式

MIL-STD-1553B 总线定义了数据传输、方式控制和广播消息三类消息传输格式。

（1）数据传输消息格式。数据传输消息格式有三种，MIL-STD-1553B 总线数据传输消息格式如图 3-19 所示。

① BC 到 RT（BC→RT）的消息：BC 向 RT 输出一个指令字，紧接着（在传输中没有任何间隙）发送指令字中规定数量的数据字。RT 在确认了指令字和所有数据字后，在所要求的响应时间内发出它的状态字，RT 必须及时地完成本次操作，以准备接收 BC 发出的下一条指令。

② RT 到 BC（RT→BC）的消息：BC 仅向 RT 发送一个发送指令字，RT 确认指令字后，先发送它的状态字，接着发送指令字所请求数量的数据字。

③ RT 到 RT（RT→RT）的消息：BC 先向接收 RT 发送一个指令字，接着向发送 RT 发送一个指令字，接收 RT 等待数据的到来，但指令字后不是数据字，而是一个指令同步字段

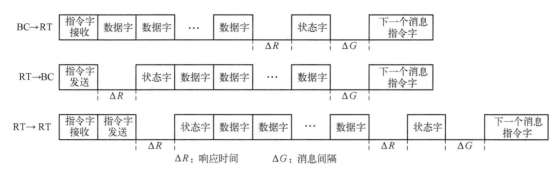

图 3-19 MIL-STD-1553B 总线数据传输消息格式

（第二个指令字）。接收 RT 忽略这个字，观察带数据同步字段的数据字。发送 RT 忽略第①个指令（该指令不含发送 RT）。发送 RT 发送状态字和要求的数据字。接收 RT 忽略第②个指令字后，再等待下一个字的指令同步字段。下一个字（第 1 个被传输的数据）此时有数据同步字段，接收 RT 开始收集数据，所有数据收集并确认后，接收 RT 发送状态字。

（2）方式控制消息。方式控制消息有 3 种，方式控制消息格式如图 3-20 所示。

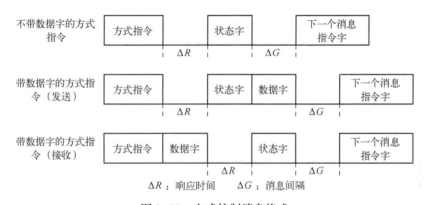

图 3-20 方式控制消息格式

方式控制消息可不带数据字，也可带一个数据字（发送或接收）。状态/数据的次序安排与 RT→BC 或 BC→RT 消息的情况相同，但是数据字的计数是 1 或 0。

（3）广播消息。广播消息传输格式（图 3-21）与非广播消息传输格式相同，但是有两个例外：一是 BC 发送指令到 RT 地址 31（11111），该地址专用于广播消息传输；二是广播消息同时向多个 RT 地址发送，禁止接收消息的 RT 地址发送状态字，避免多个 RT 地址在同一时间发送状态字"堵塞"总线。其中有一个例外，在进行 RT→RT 的广播操作时，发送数据的 RT 要先返回状态字。

为了让 BC 能够确定 RT 是否收到消息，就必须对每个 RT 启动轮询程序来收集状态字。

（4）消息间隔与响应时间。消息间隔时间为前一消息中最后一位的中间过零点到邻接消息中指令字同步头的中间过零点的时间，如图 3-22 所示。BC 不发出无字间间隔的连续消息，消息之间的时间间隔应大于 4.0μs。

RT 响应有效指令的间隔时间为 4.0~12.0μs，该时间为状态字之前最后一个字的最后一位的中间过零点到状态字同步头中间过零点的时间。

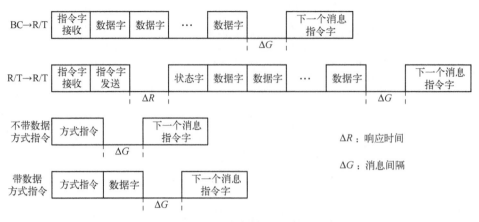

图 3-21　广播消息格式

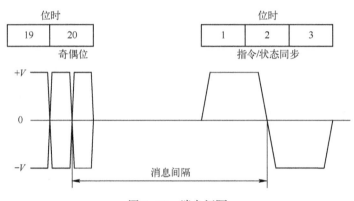

图 3-22　消息间隔

BC 在一路总线上启动传输后，14.0μs 内未收到状态字，则认为 RT 最小无响应超时。

（5）消息传输。数据总线上的信息流由消息组成，消息按照总线链表的定义由 BC 组织传输，BC 初始化所有的传输，并控制数据总线上所有数据信息的传输。BC 执行总线通信链表，周期启动总线传输，受命发送数据块的 RT 发送数据块；BBC 周期采集全局系统工作状态，以确保 BC 与 BBC 切换时响应时间最短，消息传输流如图 3-23 所示。

（6）曼彻斯特编码技术特性。

① 因为每个曼彻斯特码（Manchester Encoding）的同步头脉冲都提供了明显的时钟参考点，所以满足足够的时钟含量这个特性。对于每个字，时钟被重新同步是为了降低长期时钟稳定性。另外，信号（不包括失真）的位中间过零点也是一个时钟源，它也提供了时钟信息。

② 更符合高效性。由于 MIL-STD-1553B 总线信号是双极性信号，因此对于给定的发送功率，其噪声抗干扰能力非常强。另外，由于是通过位中间过零点传送每一位信息的，从而具有接近阈值的很小跳变时间，因此产生噪声和失真串扰的可能性很小。假定信号有足够的幅度，那么只能通过过零点的时钟信息对接收波形进行准确地译码。

③ 具有错误检测和纠正能力，是因为有效的曼彻斯特码位肯定有一半时间为高电平，一半时间为低电平。如果违背了这个规定或者由于失真使"半高半低"的比例完全失调，这样就能够被很容易地检测到并判定无效。另一方面，当失真不严重时，译码器能够根据推

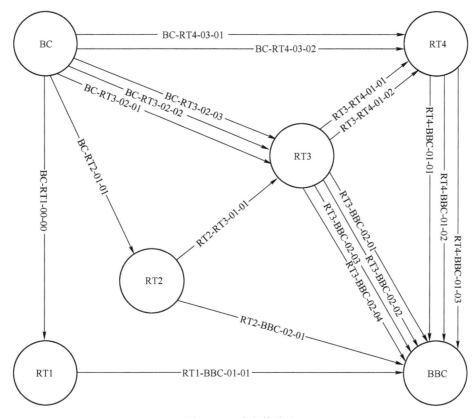

图 3-23 消息传输流

测判断出该位准确的电平值,这就是曼彻斯特编码波形的错误检测特性和错误纠正特性。

④ 有利的频率含量,因为 MIL-STD-1553B 总线编码波形具有符合典型网络带通特性的频率含量;低频含量最小是因为波形被平衡过,同时又由于规定了跳变时间使得高频含量也降至最低。

⑤ 符合透明性,因为每一个字都有明显的时钟基准(在同步头内),在字中所有可能的位组合都能够被正确译码;另外,由于位中间过零点提供了时钟和正负检测能力,使得每一位能够与前一位和后一位区分开,因此其格式是透明的。

3. FC 消息格式

FC 数据传输采用 8b/10b 平衡传输编码,这种编码具有传输效率高、误码纠错力强以及编码/解码电路简单等优点,它提供了足够的检错纠错机制,并且平衡了传输线路的传输电平。

发送数据时,首先将系统中一个 32 位的数据串转换为四个 8 位字节,每个字节经过 8b/10b 转换成一个 10 位字节(8 位数据再加 2 位附加位用于错误检测和纠正),最后经并/串转换后将数据通过传输介质发送出去。数据接收与之相反,端口数据流如图 3-24 所示。

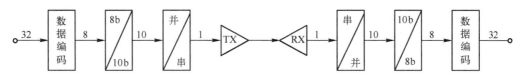

图 3-24 端口数据流

3.2.5 消息传输性能指标

1. 总线负载

总线负载（data bus loading）是实际传输量与最大允许传输量的比值，包括数据和内部开销，反映出系统的扩充余量。在系统研制阶段，确定数据总线负载是衡量设计进程、总线效率以及设计合理性的重要因素。典型的总线控制协议，实际的最大总线负载约为理论最大值的80%，在更加严格的使用条件下，对最大总线负载的典型要求是50%~70%，保留30%~50%的总线吞吐量用于扩充。如果考虑实际的最大吞吐量为80%，并且不借助其他特殊方法（如增加总线），那么实际吞吐量的裕量只有10%~30%。

过载的征兆有数据延迟、帧溢出、消息重试和错误处理、优先级竞争、延迟的或悬挂的处理、中断响应时间的增加，设计时应基于实际的最大总线负载，保证系统具有足够的备用总线余量。

2. 总线负载数据的影响因素

1) 传输消息的总数

是指在总线激活时间内传输消息的总数量。

2) 传输消息的类型

消息类型对于总线负载的影响体现在两个方面。

(1) 不同的消息类型包含的信息量与占用的时间都不同。

(2) 合理优化消息的交换方式，可以节省时间，降低总线负载。

3) 传输消息的长度

同种类型的消息，长度越长即数据字越多，带有的信息越多，但是不能超过总线负载所能承受界限，超出该界限，总线的定时和数据传输必须严格控制。否则，异常情况（错误和故障处理）或动态传输（非周期消息处理）可能破坏周期通信的定时和任务处理。

3. 总线效率

总线效率是在总线传输消息时间内传输有效数据位的时间占总传输时间的百分比。总线系统的最终服务对象是有效数据位，为了实现有效数据位正确而可靠的传输，系统必须付出许多必要的开销（与信息系统管理有关的控制位、字和消息），这些开销既有消息格式所固有的，也有进行消息传输管理所必需的，有的则是数据字本身所带来的。所以总线效率也可以看成是有效数据位与总传输数据位的比值，即

$$P_{\text{bus}} = \frac{T_{\text{val}}}{T} = \frac{N_{\text{val}}}{N} \qquad (3-1)$$

式中 P_{bus}——总线效率；

T_{val}——有效数据位的传输时间；

T——全部数据位的传输时间；

N_{val}——有效数据位数；

N——总传输数据位数。

4. 总线系统传输延时

总线系统传输延时是消息新数据产生到消息被传输至目的终端的时间，该时间与信息传

输的控制方式、具体传输过程以及软硬件设计有关。系统整体研发在初级的设计阶段，对研究数据延时存在许多不确定因素，如在规定小周期内发送的紧急消息因主机的响应时间、帧长度的变化或时钟的不稳定性和分散性而影响数据到达时间。延时率是传输消息的实际延时 T_{li} 与最大允许延时 T_{mi} 的比值，那么在某个时间范围内所有消息的平均延时率 T_{av} 定义为

$$T_{av} = \frac{1}{n} \sum_{i=0}^{n} \frac{T_{li}}{T_{mi}} \tag{3-2}$$

式中　　T_{av}——平均延时率；

　　　　T_{li}——实际延时；

　　　　T_{mi}——最大允许延时。

平均延时率与总线负载的概念是相关联的，理想化的总线负载均衡时，每个消息的延时率都应等于平均延时率。实际传输中，各个消息的延时率越接近，说明总线负载的均衡程度越高。传输信息时，达到总线负载均衡要求，可保证总线信息传输安全可靠、高效，避免发生总线阻塞。

5. 可靠性与误字率

可靠性和误字率是用来说明系统无故障工作的性能和数据传输准确性的技术指标，系统的可靠性一般由硬件可靠性和软件可靠性构成。硬件可靠性可用平均无故障工作时间（Mean Time Between Failtures，MTBF）来说明，系统中 BC、RT、双绞屏、蔽电缆、端接器、耦合器、短截线和连接器等尽量采用无源器件，可以保持很低的失效率，可采用余度设计和故障隔离设计，以此从硬件和结构上来保证总线网络的可靠性。在软件方面，从一开始要就注意研制过程的质量控制，主要通过规范化设计，严格进行评审、测试和验证，并在各种输入条件下特别是一些边界输入条件下，进行长时间的运行考验，提高其可靠性。由于受到噪声（如高斯白噪声和脉冲噪声）等各种干扰，在传输数据的过程中可能产生错误，为了保证数据传输的准确性，系统对构成消息的"字"经过传输后产生错误的概率（误字率），应越小越好，这就要求系统对噪声等干扰有很好的抑制能力。

6. 计算总线负载时考虑的其他因素

在系统设计过程中，应该估计在飞机生命期内总线负载的初始值和预计增长。这样能确保适当的总线负载余量或者表明需要在拓扑结构中增加总线，用于初期或未来系统的扩充。

1）帧同步开销

开销是指与信息传输系统管理有关的那些控制位、字和消息，它导致了数据传输能力的下降，开销和可变因素降低了数据传输率。如果需要启动每个大周期和小周期，则它需要的时间必须予以估计，帧长度变化和帧溢出所需时间应包括在内，另外也应包括 BC 建立帧同步所需时间，在这段时间内不能传输消息。

2）查询开销

如果系统周期性地查询每个 RT 或对所选择的 RT 进行查询，那么对这部分总线负载的估计应该包括在总的计算中，使用查询可以验证与 RT 的通信，提取服务请求，确定 RT 或子系统的好坏状况。

3）处理机之间的通信

处理机之间应采用周期共享系统状态数据，以及对全局的范围或更新应该计算在内。状态数据应送给 BBC，当 BC 和 BBC 切换发生时，系统终端的时间最短。

4) 子系统状态消息

可以周期地查询总线上 RT，以得到子系统好坏状况的消息。

5) 非周期消息

每个大周期中非周期消息出现的平均次数和最大次数，很重要的一部分是非周期请求的消息。

6) 消息重试以及错误或故障处理

当系统中有故障需要重试，或者需要采用方式指令、余度管理或重构进行故障处理时，总线负载明显增加。

7) 层次总线消息

当从较高层总线向较低层总线传输数据或者控制从较低层向较高层总线传输数据的通路和总线状态时，可以是周期消息或非周期消息。

8) 总线定时和数据传输完整性

必须严格控制总线定时和数据传输的完整性，否则，异常情况（如错误和故障处理）或动态传输（如处理机之间可变长度的信息量和非周期消息的处理）可能会破坏周期通信的定时和任务处理。

第4章 系统模式与显示控制

航空电子系统是为多任务飞机设计的,应根据不同的飞行阶段和飞行任务,采用相应的系统模式,每种任务都有专用的军械和投放/发射轨迹,在显示设备上出现相应的符号和飞行指令。执行的任务不同,显示要素以及为飞行员提供的飞行指令也不相同。飞行员能够根据显示要素进行操作,向航空电子系统发出控制命令,从而控制整个航空电子系统为飞行和作战任务的完成提供支持。

4.1 系统模式

4.1.1 设计方法

1. 系统控制的基本要求

系统控制为飞行员提供简单直接控制和管理系统信息的方法,应满足飞行任务需求、飞行员习惯、最少控制动作、最少数据需求以及飞行员最小的记忆负担。

2. 基本的系统控制方法

用系统控制方法实现系统的动态特性,系统部件和物理网络(拓扑结构)应用满足任务和性能要求,描述系统控制方法有系统控制程序和需求规范两个主要文件。

1)系统控制程序

系统控制程序包括系统初始化、系统正常操作、系统异常操作、系统重构、系统恢复、系统关机等程序。容错和系统级故障收集、分层控制的内容(如数据传送和数据通路)是必须确定的系统级问题,这个系统级文件是拟定软件实现需求的基础。

2)需求规范

系统控制的需求规范中应包括支持系统控制方法的协议要求、终端软件和硬件的要求,它是形成子系统规范的基础。R/T规范是拟定硬件需求的基础,BC规范必须包括硬件和控制等方面的需求,要求所有的承制方和子承制方使用一致的软件和硬件,有助于保证标准使用的一致性,并且容易综合简化系统控制。

(1)需求规范中的第一部分要明确规定使用协议及其选裁的要求,这一部分也称为协议文件,最终成为ICD的组成部分。它规定了对协议裁剪内容的使用,是对在研系统的强制性要求,它也确定了所需的字格式和字格式规则。

(2)需求规范中的第二部分要有对系统控制的特殊要求,主要是对错误和故障处理能力方面以及终端相对于宿主子系统或宿主机自主性方面的要求。

3. 系统控制方案

确定系统控制方案主要考虑的因素有如下几个方面。

(1) 总线控制策略,是采用静态总线控制,还是采用动态总线控制。

(2) 总线控制传递策略,是用 BBC 切换成为静态 BC,还是用循环传递或查询竞争成为动态 BC,包括用于总线控制切换的握手方法,以及当 BBC 作热备份时,它得到更新数据的方法。

(3) 处理划分,是采用分布与集中式的任务关系,还是采用联合与独立的任务关系。

(4) 处理系统备份和子系统备份方案,选用热备份、温备份、冷备份、共享备份或专用备份等方案。

(5) 周期的和非周期的数据传输要求,重复速率要求,数据延迟及其不确定性要求。

(6) 实现系统时间基准的要求和系统时间同步策略。

(7) 为了满足系统的错误和故障处理要求,要求 BC 和 RT 不管是嵌入在子系统中,还是独立的,应具有自主能力。

(8) 多条数据总线之间的关系,以及系统总线与外部功能和外部总线之间的关系,包括所需的控制关系和数据的相关性。

4.1.2 系统控制

1. 系统控制区

系统的控制机构可分为握杆操纵(Hands on Throttle And Stick,HOTAS)控制区、系统启动控制区、系统综合控制区、上前方控制区、个性化选择控制区、显示器周边键(Option Selection Button,OSB)控制区和应急控制区等。

1) HOTAS 控制区

HOTAS 控制区与作战任务直接相关,确保飞行员双手不离杆完成航电系统与作战任务相关的控制,应尽量减少油门杆和驾驶杆上同型多位选择开关的数量,必须使用的多位开关在外形上应区分开。

2) 系统启动控制区

系统启动控制区完成分系统或设备的加电控制。

3) 系统综合控制区

系统综合控制区是与系统功能相关的开关控制。

4) 上前方控制区

上前方控制区对通信、导航、显示数据类型和画面进行快捷控制。

5) 个性化选择控制区

个性化选择控制区对个性化的音量进行控制。

6) 应急控制区

应急状态控制外挂物、无源干扰弹和诱饵弹投弃,应设置保护措施。

7) MFD 控制区

MFD 控制区控制画面选择、工作方式选择、参数选择和修改,显示器亮度和加电控制等,MFD 的显示画面应有快捷选择,选择控制应尽量减少嵌套层数。

2. 系统控制层次

从飞机作战任务的角度,系统控制自顶向下可分为任务级、功能级和设备级 3 个层次,系统控制层级如图 4-1 所示。

第 4 章 系统模式与显示控制

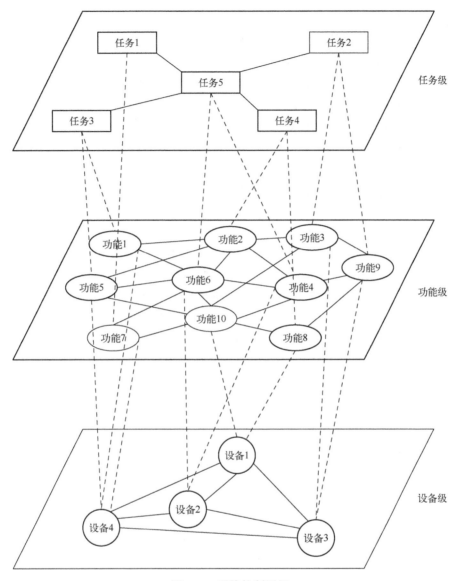

图 4-1 系统控制层级

1) 任务级

任务级系统控制是根据飞机作战任务和使用要求控制系统的工作模式和状态。根据飞机作战任务、使命、主要作战及使用方式,分解航电系统能力,其作战任务样式主要有 A/A 作战、A/G 作战。

(1) A/A 作战。A/A 作战包括:①超视距空战,使用中距空空导弹,在全天候条件下对敌方空中单个或多个目标进行全向、大高度差的攻击;②近距格斗,使用空空导弹和航炮对敌方空中目标实施近距为主的空战。

(2) A/G 作战。A/G 作战包括:①纵深打击,在昼间和夜间,主要使用中远程精确制导武器突击敌方战略、战役纵深重要地面目标;②对海攻击,在昼间和夜间,主要使用空舰导弹突击海面舰船;③压制防空,突击敌方机场,压制敌舰航空兵和作战支援保障设施。使用 A/G 武器对敌方防空武器进行压制。

2) 功能级

功能级系统控制是根据任务模式及对系统功能的需求，适时完成功能的触发或启动。

3) 设备级

设备级系统控制是根据飞机或系统的设计约束，来控制设备的启动或工作参数。操作人员通过开关和可编程按键来完成对航电系统的控制操作，完成需要的战术任务，控制航电系统、分系统或设备加电启动，个性化控制显示器亮度，设备维护和BIT等。

3. 系统控制相关性

1) 任务相关性

工作模式与战机的作战任务密切相关，如PREP模拟与地面准备和维护任务相关，A/A模式与INTRC和DGFT任务相关，而A/G模式则与A/G轰炸任务相关，各作战任务阶段彼此独立，工作模式在时间上不会重叠。

2) 显示操作相关性

不同的作战任务由不同的工作模式支持，不同的工作模式决定了飞行员的操作和显示画面不同，画面的要素也不同。例如，对于HUD来说，在A/A的INTRC模式中，叠加显示中距导弹的攻击画面（也包括其他飞行信息等），主要包括操纵点、目标框、瞄准误差圆、目标的方位/距离、制导指令等。在A/A的DGFT模式中，叠加显示近距红外导弹的攻击画面（也包括其他飞行信息等），主要包括导弹位标器状态、截获标识等。

3) 系统控制相关性

当飞行员选择一种工作模式时，航电系统要能够自动控制有关子系统处于确定的、唯一的工作状态和数据传输过程，并且仅向飞行员提供该工作模式要求的显示要素和操作要素。

4. 系统控制设备

油门杆主模式开关为任务级控制，可切换导航（Navigation，NAV）、A/A、A/G系统工作模式，其中A/A模式根据作战特点又分为INTRC、DGFT两种任务级控制子模式；驾驶杆的武器/投放按钮、RDR工作方式开关、航炮扳机、导弹步进选择开关为功能级控制；MFD亮度调节旋钮为设备级控制，系统控制设备如图4-2所示。

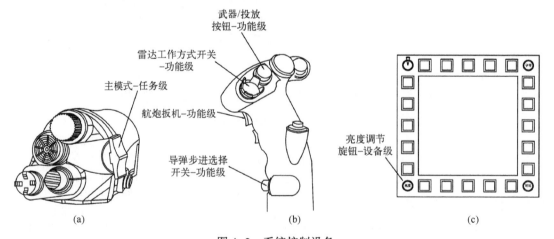

图4-2 系统控制设备
(a) 油门杆；(b) 驾驶杆；(c) MFD。

4.1.3 任务剖面和任务模式

1. 任务剖面

航电系统的工作模式是指在不同的任务阶段，航电系统向飞行员提供的操作和显示要素，典型的作战任务剖面（图4-3）包括起飞、巡逻、中距INTRC、近距DGFT、A/G、进场和着陆等。

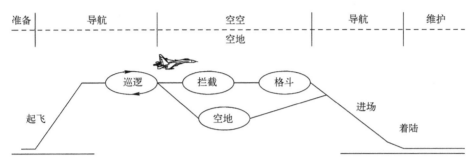

图4-3 典型作战任务剖面

2. 任务模式

为了在所有飞行阶段获得最佳工作，按照作战任务剖面定义了四个航空电子系统主模式，即准备（Prepare，PREP）模式、NAV主模式、A/A主模式和A/G主模式。航电系统工作模式如图4-4所示。

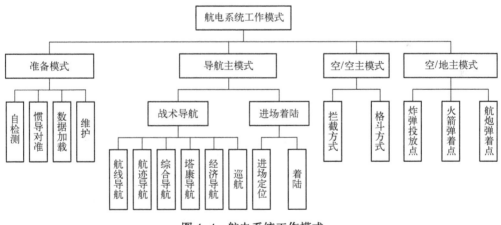

图4-4 航电系统工作模式

1) PREP模式

PREP模式是航电系统在地面加电后自动进入的一种工作模式。在此模式下，航电系统为飞行任务做必要的准备，主要完成航电系统的BIT、INS对准、数据加载、航电系统和飞机其他功能系统的维护。

2) NAV主模式

NAV主模式可分为战术导航和进场着陆两个任务阶段，主要有INS自主导航、组合导航、数字地图辅助导航、进场和着舰（陆）引导等功能。NAV主模式可使飞行员选择到达地点或者按飞行计划的顺序飞达预置地点，其方法是依照座舱中的 HUD 和水平情况显示器（Horizontal Situation Display，HSD）上显示的指令，操作飞机或通过 AFCS 自动操纵飞机完成导航任务，其中 INS 是导航功能的主要传感器，而航电系统中的其他导航设备为辅助导航设备，可以提供一些专门的数据来完成引导或辅助飞行员导航。

（1）战术导航。战术导航包括航线导航、航迹导航、综合导航、TACAN 导航、BINGO 导航和巡航导航等方式。

（2）进场着陆。进场着陆按照任务阶段有进场定位和着陆两个选择模式，参与导航设备主要实现 INS 自主进场、TACAN 进场/着陆、MLS 着陆和简单仪表着陆等功能。

3) A/A 主模式

A/A 主模式分为 INTRC 子模式和 DGFT 子模式、其中 INTRC 子模式主要用于远距离 A/A 截击；DGFT 子模式主要用在近距情况下的 RDR 搜索、截获和跟踪目标，使用近距武器攻击目标。

4) A/G 主模式

A/G 主模式可以实现各类型武器的多种准确投放方式，它包括炸弹 CCRP、火箭 CCIP、航炮 CCIP。

4.1.4　PREP 模式的主要工作

PREP 模式是航电系统在地面加电后自动进入的一种工作模式。在此模式下，航电系统为飞行任务做必要的准备，主要完成航电系统自身的 BIT、控制飞机其他功能系统进行 MBIT、INS 对准和任务数据加载，典型的画面如图 4-5 所示。

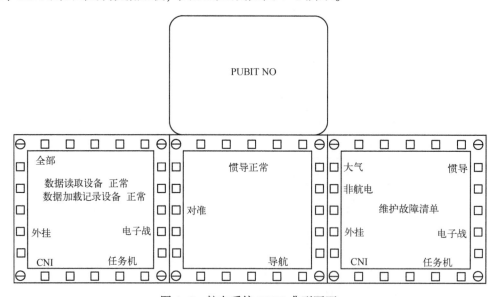

图 4-5　航电系统 PREP 典型画面

1. 系统的启动

航电系统的启动过程如图 4-6 所示。航电系统通电前，首先要检查航电系统控制机构应处于初始位置，然后根据任务需要对整个航电系统进行加电启动，再根据需要和系统启动状态，接通 MFD、UFCP 等电源，并进行亮度、对比度等调节，使其画面清晰，能够显示

BIT 画面。

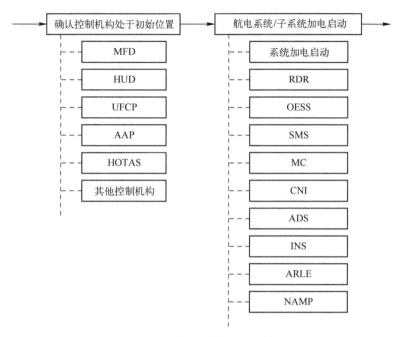

图 4-6 航电系统启动过程

综合航电系统的控制机构包括开关、转换开关、手柄等，分布在座舱的不同位置，其初始状态主要有以下 4 种。

（1）默认状态。一些功能选择控制开关，如 UFCP 上的按键、MFD 的按键、AAP 上的控制开关和传感器控制开关等，检查时这些按键和开关均应处于默认状态。

（2）断开状态。主要是电源通/断开关应处于断开状态，比较典型的包括航电系统工作开关、MFD 的电源开关、HMS 加电控制开关和 RDR 天线控制开关等。

（3）中间位置。主要是音量调节旋钮要处于中间位置，如超短波音量调节旋钮、短波音量调节旋钮等。

（4）最小状态。主要是亮度调节旋钮要旋到最小。其他旋钮、按键等的初始位置没有特殊要求，可根据需要将其设置为任意位置。

2. 系统自检测

1）PUBIT

航电系统启动控制由座舱中的开关实现，可完成对航电系统中所有子系统的成组启动或独立启动。航电设备成组启动的流程如下。

（1）按下系统启动按钮，系统和设备的加电指示灯亮，HUD 上显示系统 PUBIT 状态。

（2）各设备自动执行 PUBIT，自检测结果在 HUD、MFD 上显示。

（3）判读自检测结果，调阅维护故障清单（Maintenance Fault List，MFL）或存在的飞行员故障清单（Pilot Fault List，PFL）。

（4）检查结束后，断电。

2）IBIT

IBIT 是对各个设备独立进行的 BIT，通常是在系统加电后执行全系统或独立设备的

IBIT,其流程与 PUBIT 相同。

3) MBIT

航电系统还有 MBIT 功能,其操作与 IBIT 相似,也是在系统加电后由操作员启动 MBIT 功能,此时可进行校靶、接口、版本信息等维护检测。

3. 任务数据加载

首先通过地面任务规划站将任务数据写到 DTC 上,再将 DTC 插入座舱相应设备内。航电系统启动后,MFD 上将显示"数据加载"画面,操作员可选择要加载到子系统的参数文件,任务数据的加载过程如图 4-7 所示。

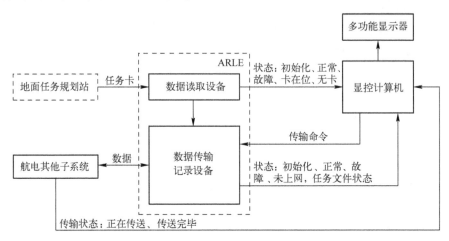

图 4-7 任务数据加载过程

(1) 初始化数据读取设备后,将初始化、正常、故障状态数据送 DCMP,如果工作正常,还要检测 DTC 在位情况,并将卡在位、无卡的状态送 DCMP。

(2) 数据传输记录设备的状态有初始化、正常、故障、未上网,将这些状态数据送 DCMP。

(3) 有的航电系统在设计时,要求一架飞机配一个 DTC 号,所以系统还要判断 DTC 编号与系统保存的飞机 ID 号是否一致,并显示判断结果。

(4) 数据传输记录设备与数据读取设备通信,读取 DTC 中的数据。

(5) 操作员按压要传送文件的 OSB,文件开始传送,并显示传送状态(包括正在传送、传送完毕)。若文件传送不正常,则提示不正常状态。

4. INS 对准

1) INS 对准的主要工作

INS 在进入导航状态之前首先要完成初始对准,即输入初始条件、调整平台到预定的坐标系、对陀螺进行测漂。其中,初始条件就是初始经纬度,实际平台坐标系与理想平台坐标系的相互重合程度与对准技术和对准时间等因素有关,由于陀螺漂移是系统的主要误差源,因此在对准过程中还需进行陀螺的测漂工作。一般情况下,INS 的对准和陀螺的测漂是相伴进行的。

INS 初始对准的要求指标有两个:一是对准精度;二是对准时间。对准时间和对准精度之间往往是互相矛盾的。要提高对准精度,对准时间就长;要缩短对准时间,对准精度就难以得到保证。解决矛盾的方法是互相兼顾、有所侧重,视使用场合的不同进行取舍。

INS 初始对准方式分为罗经对准和快速对准两类。其中,罗经对准即 INS 完全利用自身的加速度计敏感重力加速度,利用陀螺仪敏感地球自转角速度,将 INS 调整到水平位置并确定方位的过程,同时还要完成陀螺漂移的测定。快速对准(简称快对)包括输入航向对准(最佳真航向对准)、存储航向对准和跑道航向对准 3 种,其中输入航向对准和存储航向对准方式分别利用输入已知的飞机停机真航向和上次存储的航向作为本次的初始航向,同时把平台对准到当地水平;跑道航向对准方式需预先装订跑道起始点经纬度、跑道方位、跑道长度,在飞机滑跑过程中完成方位对准,该方式主要用于飞机的应急起飞。

2) INS 对准过程

INS 对准过程如图 4-8 所示。

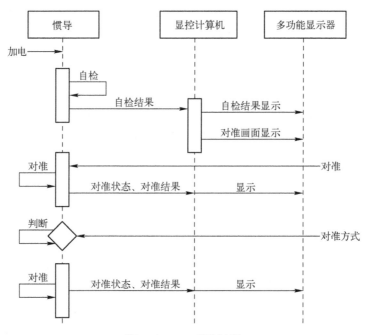

图 4-8　INS 对准过程

INS 加电后执行 PUBIT,并将自检结果传送给 DCMP,由 DCMP 在 MFD 上显示自检结果(正常、故障)和对准菜单,为 INS 执行对准提供操作画面。

在 INS 自检正常且准备结束后,进入对准过程,根据 INS 对准方式执行对准操作,并显示对准开始时间、对准状态(正在对准、对准结束)、对准精度和对准结果(经度、纬度、高度和真航向)。

在 INS 执行对准过程中,操作员根据对准状态提示选择其他对准方式。INS 根据当前状态和对准方式的要求进行判断,条件满足后即可转入并执行新的对准方式,同时将对准状态、对准结果传送至 DCMP 进行显示。

3) INS 对准方式选择

INS 对准方式可由操作员选择或由 INS 根据操作输入自行判断,图 4-9 给出了比较典型的 INS 对准方式的选择逻辑。

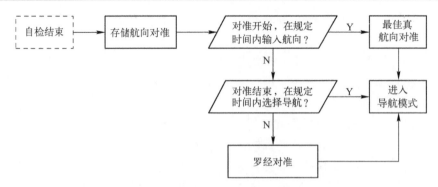

图 4-9 INS 对准方式判断逻辑图

INS 自检结束且状态正常后，由操作员选择对准命令，先进入存储航向对准方式。对准开始后，有两种情况：一是在规定时间内，如果操作员输入了真航向，则 INS 执行最佳真航向对准，对准后根据操作员选择进入 NAV 模式；二是在规定时间内，操作员没有任何输入，INS 一直执行存储航向对准直至结束。存储航向对准结束后，在规定时间内，如果操作员选择，则进入 NAV 模式；如果操作员没有任何输入，则自动执行罗经对准，对准后根据操作员选择进入 NAV 模式。需要说明的是，INS 在执行某种对准方式且没有结束时，如果操作员选择进入 NAV 模式，NAV 提前结束对准，返回对准被中断时的位置精度值。INS 完成最佳真航向对准或存储航向对准后，飞机滑行到起飞线时，飞行员启动 INS 的"跑道对准"，即用跑道的真航向校正 INS 的真航向。

4.2 显示控制

飞机座舱是飞行员驾驶飞机的空间场所，主要由显示装置和控制装置组成，依靠布置在座舱中的 HUD、MFD、FPD 和 HMD 等显示设备，获取飞行、作战信息；通过按压显示器 OSS、控制触敏屏与直接语音等方式，有效地控制航空电子任务系统，操纵飞机完成正常飞行、作战、侦察等任务。显示控制系统综合了机载信息控制、处理与显示、飞行员信息感知等功能，其先进程度直接影响飞机任务的完成质量，综合化的显示控制系统简化了控制操纵程序，实现了信息资源共享。

4.2.1 显示控制逻辑

显示装置应采用标准绘图指令接口规范进行画面定义和图符定义，根据图形定义文件，采用时分与空分相结合的方式，按飞行阶段分配信息生成显示画面。在应急蓄电池供电条件下，应具有定义简单画面和图符的能力。对控制装置的管理、识别和解释来自飞行员的控制指令，控制人机交互输入设备。

1. 缺省显示

改变航电系统主模式时，HUD 及前、后舱 MFD、FPD 按预先设定的任务分工进行默认显示，飞行员也可以按照自身习惯重新选择。

2. 以时间顺序进行显示、操作控制

前、后舱均可以通过驾驶杆航电模式切换按钮改变航电系统主模式，以后操作为最终结果，允许前、后舱飞行员同时对同一传感器进行操作。但此时，前、后舱显示、操作界面同步、一致变化，系统对前、后舱对应的相同控制部件（如 X/Y 游标）以后操作为最终结果。

3. 操作锁定

这是对于前、后舱可以分别操作的相同功能，如数据修改。一旦前、后舱选择该项进行修改或控制，舱位操作即被锁定，只有该舱能够进行操作。该舱退出相应修改或控制操作后，锁定解除，另一舱能重新对其操作。

4. 独立的显示、操作控制

前、后舱可同时在同一个显示控制部件上对不同传感器/设备进行操作。如在前、后舱 UFCP 上，可同时分别更改数台、话台工作参数或状态，可同时进行发话控制。

4.2.2 信息显示

1. 信息显示的特点

信息显示主要有以下特点。

（1）不同的信息用不同的字符来表示。
（2）每个字符至少有两种编码特性。
（3）HUD 显示的字符在所有工作方式下的含义和特点应完全一致。
（4）各种操纵指令字应指示飞机应飞的方向。
（5）每条活动刻度带，如航向、空速和高度等，至少应显示 3 组数字。

2. 视场与视野

视场指在设计眼位，飞行员移动头部时，眼睛活动的极限范围之内通过组合玻璃所看到的区域。视野指人的头部固定不动时，眼睛注视正前方所能看见的空间范围，常用角度来表示，如图 4-10 所示。

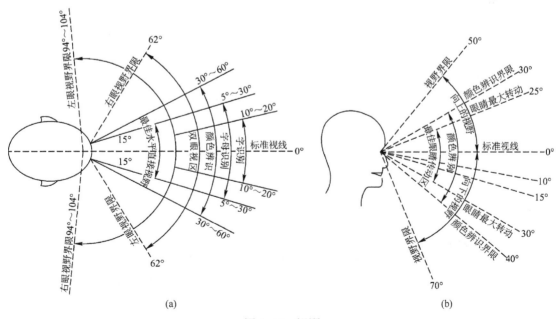

图 4-10 视野

3. 显示字符

显示字符是用于在显示器上表示某种信息的几何形状、汉字或字母数字，通过字符种类、几何形状、字体、尺寸、颜色及格式等属性信息以区分各种字符。在起飞、导航、地形跟踪/地形回避（Terrain Avoidance，TA）、武器投放及着陆等状态时，向飞行员提供显示。

1) 显示信息的分类

(1) 定量信息。定量信息是使用者能够观察到的与信息相关的数值，它可以采用数字的或模拟的方式进行显示。

(2) 定性信息。定性信息是使用者不要求精确数量就能做出评估的信息。

(3) 状态信息。状态信息是有关飞机及其周围环境即时情况的信息。

(4) 指令信息。指令信息是指引操纵动作的信息。

(5) 预测信息。预测信息是预测飞机、系统或分系统的未来状态、条件或位置的信息。

2) 字符显示信息

(1) 图形基本要求。图形基本要求有以下 3 点。

① 准确、简明。显示字符的表达要准确、简明、容易理解，符合飞行员的使用特点，不应产生不同的理解。

② 清晰、易见。在巡航眼位，观察所显示的汉字和用语要清晰、易见，确保判读迅速、准确。

③ 名词、用语、代码要统一。一个代码对应一个汉字或用语，同一名词、术语应该始终用来表达同一概念，同一概念应始终采用同一名词、术语来表达。

(2) 字符显示信息图形。字符显示信息图形如图 4-11 所示。

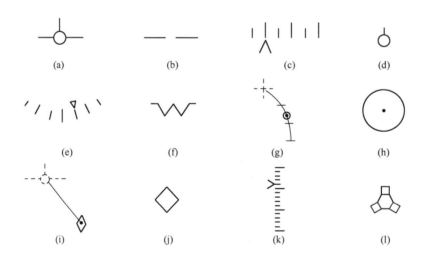

图 4-11 字符显示信息图形

(a) 飞行航迹标记（速度矢量）；(b) 地平线；(c) 航向；(d) 飞行指引；(e) 倾斜角刻度；
(f) 飞机基准；(g) 连续计算命中线和快速射击标记；(h) 瞄准圆；(i) 炸弹下落线；
(j) 飞行员标识的目标标记；(k) 高度显示；(l) TACAN 台标记。

3）字符显示质量

与字符质量有关的参数有亮度、均匀度、对比度、闪烁、噪声及颜色等。

（1）亮度（luminance）。亮度是表示发光面发光强弱的物理量，为发光面在某一方向的发光强度除以发光面在该方向的正投影面积，其单位为坎德拉每平方米（cd/m²）。

（2）均匀度（uniformity）。均匀度是指从中心到边缘的亮度分布是否均匀。

（3）对比度（luminance contrast）。对比度是背景和图形之间的对比，等于高亮度和低亮度之差，除以高亮度。其公式为

$$C = \frac{L_1 - L_2}{L_1}$$

式中　C——对比度；

　　　L_1——高亮度（cd/m²）；

　　　L_2——低亮度（cd/m²）。

（4）闪烁（flicker）。闪烁是光亮度或颜色脉动所引起的视觉印象。

（5）噪声（noise）。噪声是指存在于图像数据中的不必要的或多余的干扰信息。

（6）颜色（colour）。颜色是光作用于人眼引起形象以外的视觉特性。

4.2.3　主要设备

1. HUD

HUD简称"平显"，是飞机主要的飞行显示器，它把准直的字符信息（如飞行数据、操纵命令符号、射击提示等）投射到飞行员正前方视场中。这种显示方法使得飞行控制和武器投放信息与通过风挡玻璃观察到的外部视觉信息组合在一起，使飞行员能在接收信息的同时看到外景，使飞行员能平视完成导航、武器投放/发射目标标定等操作。

1）基本性能

HUD具备笔画或光栅信息处理能力，以笔画字符的形式显示载机飞行信息、系统工作模式、导航信息、火控系统传感器信息、目标信息和武器系统信息等，对于给定的状态（如起飞、着陆、导航、A/A及A/G武器投放等），采用特定的字符和格式。除了字符形式显示之外，HUD还可以光栅形式显示前视红外成像设备图像，HUD基本显示信息如图4-12所示。

2）HUD光学系统的基本原理

HUD主要由显示组件、电源、安装架等LRU组成，其外形如图4-13（a）所示。其中，显示组件是HUD的核心结构，主要由像源阴极射线管CRT、中继透镜、反射镜和合成透镜等组成，如图4-13（b）所示。CRT显示的图像位于中继透镜的焦平面上，中继透镜、反射镜和合成透镜将图像的每个点发出的光线变为平行光束照射到飞行员观察区域，平行光束的反向延长线指向飞机前方，其方位角和俯仰角按照画面设计要求确定，飞行员实际观察到的是CRT显示屏上图像的虚线，位于飞机前方无穷远处，能使飞行员在观察飞机前方景物的同时可以看清楚HUD显示图像。

3）维护要求

显示组件的侧面有防潮盒，可防止光学器件受潮生霉报废。显示组件的后部经由双矩形插座与连接器连接，并采用螺栓与安装架连接，采用螺钉固定。HUD的维护要求主要有以

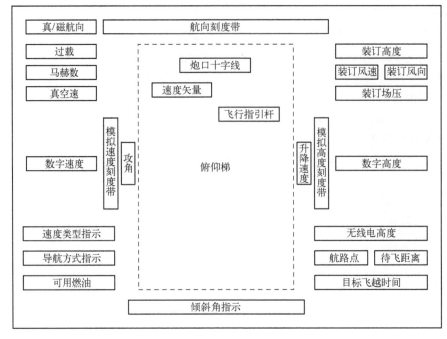

图 4-12 HUD 基本显示信息

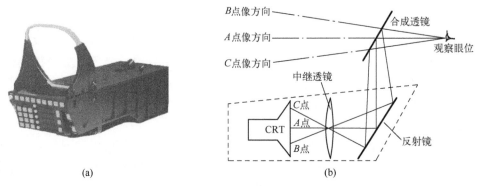

图 4-13 HUD 外形与显示组件结构
(a) 外形图；(b) 结构图。

下几点。

（1）外部光学元件和内部光学元件有无破裂或划伤，若发现内、外光学元件有破裂或划伤，要根据设备维修要求进行处理或更换。

（2）外部光学元件和内部光学元件有无灰尘或污渍，如有按正确清理方法及时清除。如无法清除，需根据设备维修要求进行处理或更换。

（3）检查显示组件与安装架的螺栓、显示组件连接的螺钉有无松动，若发现异常应及时维护。

（4）检查电缆、插头和插座是否正常，检查搭接线和搭接面是否正常，若有异常应及时维护。

（5）检查防潮盒内固体颜色变化，若有异常应及时更换。

（6）检查机械部件外表面喷漆有无脱落，若局部喷漆脱落，要进行修补。

2. MFD

MFD 是飞行员与飞机之间最重要的人机界面之一，安装在飞机的减振主仪表板上，向飞行员提供导航信息、数字地图、EW 信息和非航电信息等，同时作为 HUD 的备份显示设备。MFD 技术发展由传统式小屏幕显示外加 OSB 控制形式，到分区大屏幕显示外加 OSB 控制形式，再到触敏屏显示控制形式。

1) 传统式 MFD

（1）显示屏。一般采用高亮度、高清晰度显示介质为扭曲向列有源矩阵液晶显示器（Active-Matrix Liquid Crystal Display，AMLCD）作为显示屏幕。液晶既具有液体的流动性，又具有类似晶体结构的有序性和各向异性，液晶分子在电场、磁场、温度和应力等的激发作用下，很容易改变其分子排列和取向，由此引起液晶的各种光学性质发生改变，液晶显示器正是利用了液晶的光电效应，在电场作用下对外照光进行调制来实现显示的。

（2）MFD 技术特征。

① 加温控制技术。显示器低温工作时，背光灯管和显示屏都必须加温才能达到正常显示亮度指标和动态性能要求，加温控制精度要求高，时间应控制合理。

② 散热设计技术。显示器工作时，背光灯亮度很高，灯管发热量大，必须采取合理的结构设计，将热量导出。

③ 主要技术指标。主要技术指标有显示分辨率、视场角、显示器刷新率、最大亮度、最小亮度、色度和准备时间等。

（3）MFD 工作原理。显示器采用两路 RS422 或 FC 光纤通信，受控于 BC 和 BBC，其中 BC 是串行通信的主机，BBC 为从机。显示器不断查询 OSB 并将结果通知 BC。BC 发送操作员对显示器的操作信息，根据相关按键，BC 将通过一个串行口给显示器相应的指令或通过视频电缆改变现实画面或数据。显示器接收符合 PAL-D 扫描制式的 R、G、B 差分视频信号，以光栅扫描的形式在液晶显示屏上显示画面。

MFD 面板一般装有视频亮度旋钮、对比度旋钮、日夜开关、亮度传感器，可手动调节视频的显示亮度及对比度，也可通过亮度传感器感受环境亮度以实现显示亮度的自动调节，通过通信亮度和加温控制板实现控制。采样液晶屏的温度传感器信息，对液晶屏在低温工作时进行加温控制，典型 MFD 原理如图 4-14 所示。

2) 分区大屏幕 MFD

根据任务和飞行员需求的不同，分区大屏幕 MFD 既可以显示不同的画面，也可以全屏显示某一飞行员认为在当时比较重要，需要仔细辨认的传感器信息。这种分屏显示技术具有较强的灵活性，在不多占用硬件资源和空间资源的基础上，既可以提供给飞行员丰富的传感器信息，又不影响飞行员把握整个态势和掌握某一特定任务的重点传感器信息。

（1）主要设计原则有以下几点。

① 充分利用增加的面积，提高人机工效。

② 进行显示信息综合，画面简洁。

③ 满足飞行员的使用习惯。

（2）主要技术特征。分屏显示技术的实现，首先是支持多线程的嵌入式实时操作系统，操作系统必须要支持多图形界面的同时运行；其次是图形界面的切换算法，包括分屏显示下界面切换的策略，由全屏转为分屏时的显示策略，特定任务阶段不可替代界面保留策略等。

（3）分屏界面。MFD 主要采用全屏、2 分屏和 4 分屏显示。视频的显示采用全屏和 4 分屏两种方案，MFD 分屏界面如图 4-15 所示。

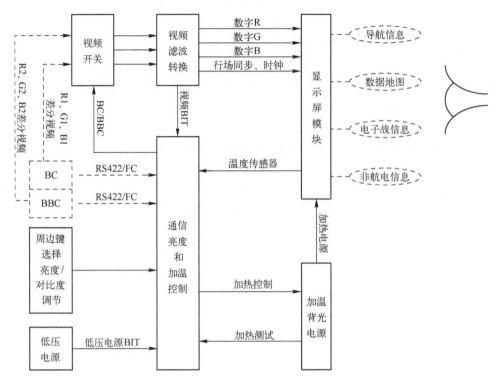

图 4-14 典型 MFD 原理框图

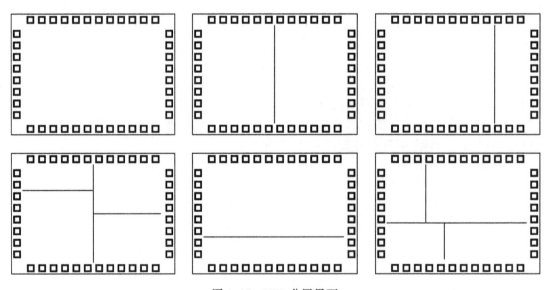

图 4-15 MFD 分屏界面

3) 触敏屏 MFD

(1) 主要技术特征。传统 MFD 多采用了 OSB 技术，多是通过 OSB 完成操作的，由于受到飞行员座舱空间的限制，MFD 本身尺寸就有限，又被 OSB 占用了一定空间，尺寸进一步缩小；用 OSB 对数据项进行修改时，所有数据项必须在 OSB 的周围，并且与 OSB 对齐，这样既限制了可修改数据项的数量，又限制了界面的布局；OSB 体积小，布局分散，且飞行员带手套操作，输入很不方便。在 X-35 飞机座舱显示、控制方案中，采用了新的触敏屏技术，取代了原来的 OSB，采用了新的触敏屏技术后，对 MFD 数据项在显示的地方进行操作，这种操作方式既节约了空间，增大了 MFD 的实际显示面积，又符合平常的操作习惯。

（2）触摸控制设计。触摸屏的特点以及飞行员的实际需求，从合理性和易用性出发，分为以下 3 种触摸方式。

① 点击：与传统的按压 OSB 类似，使用手指点击屏幕上想要操作的某个项目，以确认选择或控制命令输入，为增加点击的响应判断。点击时，点击区域的元素应有所变化，如放射式的十字线或光晕，并有声音提示。

② 长按：在当前操作界面或输入栏长按，可以打开当前界面或可操作单元的操作选项菜单。

③ 拖动：用手指长按想要的项目，然后将项目拖动到屏幕的其他位置。例如，拖动航路点到其他位置，可完成航路点的修改。

主显区可扩展到副显区，MFD 显示界面如图 4-16 所示。

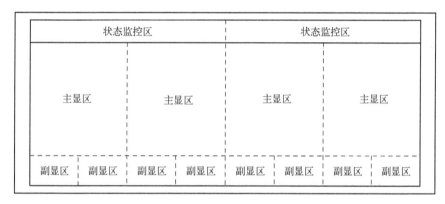

图 4-16 MFD 显示界面

3. FPD

FPD 显示飞机姿态、航向等飞行参数以及进气道斜板位置、总油量、主油箱油量、发动机排气温度和转速等发动机参数；飞机作为加油机时，可通过显示器设定加油量，并在加油过程中显示加油值和吊舱的工作状态。

4. 座舱电视摄像机

座舱电视摄像机（Cockpit Television Sensor，CTVS）用于摄取座舱外界的景象并输至 DCMP，与 HUD 显示信息叠加，由 ARLE 进行记录。任务管理系统负责视频管理，视频叠加在显示终端实现。

4.2.4 使用阶段

按系统任务模式和阶段划分，对系统的显示资源（如 HUD、MFD、FPD、UFCP 和 HMD 等）应用进行定义和分析。其中，HUD 是主要的飞行与作战信息显示器，主要显示飞机导航、火控攻击及系统工作模式等状态；MFD 为辅助显示器，除了显示导航、作战等任务参数外，还可显示飞机系统或设备的数据和状态；FPD 作为备份显示器，主要显示飞行和降级导航参数；UFCP 用于切换模式和修改参数；HMD 作为专用显示器，主要显示近距格斗模式下航向、姿态、导弹准备状态、目标数据和截获状态。显示器使用阶段如图 4-17 所示。

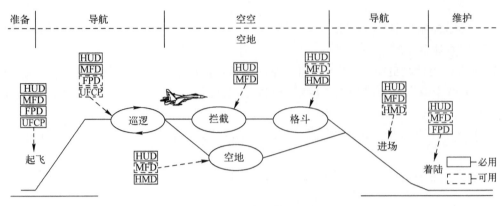

图 4-17　显示器使用阶段

第5章 系统备份与余度管理

随着航电网络技术的进步和信息交互技术的发展,航电网络的规模也在日益庞大,而在整个航电网络中,每个网络节点都有其不可或缺的作用,其中任何一个节点出现故障,都有可能影响整个航电网络的正常运行,需要建立一个可靠、稳定和安全的航电网络系统。在航电网络的设计中,网络节点的模型直接决定了整个航电网络的安全性和可靠性,尤其是当某个网络节点出现故障时,要快速地恢复航电网络功能,并最大程度地减少数据信息的丢失,应提高航电网络系统的安全性、稳定性和可靠性。

5.1 系统备份

5.1.1 概述

一般情况下,在航电系统正常运行过程中要一直去检测关键网络通信设备的工作情况,若检测出某个航电网络通信设备工作状态错误,则认为该设备出现网络故障,此时可能会导致该设备无法正常工作或导致数据丢失。若某个网络通信设备出现故障,则要复位此设备甚至重新启动整个航电网络来恢复,这样会导致数据丢失,严重影响航电网络的安全性和稳定性,应按照飞机工作状态对航电系统功能的影响程度,定义备份和降级处理模式。

5.1.2 系统工作状态

1. 正常状态

在正常状态下,航电系统具备全部的系统功能,它是通过余度设计、备份设计或系统重构保证任务能力不损失的状态。

2. 降级状态

在降级状态下,航电系统的部分任务能力缺失,但仍能通过其他手段执行任务,任务完成的效率下降或飞行员负担增加。

3. 应急状态

此时航电系统已不能执行任务,只保证飞机的应急显示能力、应急控制能力、应急通信能力和应急导航能力。

5.1.3 备份模式

按照任务的功能、性能、优先级和重要程度,综合任务可靠性进行备份设计。备份方式一般有热备份和温备份两种方式。按照系统控制层级划分,备份可以分为任务级备份、功能级备份和设备级备份，通常采用双机备份机制。

1. 备份方式

1) 热备份方式

热备份方式要求主模块和备份模块同时运行相同的功能，接收同样的数据，进行同样的处理，只是没有输出、输出被切断或接收方不使用该模块输出的数据，由飞行员手动或系统自动进行主、备份模块的选择，当备份模块转为主模块时，可以无缝实现，没有中间转换过程。系统控制类关键任务要求故障恢复速度快，且要求系统状态连续的任务采用热备份方式。

2) 温备份方式

温备份方式是备份模块仅加电，应用软件也已经加载完毕，但不处于运行状态，仅接收计算结果，此时备份模块转为主模块，软件需要重新启动和初始化，有中间转换过程。普通计算任务及故障恢复速度比系统控制类任务要求低的任务，采用温备份方式。

2. 备份层级

1) 任务级备份

这是为了实现飞机作战任务和任务样式而进行的备份。例如，为了实现导航引导任务，在 INS 故障时，能够使用航向姿态系统提供的飞行航向和姿态信息与 ADC 提供的大气数据推算进行飞机驾驶和导航。

2) 功能级备份

这是根据任务模式及对系统功能的需求，在系统功能上进行的完全备份或降级备份。例如，在惯性导航组件与航向姿态系统均故障时，能利用应急磁罗盘和应急地平仪为飞行员提供飞机应急航向和姿态信息进行驾驶和导航。又如，短波话音电台故障时，可以使用超短波数传电台做话音实现通信功能，但此时要中断数据通信。

3) 设备级备份

这是对设备的启动、显示、工作模式修改、工作参数修改等功能的备份。例如，设备的自动启动模式和手动启动模式；MFD 备份 HUD 信息显示；MFD 画面相互调用；设备的自动工作模式和手动工作模式，在设备自动数据加载无效时，手动输入数据。

3. 备份机制

双机备份是最通用的一种备份方式，其实现机制从广义上来说，双机备份机制就是使用两台机器分别运行两个相对独立的任务，一般采用两台设备分别处于激活状态和备份状态，但彼此均设为备机。在正常工作状态下，备份设备不参与工作，当一台设备出现故障时，备份设备才转化为激活状态，可以由备份设备承担任务，取代原设备参与工作，从而在不需要人工干预的情况下，自动保证系统能持续正常地执行任务，这种方式的双机备份机制称为 Active/Active 模式，也称为"双机互备"。

双机备份机制由备用机器解决了在主机故障时服务中断的问题，双机备份机制一般情况下需要有共享的存储设备，但在某些情况下也可以使用两台独立的存储设备。从狭义上来说，双机备份机制特指基于 Active/Standby 模式的热备份，重要数据同时往两台机器写或者使用一台共享的存储设备，在同一时间内只有一台机器运行，另一台机器处于休眠状态。当主机出现故障无法正常执行任务时，另一台备份机器会通过软件侦测（一般是通过心跳监听）将 Standby 机器激活，并立即读取备份数据及状态信息，以保证运行于系统上任务的连续性。

Active/Active模式指的是任务运行方式而不是机器状态，简单地说，Active/Active模式就是两个Active/Standby模式分别运行在两台机器上，不论是哪种模式的双机备份机制，它们实现的关键都依靠于故障检测。故障检测是双机备份软件的任务，检测点的多少决定了双机备份软件在功能和性能上的优劣，检测分为系统级、应用级和网络级3个层面。其中，系统级检测主要通过双机热备软件之间的心跳提供系统的检测功能；应用级提供用户应用程序、数据库等的检测功能；网络级检测提供对网卡的检测及可选的对网络路径的检测功能，因此称为全故障检测能力。实现双机备份机制的另一个关键之处在于数据的同步。

5.1.4 余度设计

余度设计（Redundancy Design）是为了提高某功能的可靠性，使用多于一种途径来完成一个规定功能，重复实现该功能的方法。为了保证飞行安全，飞机主要功能系统应进行系统故障树分析，对关键部位、关键部件（设备）、关键功能等采取余度设计方案，消除单点致命性故障模式，当余度部件的共用模式故障概率能满足要求时，就能满足余度要求。

1. 基本要求

航空电子系统中大多数RT设计成双余度，一般超大规模集成芯片均支持这种工作方式，主要余度设计要求有以下几点。

（1）对影响安全的功能应尽可能采取故障/工作或故障/安全的设计策略，至少应采取故障/安全的设计策略；对影响任务的功能应考虑完全备份或降级备份。

（2）应在任务可靠性分析基础上，采用适当相似、非相似的热备份或温备份余度结构进行设计，以保证实现飞机的任务可靠性并充分发挥其作战效能。

（3）对影响安全的冷备份功能应采取自动转换方案，对影响任务的冷备份功能至少应提供快捷的手动转换方案。

（4）采用余度设计时，各分系统应能用独立电源，主系统和余度系统的电路不得通过同一电源干线供电。

2. 余度技术

余度设计中一般采用硬件余度、软件余度、时间余度和信息余度4种技术。

1）硬件余度

硬件余度是指通过为系统增加硬件设备来求得系统的容错能力。常见的硬件余度结构有备份工作结构和表决监控结构，典型硬件余度结构如图5-1所示。

2）软件余度

软件余度是指为系统增添用于管理系统错误的程序来获得系统的容错能力。

3）时间余度

时间余度是指以牺牲一定的系统时间来获得系统的容错能力。

4）信息余度

信息余度是指在系统内增添一些信息，以提高系统的容错能力，如数据传输的校验信息。

3. 余度设计

余度设计主要用于总线、任务管理、通信、导航、显示等方面。

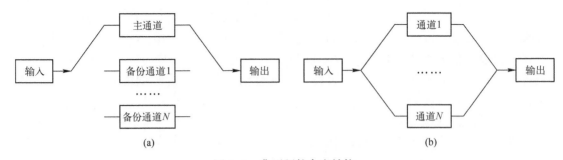

图 5-1 典型硬件余度结构

(a) 备份工作结构；(b) 表决监控结构。

1) 总线余度

总线余度是指数据通路的余度以及在输入输出装置和处理器内部实现的余度。

(1) 总线电缆余度。数据总线电缆既可以是单根没有余度的双绞屏蔽电缆、光纤电缆，也可以是使用了余度的多根电缆。仅使用单根电缆做数据总线比较少用，特别是在使用单根电缆的地方往往需要更复杂的系统控制。系统控制应该检测及隔离错误和故障，并从错误和故障中恢复，以保证在任务器件有最多的终端可以在总线相互通信，总线电缆余度如图 5-2 所示。

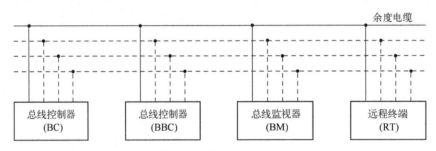

图 5-2 总线电缆余度

常用的数据总线余度实现技术有备份余度（在用两根电缆形成双余度总线配置时使用）和工作余度（在用不少于三条电缆形成多总线工作配置时使用）。采用备份余度技术时，一条电缆用于发送和接收，其余电缆处于备用状态。采用多总线工作余度技术时，数据的传输可以同时在所有电缆中进行。

为了保证关键性飞行任务的可靠性或任务的成功，像飞行控制这样的系统则需要更高的余度，或需要同时发送多组同样的数据，然后进行比较或表决，在这样的系统中，通常使用多条工作总线的配置。

(2) 系统余度。系统余度实现系统的余度控制，系统余度结构如图 5-3 所示。

(3) 接口余度。接口余度是总线的接口余度控制，接口余度结构如图 5-4 所示。

2) 任务管理余度

任务处理关键功能采用热备份，单个模块故障不影响系统正常工作。当任务管理功能丧失时，系统应能保证基本通信、导航和显示能力。

3) 通信余度

超短波和短波话音互为话音备份，可实现话音通信的余度或备份管理。

4) 导航余度

惯性导航设备采用双备份配置。BD、GPS、GLONASS 互为余度并且两个作为自主导航

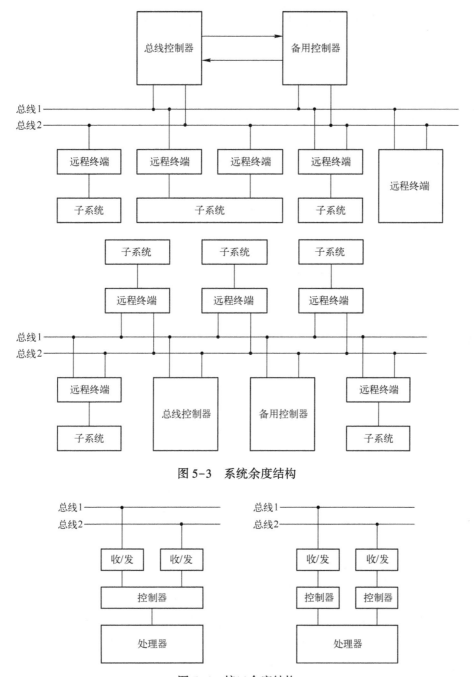

图 5-3 系统余度结构

图 5-4 接口余度结构

的位置备份。FPD 作为应急状态飞机姿态的备份,可保证位置 4 余度,姿态 3 余度。

5) 显示余度

下视显示器可作为 HUD 的备份,单舱两个下视显示器的画面应能互相调用,后舱显示器是前舱的备份。

4. 设计实例

多种飞机上的使用经验已经证明,在电子设备综合系统中,采用双余度技术是很合乎需要的，系统设计者仍应按照实际的应用情况来决定是否选用余度及实现余度的等级。电传控制分系统采用3轴4余度配置，由传感器、控制显示设备、电传控制计算机和伺服作动装置等部件组成。电传控制分系统用于完成对飞机纵向、横向和航向的主操纵面（平尾、副翼、方向舵）以及辅助操纵面（前翼、前缘襟翼、襟副翼）的控制。

电传操纵系统有两方面的功能，一方面感受飞行员操纵驾驶杆、脚蹬等给出的操纵信号，放大并传递到各个气动操纵舵面上，以控制飞机的舵面运动，从而实现对飞机姿态、飞行轨迹、飞行速度的控制；另一方面，在自动飞行状态，接收自动飞行控制计算机的输出，操纵各个舵面。电传操纵系统是最重要的飞机系统之一，其工作性能的好坏直接影响着飞机的飞行性能，关系到飞机的飞行安全，一般会采用硬件多余度结构，保证操纵的可靠性。

电传操纵系统由电传操纵计算机、传感器、执行机构、显示和操作装置等组成，电传操纵系统通常采用硬件余度结构提高系统可靠性，典型的4余度电传操纵系统组成如图5-5所示。

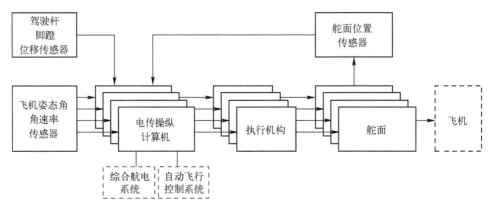

图5-5 四余度电传操纵系统组成

传感器包括角速度（俯仰角、倾斜角、偏航角）传感器、迎角和侧滑角传感器、静压和动压传感器、线加速度传感器（侧向、法向），测量飞机运动和姿态变化，并转换成电信号输出。

电传操纵计算机为LRU/LRM，其功能主要包括：①接收传感器信号、杆位移传感器信号等，进行控制律计算，输出驱动执行机构的控制信号；②余度配置与管理功能，利用软件或硬件方法对系统各单元进行监控，实现对故障单元的故障检测和隔离，并对系统中的故障表决算法和功能单元进行重构；③与综合航电系统交联，向综合航电系统输出电传系统的状态和故障信息，接收综合航电系统输出的参数设置等信息；④与AFCS交联，接收AFCS的控制指令，向后者输出状态信号；⑤提供机内检测接口与激励信号，完成机内BIT功能，并输出系统状态信息。

执行机构主要由舵机和液压作动筒组成，它是将电传操纵计算机的控制信号转换成机械位移的执行机构，为舵面的偏转提供驱动力。舵机分布在平尾、方向舵、前缘襟翼、襟翼和副翼等各个气动舵面上，其输出力矩不足以直接驱动舵面偏转，所以需要通过液压作动筒进行力放大，即由舵机控制液压作动筒最终驱动舵面。

舵面位置传感器用于测量舵面的偏转量，反馈给电传操纵计算机。杆位移传感器分别与驾驶杆和脚蹬集成在一起，用于测量飞行员操纵驾驶杆和脚蹬的位移量，传输到电传操纵计算机。

5.2 余度管理

航空电子系统应具有较强的系统容错和重构能力，在飞机系统的设计过程中，应对主要功能的故障模式及危害性进行分析，对关键部位或部件（设备）、关键功能等采取余度设计，采用双/多通道、降级备份和功能替代等手段实现系统余度设计，以消除单点致命性故障模式，从而确保信息安全和任务可靠。飞机在飞行和执行任务过程中发生故障时，能够根据故障情况切断失去功能的 LRU/LRM，并自动连接备用的 LRU/LRM，使系统恢复全部或部分功能。采用系统可重构、模块可重用设计思想，提升航空电子系统的开放性与易升级性。

5.2.1 监控机制

在正常使用过程当中，需要的是一个稳定、可靠和高速运行的航电网络系统，目前绝大部分的航电网络系统都是采用中心服务器的网络模式，即其中一个航电网络服务器提供数据源和某些处理信息，其他设备从网络服务器获取自己需要的数据信息。基于此模式，航电网络服务器的高可靠性、高安全性和高可用性是航电网络安全运行的关键，一旦航电网络服务器或者其他重要的外设出现了故障，网络提供的服务就会出现异常，并有可能丢失关键性的数据，影响整个航电网络的正常工作，从而出现严重的后果。应在航电网络出现故障的情况下，尽快恢复整个网络的正常运行并保证航电网络数据的安全，在现有的航电网络中，通常采用"心跳"或者"握手"机制来监测航电网络通信设备的网络运行状态，即相互按照一定的时间间隔发送通信信号，检测各自航电网络节点当前的运行状态，来判断网络系统是否工作正常。

1. 心跳机制

分布式系统架构中有多个节点，有的是多个不同的服务节点，有的是多个相同的服务节点，这些节点分担着任务的运行、计算或程序逻辑的处理，一个节点出现故障可能导致整个系统无法工作，心跳机制就应运而生，心跳检测类似于 ICU 患者的心跳检测仪，对被检测者起到一个监测的作用。以固定的频率向其他节点汇报当前节点状态信息的方式，收到心跳后一般认为当前节点和网络拓扑是良好的，汇报时也携带上元数据等信息，方便管理中心进行管理。

2. 握手机制

通信设备之间任何实际应用信息的传送总是伴随着一些控制信息的传递，它们按照既定的通信协议工作，将应用信息安全、可靠、高效地传送到目的地。在计算机的概念中，握手预示着硬件或软件确立或维持两个机器或程序在同步中，握手经常需要两个系统之间信息或数据的交换，控制器发送状态确认信号，终端回复状态信息，握手协议就是在两台设备通信之前互相确认状态，然后互相传送信息。

5.2.2 容错

容错是指系统即使出现故障、错误、失效后仍能正确地完成指定功能，容许出现故障、错误、失效的能力。容错技术是通过余度技术提供系统对故障和错误的抵御能力。

1. 故障

故障是由设计错误、制造错误、损坏、疲劳、外部干扰等原因所导致的设备异常工作状态。

2. 错误

错误是故障在系统中的表现，是指系统中部件状态偏离了预定值或允许误差值。对于系统中的部分错误，应防止其扩散以影响系统的其他部分工作。

3. 失效

失效是指系统（部件）由于其组成部分或工作环境出现错误，而不再能够完成预定功能，失效可分为独立失效和相关失效。

（1）独立失效。如果一个失效不会直接或间接地引起其他失效，则该失效称为独立失效。

（2）相关失效。相关失效是指一个失效触发多个部件失效或直接、间接引起其他失效。

5.2.3 重构

系统重构的事件主要有两种：一种是系统工作模式发生变化；另一种是系统故障。实现重构的关键是，建立有效的故障报告机制和完备的重构方案，应能对系统进行实时监测，确定哪些资源正在正常运行，哪些资源出现故障，并针对具体的故障有相应的重构方案。

1. 重构方式

重构一般有备份重构和降级重构两种方式。

1）备份重构

备份重构是用功能等同的备份模块替代失效模块，通过在备份模块上重新运行失效模块的软件来实现，该类处理无功能损失，操作较简单。

2）降级重构

降级重构是在模块出现故障后，当前资源池中无备份模块可替代故障模块时，不能保障备份处理有效的情况下而进行的处理操作。系统降级处理将保证高优先级功能，牺牲低优先级功能。运行时，需先进行航电系统各任务优先级仲裁（Priority Arbitration）操作，重新分配低优先级功能所用模块以便保证高优先级功能。系统在正常模式下，根据资源最大可用性，保障系统的稳定运行；在降级模式下，仅保证系统最小资源集工作。

2. 重构设计

系统重构在构架层面应具备可扩展性，算法可升级，模块即插即用等功能，系统架构的可重构、开放式特性设计思路如下：

（1）使用明确的、广泛使用的接口与协议。

（2）采用硬件与软件分离设计，注重功能软件化，尽量减小系统功能对硬件的依赖性，降低系统升级所带来的硬件成本。

（3）功能模块按耦合度最小化原则进行划分，以实现局部功能升级不影响系统整体构架变化。

（4）通过增加或更换更高性能的模块实现系统的扩展或升级，并且对系统影响最小。

(5)对软件、硬件,模块内、模块间、机架内、机架间等各层面选择并制定有约束力的标准规范,保证各个层次的设计可独立升级、独立增减,不会互相影响,支持系统可扩展性和可升级性。

(6)系统资源灵活配置。

(7)可编程特性设计。

(8)利用系统软件调度提升扩展性。通过系统软件调度与系统综合控制,一方面提升装备故障弱化能力,在少数通道出现故障时,通过资源的重新配置使系统能力不丧失。另一方面,在硬件不增加的条件下具备扩展瞬时带宽的潜力,利用软件调度实现系统性能的提升。

(9)硬件及总线基础架构。基础架构是指系统运行基础,与系统功能相对独立的部分,包括供电方式、数据总线、控制总线、模块物理外形、模块电气接口、集成电子机架、背板系统。基础架构不仅是系统架构的基础,也是功能模块(硬件和软件)的基础,支撑系统模块化、标准化及开放式设计。基础架构的方案设计应考虑这几方面:①总线选择。②采用集中和分布式供电。③机架模块互联方式。

(10)扩展能力。开放式构架需要采用通用串行总线,单模块性能升级后因采用了标准通用总线接口而可直接挂入总线,提升系统性能的同时不需要系统其他部分进行改进;也可新增模块利用预留的总线接口,将新增的功能模块直接挂入总线,这种方式在提升系统性能的同时仅需对系统内部母版等局部进行改进。

3. 网络重构设计实例

FC通信网络可采用双余度星型结构,每个FC节点机具有介质访问控制(Medium Access Control,MAC)层双余度,分别与不同的交换机相连,初始状态下所有数据都在A网传送,交换机收集所有端口的在线/离线信息,并定期将该信息发送给所有的FC网络通信接口,如果将该信息发送给所有的FC网络通信接口,A通道出现异常,则与该通信接口相关的消息切换到B通道进行传送,仍然维持原有通信状态。类似地,如果某个FC网络通信接口的B通道出现异常,则与通信接口相关的消息切换到A通道进行传送,切换情况与切换次数与消息相关,只要切换后所有消息都能够进行正常传输,就不必通知应用,典型网络重构方式如图5-6所示。

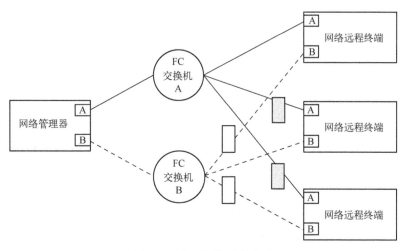

图5-6 典型网络重构方式

第 6 章 系统时间与网络通信

现代战机强调航空电子系统的高度综合化以及编队协同作战能力，战斗机的使用也朝着多用途及体系作战等方向发展，而高精度的时间同步是其实现的基础。时间同步的对象范围从单平台设备之间扩大到编队内飞机平台及编队外其他平台，时间同步的精度需求也从以往的毫秒量级提高到微秒乃至纳秒量级，时间同步应兼顾飞机平台内部时间同步和编队时间同步。

6.1 系统时间

6.1.1 时间定义

系统时间可以分为绝对全局时间（Absolute Global Time，AGT）、绝对本地时间（Absolute Local Time，ALT）和相对本地时间（Relative Local Time，RLT）。对于任务重要程度（关键、重要、一般）的不同，对系统响应的速度要求也不同，对时间服务的精度要求也不同，时间服务的精度指标有分辨率、精度和范围等。

1. AGT

绝对全局时间是载机与外部的指挥系统、编队友机共同遵守的日历时间，应提供年、月、日、时、分、秒时间。系统只有在决定事件相对次序的时候才关注时间，时间会偏移，需要某种程度的全局时间或全局排序的协议，全局时间用来给进程和数据提供时间标记，其时钟可分为物理时钟和逻辑时钟。

1) 物理时钟

物理时钟是最直接的计时方式，当事件发生时用进程当时的物理时间值作为时间标记，记录事件的发生时间，所有事件根据这个时间标记排序，如果所有时间都来自同一个时钟，那么这个顺序与实际事件的顺序是相同的。物理时钟为系统内进程和服务提供某种程度的全局同步时间。机载计算机中时钟可通过石英晶体、计数寄存器、常数寄存器和滴答计数器来实现。

(1) 集中式物理时间服务。

① 广播式。在基于广播的集中式物理时间服务实现方式中，时间服务阶段性地向分布式系统中的成员广播当前时间，各成员考虑了网络传输时间造成的延迟后，与接收到的广播时间相比较来估算它们的时钟，并随之调整自己的本地时钟。

② 请求驱动方式。每个成员向时间服务器发出一个要求当前时间的请求，时间服务器返回它的当前时间成员计算自己的时钟与从时间服务器返回的时间之间的差值，这个差值就是调整时间。

(2) 分布式物理时间服务。某一位置的成员广播了它的时间后，就启动了一个计时器，然后开始收集它所接收到的时间消息。每个到达的时间消息附加本地的当前时间标识，这个过程持续到计时结束为止。计时结束时，每个消息均调整为从消息源到本地网络的延迟时间。

2）逻辑时钟

逻辑时钟是只涉及相对时间和保持逻辑一致性的时钟。逻辑时钟有标量时钟、区间时钟、向量时钟和矩阵时钟4种。逻辑时钟与物理时钟不同，它不是对事件发生的时间进行量化，而是对事件之间的因果关系进行量化，构造一个逻辑时钟系统需要做两点：①确定每个进程上用什么样的数据结构来表示逻辑时间。②制定一组规则来维护逻辑时钟，使得它满足一致性条件。

2. ALT

ALT是载机的本地时间，比AGT具有更高的分辨率。ALT主要用于机载系统应用同步与调度。

3. RLT

RLT应比AGT和ALT具有更高的分辨率。RLT主要用于紧耦合计算过程中的紧同步。

6.1.2 时间作用

1. 航电系统时间的作用

航电系统时间主要有以下几方面的作用。

（1）用作时间敏感过程（时标）子系统之间的同步参考。在一个时间敏感过程执行期间，子系统之间的同步必须精确到一定精度范围以内，这是通过时间标签同步机制来完成的，并且用MBI卡内实时时钟（Real Time Clock，RTC）实现。RTC为航电系统同步和维护提供时间参考，每个连接到航电多路总线终端的MBI卡都有一个RTC。

（2）系统中的日历时间用作任务时间参考。飞行员在正确输入的情况下，输入参数在一定精度范围内，在一个预定时间（日历时）把飞机送到目标地点，提供任务时间参考。

（3）维护故障记录参考。维护故障记录的参考时间（维护时间）是在一次飞行期间故障记录的参考，时间的绝对值不是关键性的，只有在两次故障之间时间的先后次序才是重要的。

2. 航空电子定时

1）飞行员响应时间

（1）从指示灯亮的瞬间到飞行员按在按钮上的手指压下观察到灯光变化的那一瞬间之间的时间，称为马达反应时间，平均马达反应时间是150ms。

（2）飞行员看清他已经观察到的字母行和数字行所需要的时间至少是500ms。如果数字修改所需时间少于500ms，飞行员就不可能识别两个连续出现的数字。因此，UFCP、MFD和HUD上的字符显示只能500ms以上更新一次。

（3）移动显示元素时，只有显示元素以120ms或更短的时间更新，飞行员才能感觉到"连续"运动。

(4) 当两个事件在100ms内发生时，被当作同时发生。

上述时间既不包括飞行员搜索观察点的时间，也不包括飞行员弄清信息并决定做什么以及飞行员移动视线和手指到达按钮所需的时间。

2）时间延迟

时间延迟是从输入信息被修改的时刻起，到期望结果出现在一个或几个输出端的时刻为止的时间，系统延迟主要存在以下几点。

（1）每个子系统中都有几个附加延迟时间。例如，接口装置部件延时（如传感器、符号发生器、投放继电器等）；输入输出控制器延时（包括模拟—数字、数字—模拟或数字通道采样周期）；子系统处理器计算周期。

（2）DCMS中存在的延时。例如，HUD符号发生器延时、MFD符号发生器平均延时、UFCP一行新显示的延时、输入控制器（座舱中开关及MFD和UFCP的开关）延时、处理器基本计算周期。

（3）军械响应时间。每类武器都有它自己的响应投放信号的时间，必须考虑在武器接口部件中投放继电器的延迟时间。对于炸弹的投放或投弃，应加上挂架延迟时间。

6.1.3 时间同步

在系统设计中，要达到实时的任务性能要求，系统时间同步是一个关键因素，因为通信周期需要有共同的时间参考，为校正使用的数据时标也需要共同的时间参考，航电系统可通过BC或光纤网络交换机来完成系统时间的同步。

1. 周期性事件和非周期性事件

在系统中，工作任务分为周期性事件和非周期性事件两类。

1）周期事件

周期事件（Periodic Event）是以特定时间间隔重复发生的事件，系统按照任务要求的时间有规律地执行。周期事件如总线询问、周期响应、数据收集等，系统采用周期性地执行。

2）非周期事件

非周期事件（Aperiodic Event）是以不确定的或不定期的时间发生的事件，其执行时间和出现次数是无规律的随机事件，多为触发事件。

2. 大周期与小周期

1）大周期

大周期（Major Trjcle）也称为大帧（Major Frame），是调度的时间间隔，其间所有周期性传输或周期性计算至少发生一次。大周期要分成称为小周期的若干个子周期。

2）小周期

小周期（Minor Cycle）也称为小帧（Minor Frame），是调度的时间间隔，其间发生频率最高的周期性传输或周期性计算应出现一次，或为频繁发生的传输或计算的调度间隔，可能要求多个小周期形成一个大周期。在多路传输系统中，常用实时时钟中断的方法来启动下一个小周期。

3. 系统时间同步

航空电子系统中的各个子系统在运行时会有一定的时间差，在此问题上设计出"时间同步机制"来解决这一问题。为了使各个子系统之间的时间同步，每个子系统上应安装一个实时计时器，自动进行计数，然后由总线对子系统的数据相互传达，子系统进行计算并计算出与总线的误差，从而进行调整。时间同步机制保证了飞机各系统的同步性，对飞机的作战和飞行都起着很大的作用。

1) 时间同步机制的建立

在航空电子通信系统中，每个子系统都拥有能够独立工作的计时时钟，它们之间会存在一定的时间误差，为了保证子系统之间传输信息和执行实时任务的同步性，必须建立时间同步机制，统一整个通信系统时间。这里所说的时间统一，不仅包括上电之后能够在短时间内迅速达到统一，还包括飞行过程中始终保持统一。时间同步机制将大幅度提升航空飞行效率和稳定性，并确保子系统在有序进行的前提下工作，实现步伐统一和指挥统一。

2) 时间同步机制的原理

RTC 和时钟分辨率是航空电子通信系统各个子系统中安装的设备，每个 RTC 的长度均一致，在上电后它们会自动计数。依照整个系统和子系统 RTC 精确度的要求，计算出 BC 的 RTC 广播周期值。通过系统 BC 向子系统周期性地广播 RTC 值，各个子系统根据此周期计算自身 RTC 与总线 RTC 间的误差，得出误差后的修正时间，并按照此时间执行实时任务。航空电子通信系统 RTC 精确度的要求越低，周期值越大，反之越小。

3) 系统授时

系统授时分为手动授时、卫星授时和机间授时3种。

（1）手动授时。通过飞行员手动输入时间同步系统时间。

（2）卫星授时。卫星时间信息以 1Hz 的频率向航电系统控制器 BC 发布卫星时间。

（3）机间授时。指挥系统发布系统时间基准消息，用于载机与指挥系统、编队友机、编队成员以及载机各系统之间的时间同步，满足航电系统任务处理的时间要求，应具备守时、对时和时统能力。

4) 时间同步方法

在系统设计中，要达到实时的任务性能要求，系统时间同步是一个关键因素。因为，通信的周期特性需要有共同的时间参考；为了校正延迟使用的数据时标也需要共同的时间参考，应确定统一的时间同步方法。时间同步保证在启动周期性的大周期和各个小周期时，时间上一致，它用于启动紧急消息，或用于给消息加时标以表示消息建立、传输或接收的时间。

（1）实现系统时间基准的两个常用方法：①第一，使用硬线离散信号把主时钟脉冲输出给各个子系统；②第二，使用数据总线上的消息周期性地同步各子系统中独立的定时器。

（2）通过数据总线消息进行同步的方法有3种：①不带数据字的同步方式指令；②带数据字的同步方式指令；③包含时间或复位数据的数据消息。

4. 数据延迟分析

数据延迟是指在数据传输和处理过程中，数据从传感器或数据源到使用算法进行处理为止或数据接收端所经历的时间，系统对延迟的影响在于数据传输和缓冲过程。在系统中，分析和控制延迟要考虑的因素包括以下几点。

（1）BC 处理数据到传输数据的延迟以及从 BC 接收数据到使用数据之间的延迟，BC 设置的处理机中断予以响应的时间产生的数据传输延迟；数据总线协议的附加开销时间，包括指令字、状态字、消息间隔和响应时间；总线负载中帧同步时间、查询时间和其他固定的因素可以加到传输延迟中。两种数据总线之间的数据传输，数据的缓冲和重新传输也增加了延迟；总线负载中的动态因素（如数据帧溢出、错误和故障的处理等）。

（2）处理时间引起的延迟，大部分情况应在一个小周期输入数据，在下一个小周期进行处理，在第三个小周期发送数据。这样输出数据会增加一个小周期的时间延迟。

（3）时间标记和数据外推是用于补偿时间延迟的常用技术。如果时间延迟不可接受，可采用时标（如数据采样时间的数据字，该时间以同步的系统时间为参考）。

（4）保证紧急消息在规定的小周期内发送，可以将延迟降低到某一容限内。

（5）由于主机的响应时间、帧长度的变化或时钟的不稳定性和分散性，而引起的数据到达时间和使用时间的不确定性必须予以分析。

（6）性能要求中通常对数据延迟有上限要求，称为最大数据延迟。为了确定系统是否满足延迟要求，要将所有最坏情况下产生的延迟相加，并将该和值与允许的最大数据延迟进行比较。

5. 时间延迟补偿

时间延时补偿有以下几点基本要求。

（1）预测算法补偿时间延迟（T_1+T_2）。计算开始时用的输入 T_1 是真实时间的输入，输出到达真实时间是在处理器部件开始计算这些输出 T_2 之后。

（2）不必补偿定时要求不苛刻的那些信号。

（3）定时容差为-10~10ms 的信号，可以使用时间同步或中断。其中，同步是使两个事件在同一时间或以一个精度的时间差发生的一种方法。中断是当块参与的过程为事件紧急过程时，中断可能被使用，中断还可用作防止重写的一个方法，建议最少地使用中断，因为中断的使用增加了软件设计的复杂性。

（4）定时精度为-1~1ms 的信号，可以使用时间标记同步过程。

6.1.4　VxWorks 系统时钟管理

1. 时钟管理功能

时钟管理提供以下几点功能。
（1）维护系统日历时钟。
（2）在任务等待消息包、信号量、事件或内存段时的超时处理。
（3）以一定的时间间隔或在特定的时间唤醒或发送告警信息到一个任务。
（4）处理任务调度中的时间片轮循，这些功能都依赖于周期性的定时中断，离开实时时钟或定时器，硬件就无法工作。

2. 时钟管理的系统调用函数

tickAnnounce( )	通知系统内核时钟"滴答"
tickSet( )	设定内核时钟计数器值
tickGet( )	得到内核时钟计数器值
timer_create( )	创建时钟
timer_gettime( )	获得时钟器给定值的当前剩余值

timer_settime( )	设定时钟值
timer_connect( )	联系用户函数和时钟信号
timer_cancel( )	取消一个时钟
sysClkRateSet( )	系统时钟速率设置

3. 看门狗定时器

VxWorks 看门狗定时器作为系统时钟中断服务程序的一部分，允许 C 语言函数指明某一时间延迟。一般来说，被看门狗定时器激活的函数运行在系统时钟中断级。然而，如果内核不能立即运行该函数，函数被放入 tExcTask 工作队列中。tExcTask 工作队列中的任务运行在最高优先级 0。

看门狗定时器调用函数：

wdCreate( )	分配并初始化看门狗定时器
wdDelete( )	中止并解除看门狗定时器
wdStart( )	启动看门狗定时器
wdCancel( )	取消当前正在计数的看门狗定时器

6.2 网络通信

网络通信应按照 TLD 及 DD 和 ICD 文件的规定，实现系统之间的数据传输，数据必须在 ICD 规定的最大时间延迟内传输，并保持 RTC 同步。

6.2.1 技术特点

1. 网络通信特性

1）实时性

实时性是指任务在规定的时间间隔内能够完成规定动作或者做出及时响应的能力，实时性与任务调度策略是相关的，具有实时性保障机制的系统称为实时系统。

2）带宽

应用之间相互通信，必须考虑物理平台能够提供的实际通信带宽。

2. 基本要求

网络通信应满足以下几点基本要求。

（1）网络通信应符合总线通信协议的规定。

（2）通信系统应尽可能独立工作，与航电各子系统的耦合和对宿主子系统资源的负载应尽量小。

（3）通信系统必须灵活，便于修改。

（4）通信系统协议（协议是数据传输规则的集合）。

（5）通信系统模块（硬件及软件）应能保证按协议传输数据。

6.2.2 MIL-STD-1553B 网络通信

1. 软件层次结构

1553B 系统通信由应用层、驱动层、传输层、链路层和物理层 5 层来实现，其中物理连接仅在最底的物理层，其他层调用较低层的服务在逻辑上进行通信。应用层、驱动层在宿主计算机中执行，传输层、数据链路层、物理层在 MBI 模块中实现，软件层次结构如图 6-1 所示。

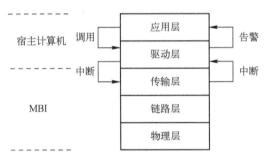

图 6-1 软件层次结构

1）应用层

应用层是最高层，负责处理管理功能和表达功能，其中管理功能包括启动、维持、重构、终止总线通信。表达功能解释所有交换数据的意义，核实、标度并格式化字及消息。应用层的所有要求应在 ICD 中作出规定，并在每个子系统的处理中执行。应用层数据传输类型主要有周期数据传输、事件数据传输、维护数据传输和 BC 控制启动的传输 4 类。

（1）周期数据传输。应用层完成表达功能，不增加任何控制任务，除启动或停止含有事件的数据传输外，不需要特别的协议。

（2）事件数据传输。事件数据传输可以分为 3 种：①维护数据的数据总线上的通信传输；②由 BC 启动的数据传输；③由其他子系统启动的数据传输。

（3）维护数据传输。由于维护数据传输的优先级是最低的，每个子系统都准备发送并存放维护数据消息，维护数据存放在每个子系统中的，所以维护消息没有到达它的目的地可以重复传输。

（4）BC 控制启动传输。由 BC 启动数据传输时，BC 采用从目标子系统获得反馈信息的方法检查数据传输的有效性。当数据传输未正确完成，有故障时，应通过 BC 中的故障处理任务去进行处理，BC 控制启动的传输有 3 种：①BC→RT 的数据传输；②RT→BC 的数据传输；③RT→RT 的数据传输。

2）驱动层

驱动层提供应用层和较低层之间的软件接口，较低层在 MBI 卡中执行，应用层和驱动层在宿主计算机（CPU 和存储器卡）软件中执行。根据应用层管理功能的要求，驱动层控制 MBI 卡的功能，包括启动、运行、停止、连接、脱离连接、启动 BIT、监视 MBI 状态、传送数据。驱动层控制 MBI 和宿主机存储器之间的数据交换、定界和同步数据传输。

3) 传输层

传输层控制总线上的通信，主要是在 BC 的 MBI 卡中执行。传输层的任务是规定在物理层上每个消息的访问顺序。传输层的任务包括故障处理、主要的和备用的总线通道间的转换及同步。

4) 数据链层

数据链层控制每条消息的传输顺序，它是一个命令/响应协议。一条消息的传输是由一个命令字启动的，消息还应包括一个状态字和若干数据字，对于 RT 到 RT 传输的情况，一条消息包含两个命令字、两个状态字和若干数据字，数据链层检查通信错误并报告给驱动层。

5) 物理层

物理层处理在物理介质上位流的传输，并确保只有满足规定物理传输特性的信号能被传送到数据链层。物理层主要规定了传输特性和物理介质。

（1）传输特性包括信号调制形式、位传输速率、编码方式、字长和传输方式。

（2）物理介质包括传输电缆、耦合方式等。

2. 系统网络通信

各单元之间通过互连数据总线完成系统功能的集成，进行分层通信传输。系统网络通信如图 6-2 所示。

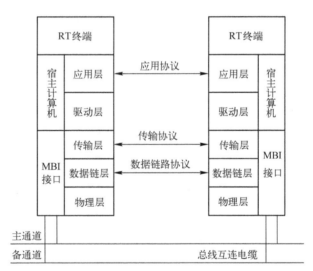

图 6-2 系统网络通信

6.2.3 AFDX 网络通信

AFDX 系统的层次功能结构如图 6-3 所示，ES 分为物理层、MAC 层、IP 层、数据报协议（User Datagram Protocol，UDP）层、驱动层和应用层 5 层。其中，物理层和 MAC 层通过 ES 硬件实现；IP 层和 UDP 层通过 ES 软件实现；驱动层和应用层在主机软件中实现。

1. 层次功能

各层主要功能如下。

图 6-3 层次功能结构

（1）物理层实现 ES 物理链路的串行发送和接收。

（2）MAC 层实现帧 MAC 层的虚通道管理和冗余管理功能。

（3）IP 层提供无链接的数据报传输机制，实现 IP 数据报封装、数据报分片与重组等功能。

（4）UDP 层实现用户数据报文协议，通过 UDP 端口提供进程之间无链接的数据报传输。

（5）主机接口负责提供与主机应用的接口，主机驱动软件提供采样、队列和 SAP 3 种通信接口，简单网络管理协议（Simple Network Management Protocol，SNMP）代理端软件负责与管理端的通信。

2. ES 通信设计

ES 通信设计有硬件和软件两部分。

（1）硬件设计分为以太网物理接口、MAC、收发控制、外部接口等单元。

（2）软件设计实现系统的数据收发控制、协议处理、配置、监控和加载等功能，分为主机驻留软件和 ES 传输软件。主机驻留软件包括系统管理、通信和 SAP 端口管理、数据加载、SNMP 网络管理软件。

6.2.4　FC 网络通信

1. 网络功能组件

从逻辑功能角度看 FC 通信网络，可将其分解为网络管理器、网络备份管理器、网络远程终端及网络交换机 4 部分。

1）网络管理器

整个网络中具有唯一存在性，负责控制整个网络的运行方式与管理方式。支持如下功能：网络控制权获取、网络运行方案加载/切换控制、网络时统控制、网络运行状态监控、网络统计信息收集、网络运行方案固化、数据通信功能。

2）网络备份管理器

网络管理器出现故障时替代其工作，在网络管理器工作正常时其功能与网络远程终端一致。

3) 网络远程终端

网络远程终端受控于网络管理器，响应并执行网络管理器的各种管理与运行命令。支持如下功能：本地统计信息收集、网络时统响应、网络运行状态监控、网络运行方案切换响应、网络运行方案固化、数据通信等。

4) 网络交换机

网络交换机也受控于网络管理器，响应并执行网络管理器的各种管理与运行命令，能够自主收集各个端口的链路状态信息并定期进行广播。支持如下功能：ASM 格式数据帧 ELS 扩展链路服务、数据帧发送、各端口链路状态监控、本地统计信息收集、网络时统响应、网络运行方案切换响应、网络运行方案固化、数据交换等。

2. FC 协议层次结构

FC 协议采用分层的协议模型，包括物理层、传输服务层、帧与信令协议层、公共服务、高层协议映射层 5 层，FC 协议层次如图 6-4 所示。

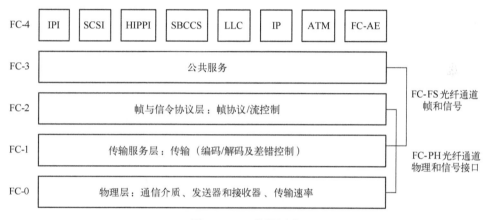

图 6-4 FC 协议层次

（1）FC-0 层为物理层，规定了连接的光纤通道链路端口的物理特性，包括通信介质、发送器和接收器、传输速率等。

（2）FC-1 层为传输服务层，规定了 8B/10B 编码与并/串、串/并转换规则、有序集定义、字同步、状态机、端口状态机转换机制等。

（3）FC-2 层是公共服务层，规定了数据块进行端到端传输时的机制和规则，包括节点、端口及其标识符，通信模型，服务类型，数据传输类型层次、帧格式、节点间的信息交互管理和拓扑结构等，为上层提供了完整的功能和服务。

（4）FC-3 层提供公共服务，定义了一些通用服务功能，如带宽频率分片、搜索组和多播等通用服务。一个节点只有一个 FC-3 层，可为多个 FC-4 协议服务，同时该层多个 FC 节点机调用 FC-2 层实现服务，包括链路服务和搜索组功能。搜索组是指针对节点中一组相关的设备节点，这组设备节点被赋予一个相同的 ID，发送给这一 ID 的数据帧可以被搜索组内任意空闲的设备节点接收。

（5）FC-4 层是高层协议映射层，将高层协议的信息单元映射为 FC-2 层的数据帧，提供收发信息的功能。飞机航电系统采用 FC-AE-ASM 高层协议，将各种主要通道、外设接口和网络协议等映射到 FC 上，每个 FC-4 层规范定义了响应上层协议的格式和通信过程。FC-4 层提供的映射包括：智能外围设备接口（Intelligent Peripheral Interface，IPI）、小型计算机系统接口（Small Computer System Interface，SCSI）、高性能并行接口（High Perform Parallel Interface，HIPPI）、单字节命令编码系统（Single Byte Command Code System，SB-CCS）、逻辑链控制（Logical Link Control，LLC）、互联网协议（Internet Protocol，IP）、异步传输模式（Asynchronous Transfer Mode，ATM）和航空电子环境（FC-AE）等。

6.2.5 CAN 网络通信

CAN 总线是一种有效支持分布式控制或实时控制的串行通信网络，其通信介质可为双绞线、同轴电缆或光纤。

1. CAN 的分层结构

CAN 协议结构分为数据链路层和物理层。其中，数据链路层又划分为 LCC 子层和 MAC 子层。物理层可分为物理信号子层（Physical Layer Signaling，PLS）、物理介质连接（Physical Medium Attachment，PMA）和介质相关接口（Medium Dependent Interface，MDI）。CAN 的分层结构如图 6-5 所示。

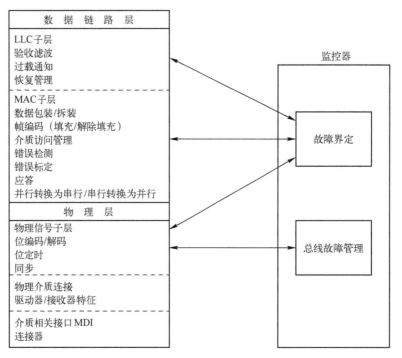

图 6-5 CAN 的分层结构

1）数据链路层

（1）LLC 子层。LLC 子层的功能包括：验收滤波、过载通知、恢复管理；为数据传送和远程数据请求提供服务，确认由 LLC 子层接收的报文实际已被接收，并为恢复管理和通知超载提供信息。在定义目标处理时，存在许多灵活性。

① 验收滤波：帧内容由标识符命名，标识符不能指明帧的目的地，但会描述数据的含义，每个接收器通过帧验收滤波，确定此帧是否被接收。

② 过载通知：若接收器因内部原因要求延迟下一个数据帧/远程帧，则发送过载帧。

③ 恢复管理：发送期间，对于丢失仲裁或被错误干扰的帧，LLC 层具有自动重发功能，在成功发送完成之前，帧发送服务不被用户认可。如果不再出现新错误，则从检测出错误至下一报文开始传送为止，恢复时间最多为 29 个位的时间。

（2）MAC 子层。MAC 层的功能主要是传送规则，即控制帧结构、执行仲裁、错误检测、出错标定和故障鉴定。MAC 层还要确定是否马上开始接收、是否为新的发送开放总线等。

① 功能描述。MAC 层划分为完全独立工作的两个部分，即发送和接收两个部分。MAC 子层功能如图 6-6 所示。

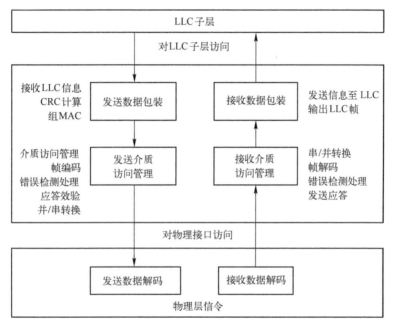

图 6-6 MAC 子层功能

② MAC 帧编码。当发送器在发送位流中（帧起始、仲裁域、控制域、数据域和 CRC 序列）检测到 5 个数值相同的连续位时，它在实际发送位流中，自动插入一个补码位。

③ 介质访问管理。如果总线处于空闲，则任何单元都可以开始发送报文，若是两个或两个以上的单元同时开始发送报文，那么就会有总线访问冲突，可以通过使用标识符的位仲裁形式解决这个冲突。标识符是 CAN 报文中所包含的信息，不指明报文的目的地，而系统中其他节点可以识别该标识符含义并判断是否接收该报文。

2）物理层

物理层定义信号是怎样进行传输的，因此涉及位定时、位编码/解码、同步的描述。

（1）PLS。实现位编码/解码、定时和同步等功能，CAN 位流根据"不归零"NRZ 方式来编码。

（2）PMA。实现总线发送/接收功能的电路并提供总线故障检测方法。

（3）MDI。实现物理介质与媒体访问单元之间的机械和电气接口。

2. CAN 总线基本通信规则

1）总线访问

CAN 是共享媒体的总线，采用载波监听多路访问（Carrier Sense Multiple Access,

CSMA）的方式。

2）仲裁

当总线空闲时呈隐性电平，此时任何一个节点都可以向总线发送一个显性电平作为一个帧的开始。

3）编码/解码

帧起始域、仲裁域、控制域、数据域和 CRC 序列均使用位填充技术进行编码。

4）出错标注

当检测到位错误、填充错误、形式错误或应答错误时，检测出错条件的 CAN 控制器将发送一个出错标志。

5）超载标注

一些 CAN 控制器会发送一个或多个超载帧以延迟下一个数据帧或远程帧的发送。

第 7 章 电磁环境效应

在各种战术条件下,机载设备、分系统和系统应能正常工作,不应因电磁环境的影响而出现故障和性能降低,不应存在相互干扰,并应实现飞机系统的自兼容。舰载机除了需要面临复杂的战场电磁环境和自然电磁环境外,其航母平台上由于集中安装了大量的高功率辐射设备,电磁环境极为恶劣,飞机在系留、调运、维护、维修、地面检查、起降以及执行任务的过程中都需要能够抵御这种恶劣的电磁环境,因此舰载机在保证系统自身的电磁兼容性的同时,必须保证系统与其所面临的外界电磁环境的兼容性,即开展高场电磁环境效应设计,以保证舰载机适应其航母平台复杂的电磁环境,保证飞机功能、性能的正常实现。

7.1 飞机的电磁干扰源

飞机的电磁干扰源分为系统内干扰源和系统外干扰源两类,干扰途径包括干扰和辐射两种。飞机主要电磁干扰源如图 7-1 所示。

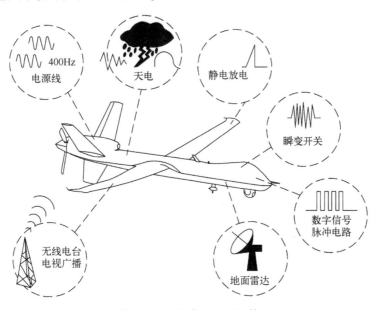

图 7-1 飞机主要电磁干扰

7.1.1 系统内电磁兼容性

系统内电磁干扰主要有无线电发射设备干扰、脉冲数字电路干扰、开关电路干扰、400Hz 频率干扰等,系统内电磁兼容性设计在屏蔽、搭接、接地、滤波、设备布局、电路敷设和射频兼容性设计中应注意这些问题的发生。

1. 无线电发射设备干扰

飞机上的 RDR、EW、CNI 等系统都有大功率的发射机，除了通过天线发射电磁波外，还通过设备壳体、电源线、馈线向周围辐射电磁干扰，产生大量谐波，在空间还产生交调、互调干扰，飞机整体形成了一个大型复杂的干扰场。

2. 脉冲数字电路干扰

脉冲数字电路工作在开关状态时，脉冲电流和电压波形的上升前沿包含大量的高次谐波分量，不仅传导进入电源线，还向周围空间辐射。机载计算机中的时钟振荡器、数据总线以及各种门电路、触发器等都会发生辐射干扰。

3. 开关电路干扰

开关电路是指机载设备中工作在"通－断"状态的电路，如电源调压器、逆变器等。由于开关变换使电流急剧变化，而产生频谱较宽的干扰，其幅度和频谱随开关电流和电压的变化频率升高而增大。

4. 400Hz 频率干扰

400Hz 频率干扰是指在 400Hz 电源输电线的周围存在低频电场和磁场的干扰。民航客机的照明系统大多采用 400Hz 交流供电，荧光灯是充汞、氩混合气体的放电管，在放电的同时产生高频振荡，产生噪声干扰。

7.1.2 系统外电磁兼容性

系统外电磁兼容性是指飞机系统与其他相互作用系统之间的兼容性，包括飞机编队、航母编队、地面站台等各种电磁环境的兼容性。

1. 静电放电干扰

在飞机上静电有几种产生和作用机理，静电可以损坏设备，对人员造成威胁，影响机载设备的正常工作，静电产生通常有以下几种情况。

（1）飞机上静电主要来自蒙皮和空气中粒子（包括雨、雪、尘埃和发动机排出的废气）相互间摩擦使大量电荷积累而产生静电。静电可在飞机的尖端部位形成很高的场强，从而产生电晕放电。

（2）飞机在加油过程中燃油流动或晃动产生的静电。

（3）液压系统中液体的高速流动与管道内壁摩擦而产生的静电。

（4）同轴电缆因弯曲和震动而使聚乙烯等绝缘材料带电引起的静电。

2. 雷电干扰

飞机在穿过云层的飞行中常发生雷击闪电，雷电放电是一组脉冲群，造成特别大的电流，飞机在遭遇雷击时，雷电会对飞机产生不利甚至剧烈破坏效应。因表现形式的不同，分为直接效应和间接效应。

1) 直接效应

当雷电电弧直接附着于飞机时，伴随产生的高温、高压冲击波和电磁能量对系统所造成的物理效应，包括表面和结构的绝缘击穿、爆炸、弯曲、熔化、燃烧及汽化等，也包括直接注入到布线、管道、控制线缆和其他传导部件中的电压和电流，还包括一些其他效应，如震动效应和对人员的闪光致盲。

2) 间接效应

当雷电放电时，伴随产生的强电磁脉冲感应引起的过电压或过电流对系统电子电气设备所造成的损坏或干扰。

3. 太阳和宇宙噪声干扰

来自太阳和宇宙空间辐射的干扰噪声对飞机通信导航系统具有明显的影响，在接收机天线方向图主瓣正对准太阳的情况下干扰更严重。

4. 无线电设施的射频干扰

机场设施、航母无线电设备、地面 RDR、无线电台、地面广播和 EW 设备可能对飞机辐射电磁波构成干扰。飞机主要干扰源见表 7-1。

表 7-1 飞机主要干扰源

电磁干扰源	系统内干扰源	固有干扰源		接触噪声、热噪声
		人为干扰源		雷达发射机、通信发射机、电子对抗设备、导航设备、电源、开关转换、交调互调、人体静电
	系统外干扰源	自然干扰源	大气干扰	天电干扰
				太阳噪声、宇宙干扰
		人为干扰源	友邻干扰	雷达发射、通信发射、电子对抗、导航设备发射
			敌方干扰	电磁脉冲、电子对抗
			民用干扰	机场设施、无线电台、广播发射

7.2 电磁环境效应顶层设计

电磁环境效应是指电磁环境对电气电子系统、设备、装置运行能力的影响，它涵盖所有的电磁学科，包括电磁兼容性、电磁干扰、电磁易损性、电磁脉冲、电子防护、电磁辐射对人员、军械和易燃物品的危害以及雷电和沉积静电的自然环境效应。电磁环境效应顶层设计由电磁环境接口、电磁兼容性设计、电缆设计和敷设、全机天线布局和电搭接技术要求等部分组成，电磁环境效应顶层设计组成如图 7-2 所示。

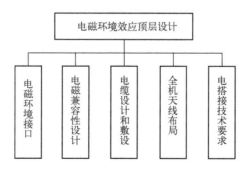

图 7-2 电磁环境效应顶层设计组成

7.2.1 电磁环境接口

电磁环境接口包括开关信号、模拟信号、频率信号、同步信号、总线信号和供电电源。一个干扰现象出现后,首先应当分析该设备的接收信号接口是否受到干扰。

1. 开关信号

在飞机上开关信号用于各种开关动作的输出或两个设备之间的状态传递,接收端大多通过设备采集获得开关状态信息,常用的开关状态量有+27V 和+5V。

1) +27V 开关量

飞机在正常状态下的直流+27V 一般是从 115V(400Hz)交流电源整流输出得到的,在应急情况下通过应急蓄电池的直流输出得到。开关量信号+27V 一般采用飞机上的直流电源作为信号源,有+27V、接地和悬空 3 种开关量状态,当开关接通时可以是接通+27V,也可以是接地,未接通一般采用悬空状态。

开关量信号+27V 一般设计为大于+7V 为开关接通状态,小于+3.5V 为开关断开状态。保护间隔只有 3.5V,+27V 开关信号见图 7-3。

图 7-3 +27V 开关信号

2) +5V 开关量

开关量信号+5V 有效电平一般设计为大于+3.5V 为开关接通状态,小于+3V 为开关断开状态,+5V 开关信号见图 7-4。开关量信号+5V 的抗干扰能力较弱,电平较低,电缆之间的耦合瞬态信号超过+3.5V,其保护间隔只有 0.5V,干扰的影响容易跨越这个间隔。

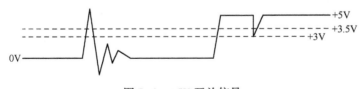

图 7-4 +5V 开关信号

2. 模拟信号

模拟信号的传输有两种形式:一种是电流大小,负载采用低阻抗;一种是电压幅值,负载采用高阻抗。模拟信号不适合在机上长距离传输,容易受到干扰,在传输过程中也存在衰减。模拟信号一般选择双绞屏蔽线传输,信号接收后应选择适当的滤波方法进行处理,在机上应用于简单类型的传感器产品。

3. 频率信号

频率信号具有一定的抗干扰能力,但却有辐射危害,一般在机上应用于旋转部件。

4. 同步信号

传输同步信号不易受到瞬态干扰和射频信号的影响，但存在一定的耦合干扰，通常采用隔离方法解决。同步信号主要应用于角位置传感器、模拟指示器的驱动或角度数据的传输。

5. 总线信号

总线信号为保证传输的正确性一般采用以下几种措施解决干扰引起的传输错误。

（1）信号滤波。信号传输需进行必要的滤波处理，以防干扰对数据造成影响。

（2）信息校验。采用信息校验可判断接收信息的正确性，当接收到错误信息时，采取申请重发的方式。

（3）提高信号有效电平。拉开与干扰信号的电平差，提高安全裕度。

（4）采取差分信号传输。飞机上产生的耦合干扰大多是共模干扰，利用差分信号可以有效防止共模干扰的影响。

（5）采用双绞线。双绞线的绞合特性可有效消除共模分量对信号传输的影响。

7.2.2 电磁兼容性设计

电磁兼容性是指设备、分系统、系统在共同的电磁环境中能一起执行各自功能的共存状态，即该设备、分系统、系统不会由于受到处于同一电磁环境中其他设备的电磁发射而导致或遭受不允许的降级；它也不会使同一电磁环境中其他设备、分系统、系统因受其电磁发射而导致或遭受不允许的降级。

1. 飞机电源设计

1) 电源设计一般要求

在飞机上集中安装多种型号的机载设备，设备供电挂接在主汇流条或应急汇流条上，按照飞机供电特性及对用电设备的要求，机载设备不允许出现可能干扰或敏感响应的浪涌、脉动电压（方向不变、大小随时间作周期性变化的电压）以及其他电状态。飞机各系统对尖峰信号敏感的机载设备，其电源线输入端的尖峰信号电压值在工作的全状态都应符合要求。

2) 电源线瞬态信号抑制

对于系统电源线上宽度小于 $50\mu s$ 的尖峰信号电压，在直流供电线上的幅度误差不应超过额定电压的+50%和−150%；在交流电源线上的幅度误差不应超过额定交流电压的±50%。对于继电器、电磁阀类等具有大感性负载的开关，在系统设计时应在负载或开关触点的两端跨接抑制装置，以限制尖峰信号的幅度误差在允许范围内。为了避免产生传导干扰，载机设备与任务系统设备一般采用分离通道供电。

2. 射频兼容性设计

射频兼容性是针对拥有射频发射和接收能力的传感器（如 RDR、EW、CNI 及武器系统）的兼容性设计，避免因空间耦合而产生的相互干扰，以保证各子系统一起有效的工作，满足性能指标要求。应通过对各射频子系统发射机、接收机、天线和滤波器的特性分析，天线间耦合分析，开展天线布局设计和系统改进设计，保证射频兼容性，尽量避免采用闭锁等措施减少对系统性能的影响。频谱分配和管理与射频兼容性设计密切相关，同时需要更大程度地考虑舰载机与航母及其编队间的兼容性。射频兼容性设计要求有以下几点：

(1) 控制发射机和接收机天线端子谐波和乱真发射电平,接收机和发射机待发状态、传导状态、传导发射应符合要求;发射机发射状态二次和三次谐波相对基波抑制应符合要求。

(2) 控制接收机通带内的滤波特性,避免带外干扰。设计中应考虑接收机工作频率、接收灵敏度、带宽、抗干扰能力及滤波器的滤波特性。

(3) 有方向性天线抑制天线旁瓣和后瓣辐射,避免不必要的干扰;设计中应考虑天线方向图、天线形式、极化方式、物理构型和天线罩透波率。

(4) 天线布局设计在保证系统性能和气动强度要求基础上,尽可能通过机身遮挡、极化方式、空间衰减等方法来减少耦合。

(5) 机载设备应进行抗干扰设计。

(6) 大功率天线布置不应对军械、燃油、人员和其他设备构成辐射危害。

(7) 对于无法消除的同频干扰,必须对系统的性能损失和必要性进行分析确认,方可采取闭锁措施。

3. 电路设计

1) 选择合理的导线长度和宽度

由于瞬变电流在印制线条上所产生的冲击干扰主要是由抑制导线的电感成分造成的,因此应尽量减小印制导线的电感量,印制导线的电感量与其长度成正比,与其宽成反比,因而在设计中应选择合理的导线长度和宽度。时钟引线、行驱动器或总线驱动器的信号线常常载有大的瞬变电流,印制导线要尽可能地短。对于分立组件电路,印制导线宽度在 1.5mm 左右时,即可完全满足要求;对于集成电路,印制导线宽度可在 $0.2 \sim 1.0$mm 之间选择。

2) 采用正确的布线策略

采用平等走线可以减少导线电感,但导线之间的互感和分布电容增加,如果布局允许,最好采用井字形网状布线结构,具体做法是印制电路板的一面横向布线,另一面纵向布线,然后在交叉孔处用金属化孔相连。为了抑制印制板导线之间的串扰,在设计布线时应尽量避免长距离的平等走线。

3) 配置去耦电容

在直流电源回路中,负载的变化会引起电源噪声,例如在数字电路中,当电路从一个状态转换为另一种状态时,就会在电源线上产生一个很大的尖峰电流,形成瞬变的噪声电压。配置去耦电容可以抑制因负载变化而产生的噪声,是抑制电路板的可靠性设计的一种常规作法,配置原则如下:

(1) 电源输入端跨接一个 $10 \sim 100\mu$F 的电解电容器,如果印制电路板的位置允许,采用 100μF 以上的电解电容器的抗干扰效果会更好。

(2) 为每个集成电路芯片配置一个 0.01μF 的陶瓷电容器。如遇到印制电路板空间小而装不下时,可每 $4 \sim 10$ 个芯片配置一个 $1 \sim 10\mu$F 钽电解电容器,这种器件的高频阻抗特别小,在 $0.5 \sim 20$MHz 范围内阻抗小于 1Ω,而且漏电流很小(0.5μA 以下)。

(3) 对于噪声能力弱、关断时电流变化大的器件和 ROM、RAM 等存储型器件,应在芯片的电源线和地线之间直接接入去耦电容。

(4) 去耦电容的引线不能过长,特别是高频旁路电容不能带引线。

4) 印制电路板尺寸

印制电路板的大小要适中，如果过大，印制线条长，阻抗增加，不仅抗噪声能力下降，成本也高。如果过小，则散热不好，同时易受临近线条干扰。在器件布置方面与其他逻辑电路一样，应把相互有关的器件尽量放得靠近些，这样可以获得较好的抗噪声效果。时钟发生器、晶振和 CPU 的时钟输入端都易产生噪声，要相互靠近，易产生噪声的器件、小电流电路、大电流电路等应尽量远离逻辑电路。

5) 其他要求

(1) 在高频时，与引线型电容器相比，应优先选用进线电感小的穿心电容滤波。

(2) 使用寄生电感和电容量小的电阻器，片状电阻器可用于超高频段。

(3) 大电感的寄生电容大，为了提高低频部分的插损，不要使用单节滤波器，而应该使用若干小电感组成的多节滤波器。

(4) 使用磁芯电感要注意饱和特性，特别要注意高电平脉冲会降低磁芯电感的电感量和在滤波器电路中的插损。

(5) 使用屏蔽的继电器并使屏蔽壳体接地。

(6) 用于敏感电路的电源变压器应该有静电屏蔽，屏蔽壳体和变压器壳体都应接地。

(7) 设备内部的互连信号线必须使用屏蔽线，以防止它们之间的骚扰耦合。

4. 静电放电干扰防护设计

采取静电放电器、静电防护搭接设计等，确保飞机积累的沉积静电在飞行中能够有效释放，设计静电接地装置，使飞机残余静电在舰面/地面可以有效泄放，确保舰面/地面维护人员的安全。

5. 雷电防护设计

飞机暴露在直接或间接雷电环境中，应保证装备性能技术指标符合要求。飞机的外表面和结构，必须通过对应强度的雷电直接效应试验，其强度根据雷电分区来确定。对于飞机的系统或设备，必须通过间接效应试验。

1) 系统设计要求

(1) 任何外部安装的组件，如大气数据传感器、天线和航行灯等在直接雷击后都不应引起安全危害。

(2) 机载设备在雷电环境条件下工作，应能防止雷击电流破坏飞行安全和在机内产生电火花或 500V 以上的电压。

2) 防护措施

(1) 开展雷电环境对飞机安全关键和任务关键设备的影响分析，识别飞机在多任务剖面下遭受雷电损伤的风险和安全性影响，对可能遭受雷电损伤的飞机结构部位、外部电子电气设备等采取全机布局设计优化、设备安装优化、结构搭接、管路搭接、复合材料金属化、金属镀膜座舱盖等雷电防护措施。

(2) 选用雷电抑制器是飞机雷电间接效应防护中的重要措施之一。它的作用是将由飞机导线引入的高危雷电流或雷电感应电流泄放掉，抑制它们进入电子设备内部，从而保护飞机线路及设备免受雷电之害，机壳电流由机身放电刷释放到空气中。

7.2.3 电缆设计和敷设

机载电子电气系统的线束设计应考虑电磁兼容性要求。除了飞机主电源线外，电线使用屏蔽电线，电连接器应选用具有屏蔽尾部附件或能够连接屏蔽套（防波套）的类型。信号线束除了设计人员确认不会产生干扰外，应加屏蔽套。飞机电源电气系统线束除了确认会产生电磁电容性问题之外，可不采取施加防波套的措施。

1. 电缆设计

1）电线、电缆和线束的概念

（1）电线。在电路中传输电流的实心、绞合或箔式结构的单芯金属导体，有绝缘护套但无金属屏蔽层。

（2）电缆。在一个公共护套中的两根或多跟电线；或者虽无公共护套，却扭绞在一起的两根或多跟电线；或者具有金属屏蔽层或外导体的一根电线。

（3）线束。经整理、排列并能作为一个组件进行安装或拆卸的若干电线和电缆。

2）电线、电缆和线束的分类

按照传输的信号特性，机载设备的所有电线、电缆和线束大致可分为 4 类。

（1）一类线主要是电源线，它会产生宽频干扰。

（2）二类线主要是短时工作信号线，信号电压较高，产生瞬态干扰，但本身不宜受干扰。

（3）三类线是敏感线，易受干扰，其中的数字信号和脉冲信号电缆既容易发射干扰又易受到干扰。

（4）四类线是射频段的辐射接收类线缆，一般有特殊的电磁兼容要求，如屏蔽效能、插入损耗等，其中辐射类会有较强的干扰信号泄漏，接收类因接收机的灵敏度高而容易受干扰，因而，此类线中辐射类和接收类要分别隔离敷设。

3）电线和电缆的选用

（1）单根电线。一般用于电源、低频模拟或数字信号的传输，信号频率低于 10kHz，为了抑制电磁干扰可采用屏蔽电线。

（2）双绞线。双绞线用于传输频率低于 100kHz 的信号，当信号线与其回线扭胶时，可以减少线上信号对外干扰和抑制外界干扰，在使用双绞线时绞合数应在每米 23~40 绞之间，绞合数低于此间数值时双绞线的磁场屏蔽效果下降，但仍然有效，为了屏蔽电场可采用屏蔽双绞线；三绞线的抗扰原理和使用方式与双绞线类似，主要用来传送同步信号和三相电源信号。

（3）同轴线。具有比较均匀的特性阻抗、较低的损耗和较高的抗干扰能力，适用于传送 18GHz 以下的信号。在不同频率使用同轴线时，其插损不同、配合的连接器也不同，同轴线的屏蔽效能要大于 80dB。

（4）滤波电线。其物理性质与单根电线相似，但电线内层上包覆了吸收层，对 100MHz 以上的电磁干扰有一定效果。

（5）线束。线束可以采取的电磁兼容性防护措施有 3 种，即选择合适的线型、屏蔽、屏蔽接地方式，为了抑制电磁干扰所使用的线束屏蔽层和屏蔽套不应该作为信号的回线。

屏蔽层必须做到良好接地，屏蔽层接地线（简称"屏蔽地线"）与信号地线分开接地，不能共用一个接地点，屏蔽地线的接地点要与机上负线板间隔大于 200mm。

在同一线束中的多组双绞线和屏蔽双绞线绞合数应不相同，相邻双绞线的绞合数差值应大于 5，不同线径的双绞线均能保证此要求，相同线径的双绞线均不能保证此要求。当此值不能保证时，加工时要尽量使相邻的双绞线绞合点不重叠，因为相同结距（绞距）的双绞线当其绞合点重叠时无磁场屏蔽效果。

4）电线电缆集束原则

电线电缆可按照 30dBm 分类法进行合并加工，在表 7-2 中列出了从 A 到 F 共 6 个级别的电线电缆分类，同一级别可以合并在同一线束中，即功率相差不超过 30dBm 的电线电缆可以合并成束，否则需要采取屏蔽措施，一般来说，一层屏蔽能提供约 30dBm 的隔离度。F 类最好单独成束，等幅正弦信号的功率电平计算如下：

$$P(\mathrm{dBm}) = 10\log\left(\frac{P}{1\mathrm{mW}}\right) \tag{7-1}$$

表 7-2 电线电缆分类

分　级	功率范围/dBm	主要的使用目的
A	>40	高功率交流、直流、射频发射
B	10~40	低功率交流、直流、射频发射
C	−20~10	脉冲和数字源、音视频输出
D	−50~−20	传感器、音视频输入
E	−80~−50	射频、中频输出
F	<−80	天线、射频接收

2. 电缆敷设

1）机上敷设

在机上敷设电线、电缆和线束时，要充分利用机体结构的遮挡作用，避免靠近辐射强度大的天线和设备，按其性质不同分开敷设。

(1) 线束辐射间距。

不同分类的敷设间距可参考表 7-3。

表 7-3 敷设间距

线缆分类	分类间距/mm			
	一类线	二类线	三类线	四类线
一类线	0	150	150	200
二类线	150	0	75	150
三类线	150	75	0	75
四类线	200	150	75	0

(2) 总线的布线要求。

① 主余总线应独立敷设。

② 避免与高频电缆、电气电缆集束走线。

③ 使用两根导线绞合的屏蔽护套电缆。

④ 穿框插头座应为拆接型连接器，并搭接在飞机结构上。

⑤ 短截线的长度尽可能相同，只使用变压器耦合的短截线连接。

2）机上系统电线电缆搭接

机上系统电线电缆搭接推荐见表 7-4。

表 7-4 机上系统电线电缆搭接推荐表

序 号	传输信号类型	分 类	推荐采用电线电缆	接地点
1	交流汇流条到设备（三相）	一	三绞电线	单点
2	交流汇流条到设备（单项）	一	电缆或双绞	单点
3	直流电源到设备	一	屏蔽电线	单点
4	交流二次电到设备（三相）	一	三绞屏蔽	单点
5	大于 5A 的感性负载	一	屏蔽电线	单点
6	电机绕组	一	屏蔽双绞线	单点
7	电机控制信号	二	屏蔽双绞线	单点
8	小于 5A 的感性负载	二	屏蔽电线	单点
9	高电平模拟信号	二	双绞线	单点
10	离散信号	二	屏蔽双绞线	单点
11	大于 5A 加热或阴性负载	二	双绞线	单点
12	小于 5A 的照明负载	二	电线	单点
13	所有低电平信号	三	屏蔽双绞线	单点
14	火警系统	三	屏蔽双绞线	单点
15	视频信号	三	同轴或屏蔽双绞线	单点
16	音频信号	三	屏蔽双绞线	单点
17	指针式指示器电缆	三	屏蔽双绞线或同轴	单点
18	放大器输入	三	屏蔽双绞线或同轴	单点
19	传感器电缆	三	同轴或屏蔽双绞线	单点
20	数字电路	三	屏蔽双绞线	单点
21	脉冲电路	三	屏蔽双绞线或同轴	多点
22	天线馈线	四	同轴	多点
23	射频发射	四	同轴或波导	多点
24	操纵系统线束	四	线束外加防波套	多点
25	飞控系统线束	四	线束外加防波套	多点

7.2.4 全机天线布局

天线布局应满足机载电子设备对天线方向图、隔离度、极化特性等电性能要求和电子兼容性要求，同时还要满足飞机气动外形、气动载荷、结构强度等方面的要求。飞机天线的数目庞大，频段覆盖范围宽，频段相近天线多，其设计和布置直接影响着天线的射频能量分布，飞机自身的发射天线与发射天线、发射天线与接收天线之间很容易出现互相干扰，不合理的天线布局直接影响飞行任务完成，甚至影响飞机安全，如何在有限的飞机平台上进行合理布局，保证天线间隔离度满足工作的要求是天线布局的难点。

1. 天线布局设计方法

为了保证飞机天线合理布局，前期需要建立复杂的电磁仿真模型，综合考虑多天线之间的相互干扰，天线辐射多路径传播、路径损耗及反射、绕射等现象带来的相互影响，通过仿真计算飞机原有天线与新加装天线之间的隔离度、飞机原有天线与翼尖天线之间的隔离度、飞机上天线与各干扰吊舱之间的隔离度。

1）机上天线的特点

（1）飞机天线的数量众多，频段跨度大（150kHz～18GHz），频段重叠严重，尤其在V/U波段、L波段。

（2）天线形式复杂，有单极子天线、偶极子天线、平面螺旋天线、背腔天线和大尺寸阵列天线等。

（3）飞机结构复杂，天线布局是否合理会影响天线的远场方向图和波束形成。

2）天线仿真试验

目前，流行的天线仿真试验方法主要有XGTD、计算机仿真技术（Computer Simulation Technology，CST）、高频结构仿真（High Frequency Structure Simulator，HFSS）等。

（1）XGTD。XGTD采用光学射线法，适用频段范围宽，仿真速度快，但在集体结构比较复杂的情况下，XGTD在低频段仿真精度不高。

（2）CST。CST适用时域有限差分法，适合仿真宽频段天线，在频率较低时仿真算得比较快，但在仿真电大尺寸环境下高频段天线速度较慢甚至无法计算。

（3）HFSS。HFSS软件采用有限元法，其仿真结果精确，但仿真速度慢，无法仿真大尺寸。

由于不同仿真软件的局限性和舰载EW飞机天线特点，在进行天线仿真计算时，必须结合仿真内容，选用适合的软件和方法，才能得到相对准确的仿真结果，根据仿真结果改进天线布局方案或采取相应的规避措施。

2. 天线布局试验方法

以往飞机天线的数量有限，功能较为单一，主要是单个天线，通过局部模型测试就可以满足任务系统对天线方向图和波束的精度要求。现代飞机天线的数量多，面积大，天线外形与机体外形之间的相互作用对其远场方向图和波束形成的影响要大得多。天线装机后测试的主要技术指标有方向图、增益、驻波比、天线隔离度等电性能，天线试验环境主要包括以下几点。

（1）测试场地2500m×400m，地面平整，周围200m内无高大建筑，远离射频发射设备和环境。

（2）测试维护车，升降部分可承载300kg，同时可升举至20m高度。

（3）测试天线塔。

（4）转台，载荷20t，方位连续，俯仰角-60°～+60°（方位轴垂直地面时为0°），翻转角-60°～+60°；角速度，方位0.2～5（°）/s，俯仰0.2～5（°）/s，各轴角位置置位精度：≤0.2°。

（5）升降机构，升降高度可收到操作支架0～20m连续升降，升降过程中应保持直线运动轨迹；升降机构的承载不小于25t。

（6）相控调配网络，用于设置阵列天线单元之间的相位差，实现阵列天线波束指向的调整。

（7）天线孔径辐射特性外场测试系统，具有远距离测试能力和多通道测试能力。

（8）1:1全机模型。

（9）测试天线、支架、低反射损耗电缆等。

(10) 需要考虑供电、放电器冷却、试验人员电磁防护、安全保障等多方面要素。

3. 天线安装

天线安装搭接应满足天线性能指标要求，天线的主要性能指标有方向图、方向系数与增益、极化等。

1) 天线方向图

飞机天线方向图是用图示的方法来表示天线能量在空间的分布，用来表征天线向一定方向辐射电磁波的能力，是表征天线辐射特性（场强振幅、相位、极化）与空间角度关系的图形，通常表示为辐射能量与坐标角度之间的关系曲线。天线的其他参数，如方向性、增益、极化特性等可由完整的方向图导出。方向图可以用来说明天线在空间各个方向上所具有的发射或接收电磁波的能力，方向图如图7-5所示。

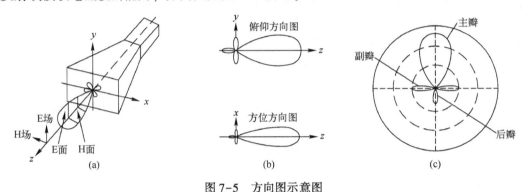

图 7-5 方向图示意图
(a) E/H方向图；(b) 直角坐标示意图；(c) 极坐标示意图。

2) 方向系数与增益

方向系数与增益可以衡量飞机天线辐射能量的集中程度。天线的方向系数即天线的方向增益。增益又可分为方向增益与功率增益，天线的功率增益等于天线的效率乘以方向增益，它更加完整地给出天线的辐射特性，表征天线辐射能量的集中程度。

3) 天线输入阻抗

天线输入阻抗是指天线输入端的电压与电流比值，它影响馈线与天线之间的匹配。天线输入阻抗用复数形式表示，实数部分为天线的输入电阻，虚数部分为天线电抗。电抗可分为感抗与容抗，天线与馈线的匹配程度，常用驻波比来表示。

4) 天线极化

天线极化是描述天线辐射电磁波场矢量空间指向的参数，是指在与传播方向垂直的平面内，场矢量变化一周期矢端描出的轨迹，极化通常针对电场来定义，表示为天线电波在空间传播时电场方向的变化规律。在飞机上安装天线时，天线应满足规定的极化要求，如通信天线为垂直极化，高度表为水平极化，通信天线发射或接收水平极化信号的能力最小，而高度表发射与接收垂直极化信号的能力最小。天线的安装要使飞机在正常飞行姿态下，与要求的极化面或极化轴的偏差不大于15°。

7.2.5 电搭接技术要求

飞机的电搭接是为飞机金属构件之间以及构件、设备、附件与基本结构之间提供稳定的低阻抗电气通路，从而防止它们之间产生电磁干扰电平，提供电源电流回路，也是防电击、静电防护、雷电防护以及保证天线性能最佳的和必要措施,电搭接的质量直接影响飞机的安全和性能,为了满足全机电磁兼容性要求,应按不同的电搭接功能要求,规定合适的搭接电阻值。

1. 搭接基本原则

电磁干扰搭接应在设备内部和设备与系统结构之间,通过相关电子设备的外部机械接口提供连续的电搭接,以满足系统工作性能指标。

(1) 应保证飞机全寿命期搭接的有效性。

(2) 保证与金属表面紧密接触,采用同类金属搭接,还应尽可能避免与电解质接触,如海水、盐雾、雨水等。

(3) 在不同金属搭接时,可在器件插入可更换的垫圈,这样,一旦保护层损坏,受腐蚀的是垫圈。

(4) 电子电气设备外壳的搭接线不可与电源负线固定在同一接地点上。

(5) 镁铝合金构件不可作为电流回路的组成部分。

(6) 对于截面不小于 20mm^2 的电流回路搭接线,应通过回线板(包括负线板)间接搭接到基本结构上。回线板与基本结构应有足够的接触面积,以保证其电搭接性能良好。对于截面小于 20mm^2 的电流回路搭接线,可直接搭接到基本结构上。

(7) 在易燃易爆的危险区,电子、电气设备外壳与基本结构之间不可采用搭接线进行搭接,而应该通过两者间良好的金属面接触实现搭接。

(8) 在可能直接遭受雷击处,用于雷电防护搭接的铜线有效截面积应不小于 20mm^2。在不直接遭受雷击处,至少采用两根雷电防护搭接线,每根铜线的有效截面积不小于 4mm^2。搭接线与其接头不可使用焊接方式连接。

2. 电搭接的一般方法

电搭接一般采用搭接线,搭接线是导线、金属编织线或金属片,用于使原来无充分电接触的飞机结构部件之间、结构部件之间或结构部件、设备、附件与基本结构之间产生必要的低阻抗导电性。典型搭接线搭接如图 7-6 所示。

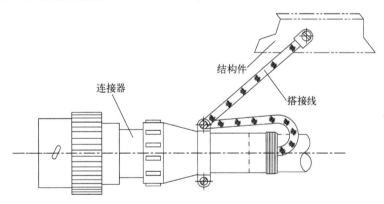

图 7-6 典型搭接线搭接

(1) 电搭接零件、组合件的连接接触处和安装搭接线的表面,应仔细地打磨掉清漆、氧化皮、涂料、阳极化和油脂薄膜,使之发出金属光泽。打磨工作借助专用工具在安装 1h 内进行。对于电搭接零件,打磨形状最好是圆形或椭圆形,打磨处应大于电搭接结合处 1~3mm。

（2）必须电搭接而又具有金属防蚀层的零件、组合件和成品表面（指镀锌、镀锡和镀银的表面）不必打磨，但必须除油，用浸有汽油或工业酒精的细布进行除油。

（3）电搭接安装后，在搭接线接头周围应涂油漆层保护。

（4）凡面积超过 0.2m² 或长度超过 0.5m（指长延伸结构、带条、导管和屏蔽软管等）的金属结构和零件，均应电搭接。

（5）导管的电搭接，在导管与卡箍和支架与机体的固定处，必须将导管与卡箍和支架的接触处打磨出金属光泽，安装卡箍后，多余打磨处应涂漆。

（6）搭接处一般采用螺钉、螺母、垫圈等进行固定，搭接线固定如图 7-7 所示。

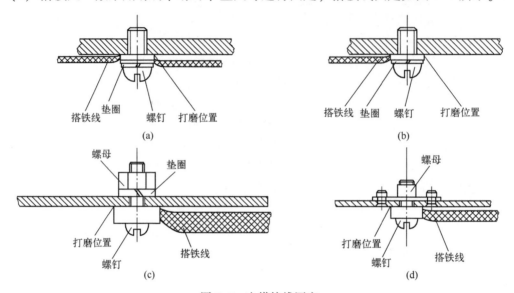

图 7-7 电搭接线固定

3. 搭接电阻值的测量

1）测量方法

（1）接触电阻的测量，在检查电搭接质量后进行，电搭接组合件的接触电阻用微欧表或类似的仪表测量，微欧表的精度应不低于 2.5 级，接触电阻额定值应符合飞机搭铁电阻额定值规定。

（2）测量电搭接时，仪表的探针应放在尽可能接近组合件或附件的接合处。

（3）当用微欧表测量"电缆—机体"的接触电阻时，在仪表探针下面编织物上放一块打磨出金属光泽的硬铝片，以免损伤编织物，在这种情况下，仪表的指示值包括因增加硬铝片的附加接触电阻值（约 150μΩ）。

2）处理方法

对于接触电阻超过额定值的点，可通过改善打磨接触面和拧紧固定件来修正。

7.3　电磁兼容控制技术

常用的电磁兼容控制技术有滤波、隔离、屏蔽、接地和绝缘，综合利用这些控制技术可以有效地解决电磁兼容问题。

7.3.1 滤波

滤波是抑制和防止干扰及控制辐射的一项重要措施，滤波的实质是将信号频谱划分成有用频率分量和干扰频率分量，剔除干扰成分。通常采用滤波器进行滤波，滤波器可以显著地减小传导干扰的电平，滤波器对于这些有用信号频率不同的成分有良好的抑制能力，从而起到其他干扰抑制难以起到的作用。

1. 滤波器的种类

根据要滤除的干扰信号的频率与工作频率的关系，滤波器有低通滤波器、高通滤波器、带通滤波器和带阻滤波器等。

1）低通滤波器

低通滤波器是容许低于截止频率的信号通过，高于截止频率的信号不能通过的电子滤波装置，电源线上的滤波器一般采用低通滤波器。

2）高通滤波器

高通滤波器是一种让某一频率以上的信号分量通过，高通滤波器用于在干扰频率比信号频率低的场合，如在靠近电源线的敏感信号线上滤除电源谐波造成的干扰。

3）带通滤波器

带通滤波器是一个允许特定频段的信号通过，同时屏蔽其他频段的信号。带通滤波器用在信号频率仅占较窄带宽的场合，如通信接收机的天线端口上要安装带通滤波器，仅允许信号通过。

4）带阻滤波器

带阻滤波器是指能够抑制某一阻带的频率分量，并允许阻带外频率分量通过的滤波器。带阻滤波器用在干扰频率带宽较窄，而信号频率较宽的场合，如距离大功率电台附近的电缆端口处要安装阻带频率等于电台发射频率的带阻滤波器。

2. 滤波器的应用

1）电源线滤波器

（1）单级电源线滤波器对源和负载的阻抗都很敏感，当工作在实际的源和负载阻抗条件下时，容易产生增益。在产品上安装一个不合适的滤波器后，可能会增加发射强度或使敏感性变差。

（2）双极或多级的滤波器，可以使内部接点保持在相对稳定的阻抗上，对负载及源的阻抗依赖不是很大。不同结构的滤波电路适合于不同的源阻抗和负载阻抗，一般采用无源滤波器解决电磁干扰的问题。有源滤波器本身又是一个干扰源，它的非线性作用会产生新的干扰频率成分，典型的电源线滤波器电路如图 7-8 所示。

C_1、C_2 是差模滤波电容器，对差模电流起旁路作用。C_3、C_4 是共模滤波电容器，对共模电流起旁路作用。L 是电感器，能够对共模和差模电流起抑制作用。

2）信号线滤波器

在低频模拟信号中电子电路的灵敏度较高时，一般采用电源线滤波器一样的单级或多级滤波电路。但信号是数字信号、高电平模拟信号，对干扰不敏感，可采用 RC、LC、T 或 π 型滤波器，一般采用 RC 滤波电路，RC 滤波电路谐振较小。当信号线数量较多时，一般采用以电容器为主的滤波电路，滤波器的截止频率不能低于信号带宽。

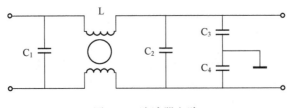

图 7-8　滤波器电路

3) 电缆线滤波

滤波较差的电缆有很大的辐射，线上高频传导电流会导致辐射，电缆线滤波一般采用滤波连接器。在每个触点上安装一个低通滤波器，具有非常好的高频滤波特性。

3. 滤波器的安装

滤波器的安装应注意以下几点。

(1) 滤波的电缆和未滤波的电缆尽量远离，防止耦合现象发生。

(2) 滤波器要并排设置，使导线束已使用滤波器的部分在一起，未使用滤波器的部分在一起，避免相互干扰。

(3) 滤波器的接地线要短，滤波器的输入输出线要隔离。

(4) 滤波器要尽量靠近电缆端口，滤波器与面板之间的导线尽量短。

7.3.2 隔离

电气隔离可有效避免电路中干扰信号传导，同时保证有用信号的正常耦合传递，常见的方式有机械耦合、电磁耦合、光电耦合。

1. 机械耦合

机械耦合是采用电气—机械的方法，如继电器将线圈回路和触点控制回路隔离，形成两个电路参数不相关联的回路，实现电气隔离，然后控制指令通过继电器动作从一个回路传递到另一个回路，如图 7-9（a）所示。

2. 电磁耦合

电磁耦合采用电磁感应原理，变压器是电源中抑制传导干扰的最基本方法，如采用变压器初级电流产生磁通，磁通再产生次级电压，使初级回路与次级回路在电气上隔离，如图 7-9（b）所示。

3. 光电耦合

光电耦合是采用半导体光电耦合器（Optical Coupler，OC）进行电气隔离的方法，如图 7-9（c）所示。

7.3.3 屏蔽

屏蔽是消除两个区域空间电磁耦合和切断电磁传播途径的手段，阻止电磁波从一个区域跨入另一个区域从而隔绝相互之间的影响，通过导电材料构成的封闭结构提供电场和磁场的隔离。

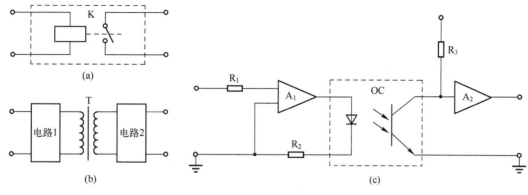

图 7-9 耦合隔离
(a) 机械耦合；(b) 变压器耦合；(c) 光耦合。

1. 机体屏蔽

飞机飞行的电磁辐射环境由各种电磁发射源产生，其主要来源是系统发射机、友方和敌方的发射机、设备自身的乱真发射、非线性效应所产生的互调产物，以及电磁脉冲、自然界中的雷电、静电、大气噪声等。飞机经常在恶劣的电磁环境中飞行，既存在系统内部干扰，同时又存在系统外部干扰，高强度的电磁能量会对飞机上的电子、电气设备造成危害，严重时危及飞行安全。为了使机载设备有很强的抗干扰能力，飞机机体设计应保证具有一定的屏蔽效能，屏蔽设计要求考虑相关要素，如材料特性、泄露途径和谐振效应。为了使机内设备不受损害，除了保证机载设备具有足够的抗干扰能力外，还应提高蒙皮的屏蔽效能，在设计时必须采取十分有效的加固措施，蒙皮的屏蔽效能取决于蒙皮材料的导电性能，如对于关键设备口盖可以用导电密封胶代替绝缘密封胶，以保证屏蔽效能。

2. 设备的屏蔽

1) 电场屏蔽

对于电场的屏蔽，屏蔽层只要接地就可达到屏蔽效果，电场屏蔽的关键是保证屏蔽体的导电连续性，整个屏蔽体必须是一个完整的、连续的导电体。

2) 磁场屏蔽

对于磁场屏蔽，高频电磁波一般要与设备壳体形成完整的屏蔽体才能起到作用，屏蔽电线与设备壳体要 360°搭接。由于磁场波的波阻抗很低，因此反射损耗很小，主要靠吸收损耗达到屏蔽的目的。在进行结构设计时，要使屏蔽层尽量远离辐射源以增加反射损耗，尽量避免孔洞、缝隙等靠近辐射源，从而保证屏蔽体的完整性。

3) 提高设备屏蔽效能措施

孔缝是造成设备壳体屏蔽效能降级的主要原因之一，设备机箱上会有很多孔缝造成屏蔽的不连续，如通风口、显示口、安装各种调节杆的开口、结合的缝隙等，孔缝尺寸越大，电磁泄露频带范围也就越大，屏蔽越差。在实际工程中，常常用缝隙的阻抗来衡量缝隙的屏蔽效能，缝隙的阻抗越小，则电磁泄露越小，屏蔽效能越高。减小缝隙的阻抗可以使用机械加工的手段来增加接触面的平整度。增加紧固件的密度，可在满足屏蔽体通风量要求的条件下，以多个小孔代替大孔，使用电磁密封衬垫等措施降低电磁波的泄露危害。

3. 电缆的屏蔽

电缆屏蔽层的搭接方式与要抑制的干扰信号频率有关，干扰信号按频率可分为低频电场、低频磁场和高频电磁波等。

1) 干扰形式

（1）如果电缆没有屏蔽层，外界电场在信号导体直接感应出噪声电压，使电路受到影响。

（2）如果电缆有屏蔽层未接地，外界电场在屏蔽层上感应出电压，这个电压再次感应到信号导体上产生干扰。

2) 处理方法

（1）对于电场屏蔽的场合，当干扰频率较高时，可将屏蔽层多点接地，增加屏蔽效果，电缆屏蔽层与设备壳体之间的搭接阻抗要低，与设备壳体构成完整的屏蔽体。

（2）克服磁场干扰的有效方法是减小回路面积，也就是使信号线与其回线尽量靠近。屏蔽双绞线能够有效地抑制磁场干扰，这不仅因为双绞线的两根线之间具有很小的回路面积，而且因为双绞线的每两个相邻的回路上感应出的电流具有相反的方向，因此磁场互相抵消，当电路两端接地时，每根导线与地平面之间构成了一个面积很大的回路，在这个回路中会产生感应电流，导致该方法失效。

（3）对于穿过屏蔽体的电缆，一般采用两种方法进行处理：一是将导线屏蔽起来，这相当于将屏蔽体延伸到导线端部；二是对导线进行滤波处理，滤除导线上的高频成分。在屏蔽设计时，要注意尽量将壳体内的电缆远离缝隙和孔洞，由于电缆近旁总是存在磁场，当电缆距离孔缝很近时，磁场容易从孔缝泄露，从而降低总体屏蔽效能。

7.3.4 接地

"地"在飞机上即是飞机的金属结构机体，其作用是为全机的电子系统提供参考零电位。接地线主要分为信号地线接地、屏蔽地线接地、安全地线。在机载系统中，要求信号地线和屏蔽地线分开接地，不能共用一个接地点。屏蔽地线的接地点要与机上负线板间隔大于200mm，如能将接地和屏蔽正确结合起来使用，可解决大部分干扰问题。

1. 信号地线接地

在电子设备中，接地是抑制干扰的重要方法之一，信号地线应先区分高电平和低电平地后，再区分数字信号地和模拟信号地然后分别接地。设备中的电源地线不宜作为信号地线，设备中引出的信号地线应就近接地。

（1）在低频电路中，信号的工作频率小于1MHz，它的布线和器件间的电感影响较小，而接地电路形成的环流对干扰影响较大，因而应采用一点接地。当工作频率在1~10MHz时，如果采用一点接地，其地线长度不应超过波长的1/20，否则应采用多点接地。当信号工作频率大于10MHz时，地线阻抗变得很大，此时应尽量降低地线阻抗，应采用就近多点接地。

（2）应将数字电路与模拟电路分开，电路板上既有高速逻辑电路，又有线性电路，应使它们尽量分开，而两者的地线应分别接地，要尽量加大线性电路的接地面积。

（3）尽量加粗接地线，若接地线很细，则接地电位随电流的变化而变化。因此应将接地线尽量加粗，其宽度最小为3mm，长度建议不大于工作波长的0.15倍。

（4）设计只由数字电路组成的印制电路板的地线系统时，将接地线做成闭环路可以明显地提高抗噪声能力，其原因是印制电路板上有很多集成电路组件，尤其有耗电多的组件时，因受接地线粗细的限制，会在地上产生较大的电位差，引起抗噪声能力下降，若将接地结构构成环路，则会缩小电位差值，提高电子设备的抗噪声能力。

（5）接地可以有效地抑制干扰，当设备在被测设备的设计和安装说明中有规定时，设备外壳或安装架可以搭接在一起或搭接在接地平板上，这样做可以大大增加设备抗干扰能力。如果没有上述说明，则不允许在试验时进行搭接。

（6）如果在做敏感试验的时候发现检测设备敏感，则将测试电缆及检测设备接地通常能解决干扰问题。

2. 屏蔽地线接地

屏蔽地线接地是为了将设备屏蔽罩和电线电缆线束上的屏蔽层上带有的电磁噪声接地，接地点应选在靠近敏感源地方，屏蔽地线接地方式见表7-5。

表7-5 屏蔽地线接地方式

屏蔽地线（线束）类型	（线束）长度小于5m		（线束）长度大于等于5m
	首 选	次 选	首 选
单根屏蔽电线	屏蔽层靠近设备单端接地	屏蔽层通过设备接地	屏蔽层两端接地
屏蔽双绞线	屏蔽层靠近设备单端接地	屏蔽层通过设备接地	屏蔽层两端接地
不带屏蔽套线束	屏蔽层两两相连后单端接地		屏蔽层两端接地
外罩屏蔽套线束	屏蔽层两两相连后单端接地，屏蔽套双端接地		

3. 安全电接地

飞机安全电接地是指飞机接大地，包括静电接地和电力接地两种。其中，静电接地是防止静电对飞机有关人员的危害所进行的接地。电力接地是为防止机外电源给飞机供电时电源故障对飞机和有关人员造成危害所进行的接地。所有飞机在地面（包括在航母上或直升机在空中悬停）停放、操作及维护时都应该进行安全电接地，完成接地和搭接后再进行其他各种操作。

1）接地设施

（1）接地桩。飞机停放的地方应设置专用的接地桩。接地桩由直径不小于16mm，长度大于1.5m的金属棒制成，桩的一端成尖形以便插入地下，露出地面部分的端部焊上不锈钢圈以防腐蚀，见图7-10（a）。对于直升机，为了适应着陆场的改变可采用临时接地桩，如图7-10（b）所示。接地桩应埋在容易保持潮湿的土壤里，以保证达到所要求的接地电阻，在舰船上选择飞机接地点时，选定的接地点应无油漆、油污和腐蚀。

（2）搭接线。接地线和搭接线的两端应带有专用连接器，接地搭接线如图7-11所示。

2）防电击和故障防护搭接

飞机在地面停放、加载/卸载、加油/放油及维护等阶段都应进行安全接地，应具有控制危险电压电击的能力，所有可能承受故障电流的电导体都应可靠搭接。飞机上应设置专用的接地和加油搭接插座，接地插座应设置在便于操作的地方，加油搭接插座一般设在距加油口约20cm处，插头到飞机结构的电阻应小于100mΩ；在燃油或其他易燃气体存在的地方，电搭接应足以防止故障电流引燃易燃物。

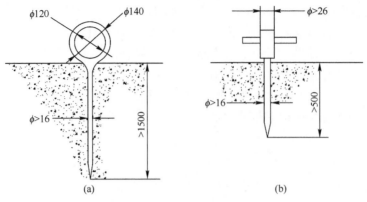

图 7-10　接地桩形式（单位：mm）
(a) 接地桩；(b) 临时接地桩。

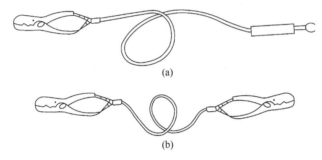

图 7-11　接地搭接线
(a) Ⅰ型；(b) Ⅱ型。

7.3.5　绝缘

绝缘是为了防止因电接触产生传导而产生对系统工作的不良影响，测量机上电网绝缘电阻是为了检查飞机总装后的电气网络与机体之间的绝缘程度，以发现有无绝缘损伤或短路等隐患。

1. 基本测量要求

对机上电网电线绝缘电阻的测量在每根馈线及机体之间进行，用 500V 兆欧计通过测量电线绝缘电阻值的方法来检查机上电网电线的绝缘性能。绝缘屏蔽电线的某些屏蔽层与飞机壳体在个别部位上是相连接的，在测量绝缘电阻之前，这些屏蔽层必须从壳体（机体）断开。

在正常气候条件下（环境空气温度 (25 ± 10)℃，大气压 (99.99 ± 4.0)kPa，相对湿度 $(65\pm15)\%$），当与馈线连接的用电设备数量小于或等于 3 时，一根馈线绝缘电阻应不小于 10MΩ；当与馈线连接的用电设备数量大于 3 时，一根馈线绝缘电阻应不小于 8MΩ；如果电网任一点有搭接短路，则兆欧计显示零电阻。

2. 检查馈线绝缘电阻

检查方法有以下几个方面。

（1）切断线路自动保护装置，取出该馈线的熔断器。如果馈线没有用熔断器保护，则将该馈线从馈电的所在汇流条上断开。

(2) 从飞机壳体上断开待检查线路中与壳体相连电路的负线。

(3) 断开带有继电器的配电装置,包括在待检查馈线中的或与该馈线相连接的全部设备。

(4) 从灯具中取出信号灯灯泡及航行灯灯泡。

(5) 为了在电连接器断开的情况下能够同时检查所有的馈线,可以用跨接线连接电连接器的接触偶,再接通开关、按压按钮和终点开关进行检查,带接触偶的跨接线如图7-12所示。

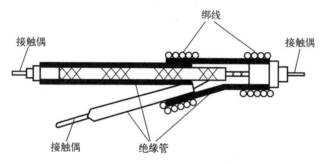

图 7-12　带接触偶的跨接线

(6) 测量绝缘电阻时,断开的电连接器壳体应与飞机壳体(机体)连接在一起(如用裸线短接)。

3. 测量电网其他装置的绝缘电阻

测量机上电网电线绝缘电阻结束后,应连接先前断开的装置(附件),将熔断器、保险管和灯泡安装到原位,连接先前断开的负线,检查绝缘电阻的典型电路如图7-13所示。若馈线绝缘电阻值低于允许值,必须检查馈线的连接质量。若馈线绝缘电阻值仍然低于允许值,必须按连接图检查在工艺电连接器部件上该馈线的绝缘电阻。

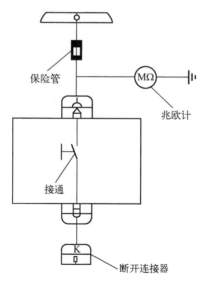

图 7-13　检查绝缘电阻的典型电路图

7.4 飞机电磁干扰检查

7.4.1 电磁兼容试验

不同用户或者不同批架次的飞机可能有不同的系统配置和线路连接，其布局和安装也可能随之改变，这将直接关系到全机的电磁兼容问题，因此，对每种构型的首架飞机应全面进行电磁干扰的测试。电磁兼容试验是跨系统的综合试验，具有跨系统试验的特点，严格来说与机上所有的发电系统、配电系统和用电系统都有关，单个系统工作正常是全机电磁兼容试验的前提条件。

1. 试验文件

试验文件编制一般有试验大纲和试验要求两部分内容。

1) 试验大纲的编制

电磁兼容试验从确定试验内容，提出试验要求，到规定受试系统和设备，规定数据记录，必须全面考虑、抓住重点、合理判断可能的干扰源和可能的受干扰系统，既要保证达到试验目标，又要减少试验工作量、缩短试验时间。符合电磁兼容试验要求是系统装机后检查和验证系统功能的重要内容，因此应当符合系统机上试验程序的一般要求。

（1）在技术内容方面，应当包括通电检查技术条件、方法步骤、工具设备、测试手段、数据记录、结论判断等。

（2）在文件格式方面，应当按照文件标题、文件编号、目录、适用范围、概述，前提条件，所需设备和工具、试验要求、注意事项、相关文件等统一的规格执行。

2) 试验要求的编制

全机电磁兼容试验要求（试验程序、试验大纲），应当包括飞机状态、可能有的干扰源和敏感设备以及这些设备的工作状态，操作各个可能有的干扰源和可能受干扰影响的敏感设备及观察干扰影响的方法，鉴定评判干扰对敏感设备的影响程度，敏感设备性能降低判断依据，测试用仪器及其他内容，试验要求编制一般包括以下内容。

（1）总则。说明全机电磁兼容试验的目的、基本要求和其他概括性事项。

（2）试验所需文件和图样。

① 各系统、成品的原理图、接线图、导通表及线束安装图、设备安装图。

② 各系统，成品的通电检查技术条件、机上试验程序、功能试验要求。

③ 机载电子系统，仪表设备和电气系统等电磁干扰技术条件、电搭接技术条件等。

（3）试验的准备。全机电子、仪表、电气设备（发电、供电和用电设备）及其导线或线束必须按相应的图样规定正确安装，并经通电检查、功能试验，各系统、设备工作正常、符合要求。

（4）试验所需条件。使机载接收机正常工作所必需的地面信号源设备、毫伏表和必要的连接导线和线束。

（5）试验监控环境。全机发电，供电设备和用电设备之间的电磁兼容性检查。

（6）试验方法。进行电磁兼容试验的检查方法。

2. 试验实施

1) 环境条件

（1）电磁干扰检查场应是平坦开阔场地，远离建筑物的距离不小于50m，附近无高压线和地下电缆，附近无其他飞机飞行或开车，并且无其他大功率发射台工作。

（2）天气应晴朗、无雨和雷电。

（3）人员位置应相对固定，不得随意走动。

（4）标出RDR危险区。

（5）在条件允许的情况下，可在电磁兼容试验室环境下进行检查。

2) 检查内容

（1）全机电磁干扰检查。在生产的每批飞机中抽一架飞机进行电磁干扰检查，批抽飞机全部装机设备、分系统均满足相应的产品规范要求，具有合格证，批次状态配套齐全设备完好。全部机载设备、分系统已通过机上功能性检查试验工作正常，与检查无关的非装机设备必须全部拆除。

（2）每架飞机无线电设备电磁干扰检查。在每架飞机上进行电磁干扰检查，飞机应处于完好状态，被检查的电子设备按相应的技术文件通电检查应工作性能正常，确认设备完好，与检查无关的非装机设备必须全部拆除。

3) 检查方法

在发动机不开车（地面电源供电）和发动机开车（额定转速）情况下，首先启动敏感设备及其配套工作的相关设备，使敏感设备处于工作状态，然后逐个启动并操作干扰设备，同时监视敏感设备处于工作状态。

干扰设备一般包括照明控制系统、应急地平表、电台、TACAN、无线电高度表、RDR等。

敏感设备一般包括无线电罗盘、BCN、电台、TACAN、无线电高度表、RDR、DCMS、ADS、INS、SMS、电子飞行仪表系统（Electronic Flight Instrument System，EFIS）、油量表等。

在干扰设备和敏感设备中，电台、TACAN、无线电高度表、RDR既是干扰设备也是敏感设备。其中，电台作为干扰设备时，应选取高、中、低频点进行单独发射或同时发射并大声喊话；作为敏感设备时，电台处于接收状态，应选取高、中、低频点进行接收检查。

7.4.2 故障排除方法

1. 电磁干扰三要素

电磁干扰的三要素是电磁干扰发生的基本条件，即电磁干扰源、耦合路径和敏感设备，所有电磁干扰都是这三个要素组合产生的，电磁干扰三要素如图7-14所示。

1) 电磁干扰源

电磁干扰源是指产生电磁干扰的元件、器件、设备、分系统、系统或自然现象。

2) 耦合路径

耦合路径是指把能量从干扰源耦合到敏感设备上，并使该设备产生响应的媒介。耦合路径可分为辐射耦合和传导耦合两种，电磁干扰可通过其中一种或同时通过两种方式对敏感设备进行干扰。

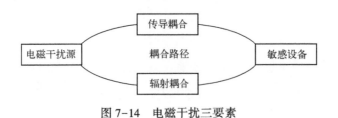

图 7-14 电磁干扰三要素

3) 敏感设备

敏感设备是指对电磁干扰产生响应的设备。

2. 电磁干扰的危害

1) 高压击穿

当器件接受电磁能量后可转化为大电流，在高阻处转化为高压，结果引起节点、部件或回路间的电击穿，导致器件损坏或瞬间失效。

2) 浪涌冲击

对有金属屏蔽的机载设备，即使壳体外的微波能量不能直接辐射到设备内部，但在金属屏蔽壳体上感应的脉冲大电流，像浪涌一样在壳体里流动，壳体上的缝隙、孔洞、外露引线一旦将一部分浪涌电流引入壳体内的设备电路上，会导致内部敏感器件损坏。

3) 瞬变干扰

瞬变干扰是因瞬变电压造成的干扰，瞬变电压容易使得半导体器件产生击穿，并危害其他电路的正常工作。

3. 常见故障的排除方法

从时间、空间和能量的角度，对影响电磁兼容性的三要素进行分析，处理建议有以下几点。

(1) 了解干扰现象发生的时机，识别发动机的工作状态（开车、不开车）。

(2) 进行单供电系统隔离。

(3) 检查机上布线状态是否改变。

(4) 检查液压、燃油等高压高速流体管壁（静电）与电源电缆的安全距离。

(5) 检查发热体，热源辐射。

(6) 检查电搭接技术要求。

(7) 检查射频源机上浪涌。

(8) 更换源端机载电源设备。

(9) 使用抑制器、滤波器（如电容）进行隔离。

4. 电磁兼容干扰矩阵

飞机电子设备的干扰可能有上百个交点，但根据实际使用中发现存在的较大干扰并不多见，大部分的干扰较小或基本无干扰。其中，主要的干扰源在射频通信，其中功率较大设备、波长与机身尺度关系处于谐振状态，机身外皮会产生很强的感应电流，会对机上各种电子设备产生严重的干扰。

不同机型的电磁兼容干扰矩阵不同，应针对特定机型分析 Rx/Tx 设备的技术特点和使用经验建立干扰矩阵，由于电磁干扰具有一定的概率性，应进行多次通电考机调试。飞机外部天线辐射进入座舱后，可能干扰仪表，在调试过程中应重点关注，对于镀金膜舱盖，可关闭舱盖试验。电磁兼容干扰矩阵示例见表 7-6。

表 7-6 电磁兼容干扰矩阵示例

T_x \ R_x	雷达	敌我识别	塔康	超短波电台	短波电台	微波着陆	仪表着陆	机载仪表
雷达	-	-	-	+	+	-	-	+
敌我识别	-	-	-	+	+	-	-	-
塔康	-	-	-	+	+	-	-	+
超短波电台	+	+	+	++	++	+	+	+
短波电台	+	+	+	++	++	-	-	++
微波着陆	-	-	-	-	-	-	-	-
仪表着陆	-	-	+	-	-	-	-	+

注：1. ++表示严重干扰；
2. +表示轻微；
3. -表示不干扰。

第8章 航空电子装备联试技术

系统联试应明确试验目的、试验原则、试验程序以及试验数据的采集、分析与处理，试验结果评定等内容。技术支持文件通常包括编制系统联试方案或联试大纲以及联试验收测试程序等文件，这些文件严格来说都属于设计文件，不能直接应用于生产试验活动，因此应把这些设计文件作为输入，对系统集成联试过程进行工艺设计，编制合理可行的规范、工艺文件指导联试过程及生产作业活动，这一过程的工艺文件种类包括指令性文件（如联试工艺方案），生产性文件（如联试试验规程、联试材料定额和联试工时定额）；管理性文件（如技术状态管理文件）等。联试试验分为单向联调和系统联调两种，其中单向联调是对子系统的联试试验，是在满足子系统中设备功能正常工作的情况下，对子系统进行联调试验；系统联调是对系统整体的联试试验，是在满足系统中子系统正常工作的情况下，对系统整体进行联调试验。

8.1 地面试验程序

航空电子系统是复杂的综合系统，各设备之间交联紧密，工作关系相互依赖，为了验证系统集成的正确性，必须具有相应的地面验证支持环境。在航空电子系统开发的系统定义阶段，就应考虑着手建立系统的 DSI 设施，用于验证设备的功能、接口、逻辑、显示、输入/输出的正确性。开发人员根据航空电子系统开发研制项目和计划，应进行 DSI 设施的系统定义，制订 DSI 设施开发计划，进行 DSI 设施的方案设计，并制定初步的 DSI 设施技术要求，以确保该设施的功能、性能、质量、进度等满足系统研制的要求。

8.1.1 DSI 设施开发过程

DSI 设施的建立是一个复杂的系统工程，涉及设施硬件的研制、软件的开发以及设施本身的综合等。DSI 设施的开发和建设是一个逐步建立、完善和升级的过程，一般将持续一个较长的周期，DSI 设施技术要求也是一个逐步迭代和完善的过程，将随着系统研制阶段的深入而完善和冻结。DSI 设施建设一般包括研制方案、详细设计、工程设计、综合测试和运行维护 5 个开发过程，DSI 设施开发过程如图 8-1 所示。

图 8-1 DSI 设施开发过程

8.1.2 研制方案

1. DSI 设施功能

DSI 设施能够完成飞机航电系统的单设备装前检查、多设备检查、全航电系统检查、系统静态检查、系统动态检查、系统数据测试等多项任务，可以对试验设备进行功能、接口、控制逻辑、显示等装前检查。DSI 设施主要包括系统动态模拟/仿真环境、机载软件开发环境、系统仿真/综合环境。

1) 系统动态模拟/仿真环境

在飞机方案论证和初步详细设计阶段，主要用作战术性能分析、定义系统及确定飞行员的操作程序。

2) 机载软件开发环境

在飞机详细设计阶段，支持开发和验证系统软件。

3) 系统仿真/综合环境

主要用作模拟、仿真及综合全航空电子系统，实现系统的综合和验收。

2. DSI 设施环境要求

环境的设计与施工是保证设施正常运行的关键因素，设施环境建设只有通过稳定可靠的运行才能发挥其使用效能，而设施的运行依赖于严格的环境条件及其控制精度，环境条件主要包括温度、湿度、洁净度、电磁环境、防静电、不间断供电、安保、防雷、防火、防漏水、抗振动、承重、接地、通风等。设施环境涉及自动检测与控制技术、抗干扰技术、通风技术、防静电技术、综合布线及供配电等多种技术，设计中必须结合场地的实际使用情况，全面分析影响设施稳定运行的各种因素，综合考虑建设内容。

1) 安全性

设施的安全可靠运行是设施环境建设的主要目标，安全性因素包括防火、防水、防雷击、防电磁泄漏、防静电以及配电安全等诸多方面，必须保证以上环节都是安全的。

2) 可靠性

要保证设备全面、连续、稳定、不间断的工作，首先要在设施的工作环境上得到保证，供电系统在安装和设计方面，要达到系统全年运行故障率高于标准要求，空调系统的设计和施工，要满足设施系统正常运行的工作温度、湿度要求，以及空气洁净度和噪声方面的要求。

3) 科学系统性

设施环境不是一个简单的设备摆放场所，而是由建筑装饰工程，动力供配系统（配电）、监控系统（环境、设备监控）、综合布线系统、空调系统（新风、除尘、温度、防霉）、消防灭火系统（消防报警）、专用地线（交流工作、交流保护、直流释放、静电释放）、抗浪涌保护系统（强电、弱电）、安保门禁系统（电子门禁）等多个系统组成的综合系统工程，各系统均不是相互隔离的，而是有密切的关联。

4) 成熟性和适用性

选用的技术及设备均在以往的工程实践中得到充分检验，都能最大限度地满足设施现有业务及未来发展的需要。

5）标准性

设施环境的设计和工程实现，首先要体现标准性，要严格按照国家现有的规范、标准来进行综合设计，图纸文件规范齐全，采用标准通用的符号、标记，力求通用、可调整、维修便利，并具有详细的文档资料。

6）先进性

建设后的设施应该是一个功能完善的使用环境，满足设施的正常运行需求，能适应未来的发展。设施环境设计时，应遵循高起点、高质量，确保设施长期高效运行，同时具有一定的超前性。

7）可扩充性

设施不仅能支持现有系统，还应在空间布局，系统电网容量，网络设备端口留有充分的余地，便于系统进一步开发以及适应未来系统更新换代。

8）美观舒适性

其设计在满足安全性、可靠性、成熟性、适用性、标准性、先进性、科学系统性和可扩充性的前提下，还需充分考虑到各种设备的维修空间，空气调节的循环通道，操作员可视规范，合适的工作空间，并合理安排走道、机器重量分布及未来设备扩充空间。

3. DSI 设施测试系统组成

DSI 设施测试系统主要由软件和硬件两个部分组成，DSI 设施测试系统组成如图 8-2 所示。

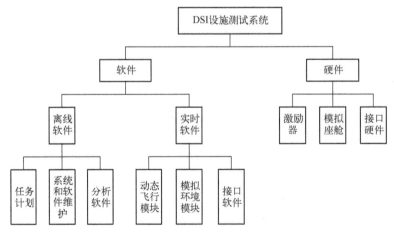

图 8-2　DSI 设施测试系统组成

1）软件设计

（1）设计要求。

① DSI 设施中航空电子系统各软件仿真模块的定义和系统软件的总要求，包括软件结构、编程语言、定时、设施硬件的限制约束等。

② 航空电子系统（各子系统）软件仿真模块的主要功能、性能、控制逻辑、接口文件等要求以及软件编程要求和约定。

③ 定义航空电子系统各子系统软件仿真要求。

④ 其他要求，如软件开发要求等。

(2) 软件设计。

软件设计包括离线软件和实时软件，软件仿真包应满足系统在不同阶段的要求。

① 离线软件。离线软件包括任务计划、系统和软件维护及分析软件等。

② 实时软件。实时软件包括动态飞行模块、模拟环境模块和接口软件等。

(3) 软件文档的组成。软件文档的组成见表8-1。

表8-1 软件文档的组成

序 号	文 件	说 明
1	软件项目开发计划	描述实施软件开发工作的计划
2	软件需求分析	可分解一个总需求加若干软件需求，如DSI软件需求和航电模拟器需求
3	软件设计说明、方案设计说明、详细设计说明	可分解软件包中较大模块或重要功能，应包括软件中每个模块
4	用户手册	包括安装、配置、操作、维护等
5	软件综合测试计划	对软件配置项和软件系统或子系统进行合格性测试的计划，软件综合测试包括总集成、分集成、软/硬件综合等测试
6	测试报告	对计算机软件配置项、软件系统或子系统进行合格性测试的记录
7	DSI软件项目总结报告	描述软件整个研制/开发情况

2) 硬件设计

DSI硬件主要包括激励器、模拟座舱和接口硬件。

(1) 激励器。

① 定义航空电子系统子系统激励器要求。

② 定义DSI设施所需硬件设备的功能、性能要求。如主机、控制器、图形发生器及监视器、软件调试及加载设备等。

③ 确定DS1环境中硬件功能模块。

(2) 模拟座舱。定义模拟座舱的功能、性能以及人机功效的要求。

(3) 接口硬件。定义DSI设施的各种接口，包括硬件设备间接口、软件和硬件间接口、通信接口、人机接口等。

(4) 硬件设计文件的组成。硬件设计文件的组成见表8-2。

表8-2 硬件设计文件的组成

序 号	文 件	序 号	文 件
1	航空电子系统LRU综合要求	8	线束电气原理图
2	航空电子系统各LRU综合	9	线束导通表
3	DSI硬件设施设计报告	10	线束加工制作工艺规程（专用工具、设备）
4	DSI硬件设施验收测试	11	DSI硬件设施验收试验程序
5	自制设备详细设计	12	DSI用户操作/维护手册
6	线束详细设计文件	13	DSI硬件设施验收测试报告
7	线束测试要求和测试程序	14	计量文件

4. 布局要求

设施布局有以下几点要求。

(1) 设备应采用集中规划布局，以免测试时与其他专业交叉作业。

(2) 设备应尽可能采用单层布局形式，以免维修时重复拆装，在受到空间限制不得不多层布局时，重点权衡考虑各个 LRU/LRM 故障率的高低、调整工作的难易、拆装时间的长短、重量的大小以及安装特点等，进行合理的布置。

(3) 设备、机件的调整部位、安装方式必须与其在飞机上的具体安装位置综合考虑。设备、机件的调整装置和受检查面应朝向维护人员，其布局应保证足够的操作空间，对目视不可达设备，在结构上应采取措施使其便于联试工作的进行。

(4) 对于需经常观察的设备，应保证具有良好的视觉通道，如惯性接触器、维护监控板等。

5. 防差错设计

防差错设计主要有以下几点要求。

(1) 航电系统重要设备的设计和制造，应有防装错的机械措施，实现"错位装不上"，以保证不可能进行机构或电气的错误安装或以错误的方式连接电缆、电气连接器等。

(2) 用电系统连接器、线束时，应有与相邻设备的防差错措施。

(3) 需维修人员引起注意的地方，应在便于观察的位置设置维修标志、符号或说明标牌。

(4) 仪表板和操纵台上控制板（盒）的布局和开关的通断方向，应利于操作使用，重要开关按钮应有防误操作措施（如保护盖或连锁）。

6. 可达性设计

可达性设计有以下几点要求。

(1) 系统、设备、附件应根据其故障率的高低、维修的难易、拆装时间的长短、尺寸和重量以及安装特点等统筹安排，进行合理的布置，尽量做到在检查和拆卸任一故障件时，不必拆卸其他设备、附件。

(2) 应保证故障频率高、预防性维修频繁的设备具有良好的维修可达性。

(3) 零部件、元器件的位置安排应不影响测试仪表和工具的操作，维修操作通道应是直线或平缓的曲线。

(4) 航电系统各外部维护测试点应具有良好的可达性并且维护方便。

(5) 在不降低飞机性能的条件下，可采用无遮盖的观察孔；需遮盖的观察孔应用透明窗或快速开启的扣盖。

7. 测试性设计要求

测试性设计有以下几点要求。

(1) 设备应具备 BIT 功能，采取分布—集中式检测布局，各子系统或设备应单独设置 BIT，并由 DCMS 负责对整个系统 BIT 信息进行综合处理、分类存储和集中显示。

(2) BIT 信息经综合任务处理机处理后，应根据故障等级分别在 HUD 和 MFD 上显示，并传送到数据记录设备予以记录。

(3) 重要信息应以语音或灯光告警的形式提供给飞行员或地勤人员。

(4) 应能对航电设备的主要性能参数进行原位检测，以免给拆装设备带来不便。

8.1.3 详细设计

1. 概述

DSI 设施详细设计主要定义设施中各设备的详细设计要求、系统接口定义与硬件密切相关的软件设计要求等，主要包括环境设计、拓扑结构、台架设计、显示系统、ICD 仿真测试系统和激励器等。DSI 设施详细设计框图如图 8-3 所示。

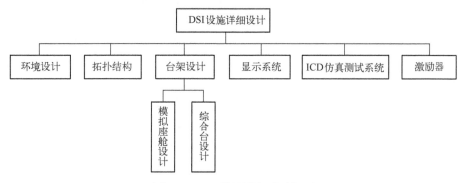

图 8-3 DSI 设施详细设计框图

2. 环境设计

环境设计要求包括设施环境的温湿度、托架的环控通风、空气流量、入口风温等要求。

3. 拓扑结构

典型航空电子 DSI 设施拓扑结构见附录 2。

4. 台架设计

航空电子系统地面集成环境采用半实物仿真，DSI 设施台架主要由模拟座舱和综合台两个部分组成，其中模拟座舱是最重要的人机交互界面，综合台是提供机载设备安装的平台。在满足功能要求的条件下，应充分考虑操作的人机工效和设备的可达性、可维修性的要求。

1）模拟座舱设计

（1）模拟座舱的主要功能。模拟座舱是系统集成中最重要的硬件模拟设备，是仿真系统的最终模拟对象，是直接的操纵界面，是操作人员地面试验的主要设施，座舱人机功效设计的优劣直接影响操作人员的工作效率。为了更加真实有效地模拟飞机的真实使用环境，模拟座舱应根据实际使用需求，尽可能地与飞机座舱相同，逼真地再现被模拟飞机座舱内的环境布局。一个完整的座舱系统主要包括舱体、操纵机构及负荷系统和座舱仿真设备等。

（2）座舱制造。座舱系统设计必须明确座舱的环境空间要求，一般采用被仿真飞机的真实座舱环境进行设计和制造。座舱系统包括座舱支撑平台、座舱结构、座舱操纵机构（操纵杆、脚蹬、油门杆）、操纵负荷系统和座椅等座舱仿真设备。

① 模拟座舱的舱体骨架、外壳、地板轴线以下的主操纵连杆机构和辅助操纵机构，按实际功能需要制造，舱体外壳应便于设备的拆卸、安装和维修，以及操纵人员的进出。

② 仪表板、操纵台可采用真实飞机部件或进行仿真，包括布局和尺寸，相应仪表、开关、按钮等的安装孔应与真实飞机状态一致。

③ 座舱机构下面应配置支撑平台结构，安装操纵负荷装置，与座舱操纵结构相连装置之间的安装应保持足够间隙，防止发生机械卡滞、摩擦和碰撞，保证座舱操纵结构具有合适的操纵行程，电缆有充足的布置空间。

④ 按真实飞行员正前方下视角设计相关设备的布局。

⑤ 座舱设备应按真实状态安装，在条件不允许时可适当调整，但需满足前方视界和下视界的要求。

⑥ 对于舱内可见的非操作部件，按实际外观尺寸和颜色模拟仿真；对于舱外不可见的操作部件或结构部件，只对需要的进行功能模拟仿真。

⑦ 工作舱口开口的尺寸、方向、位置等都要使操作人员方便，有一个比较合适的操作姿态，经常要维修的机载电子设备检查窗口，在条件允许的情况下应尽量开设在一般维修人员齐胸高度的位置。

⑧ 在系统、设备上进行维修时的环境条件，应符合人的生理参数和能力，噪声应不超过人的忍受能力，如难以避免，对维修人员应有保护措施，应对设施维修工作提供适度的自然或人工照明条件，应采取积极措施，减少系统、设备机件震动，避免维修人员在过度震动条件下的工作，产生操作困难、判读不准、工作效率下降等现象。

⑨ 测试点、机件调整和连接机构要便于识别和维修操作。

2）综合台设计

综合台用于安装航空电子各子系统 LRU/LRM，应充分考虑到 LRU/LRM 在飞机上的布局，以及试验室环境下电源、激励器、座舱安装位置、电缆敷设等特殊情况。

(1) 综合台机柜采用模块化结构，以方便组装、搬运和扩展。

(2) 带机轮和制动支架的底座。

(3) 机柜顶部覆盖绝缘橡胶，顶板的两侧设置电缆进出口，以支持综合台设施电缆与顶板上 LRU 的连接。

(4) 综合台内部靠近顶板电缆进出口位置应安装设施电缆的布线槽，信号电缆沿着布线槽进行布线，台面电缆进出口应进行防护，从防止电缆长期使用产生磨损。

(5) 底板应留有综合台电缆的进出口，且进出口四周应安装防护胶皮（或塑料以防止电缆被磨损）。

(6) 综合台应设置接地装置。

5. 显示系统

在试验中，显示系统可用于重要的试验数据和航电系统画面显示，并可以选择输出重要的试验数据、指令和画面等。

6. ICD 仿真测试系统

ICD 仿真测试系统（简称 ICD 系统）用于技术方案验证和集成仿真测试，在仿真平台中模拟总线接口，定义串行数据块和终端数据块及通信协议，并按软件协议仿真数据流，完成对系统性能、指标的验证，ICD 系统可独立完成所有设备的仿真，从而验证系统通信协议和指标的合理性，也可以和已完成测试设备一起进行系统仿真测试，对设备的功能、接口进行测试验证。

1）开发原则

ICD 系统是测试的支撑环境、执行环境和评估环境，根据 DD 和 ICD 的详细控制逻辑和接口数据定义，设计系统及各子系统软件仿真模块，提供贯穿整个设计、研制、集成周期的仿真、验证、测试和评估支持。ICD 系统应能够实现对复杂的航空电子系统各设备之间接口信息的设计，提供对 ICD 数据库的查询功能，此外必须提供相应的管理和维护功能，使 ICD 数据库管理更加安全、可靠，提高 ICD 设计的效率，满足复杂的 ICD 数据管理要求。

（1）测试支撑环境。ICD 系统应具有仿真系统的接口和通信功能，包括 BC 仿真软件、RT 仿真软件、BM 仿真软件等，通过这些仿真功能可以提供一个模拟真实情况的运行环境。

（2）测试执行环境。ICD 系统应能够验证航空电子系统接口正确性和功能的完备性。通过系统 BC 仿真软件实现系统接口的通信协议，验证系统 RT 功能的正确性；RT 仿真软件与系统 BC 连接，验证接口和协议的完备性和正确性。

（3）测试评估环境。ICD 系统应能够定义参试设备与接口，配置测试系统结构，并且可以对测试结果进行统计评估汇总，实现对测试流程的全面管理与控制。

2）仿真测试系统主要功能

（1）仿真功能。BC 与各节点进行通信，仿真数据流按总线数据协议进行组帧和仿真，数据个数根据读入的数据文件确定，数据文件中详细明确了每条消息包含的字个数，每次仿真字个数可以进行删减。总线网络 ICD 系统在仿真过程中首先读入待仿真的数据文件，建立虚拟的电气网络连接关系及仿真数据流，配置相应的仿真协议，并将之配置到仿真测试终端，然后启动仿真流程，启动仿真流程后各仿真站点还需等待仿真测试终端的启动命令再启动仿真周期，仿真测试终端接收外部给定的同源控制指令时同步启动仿真周期。

（2）监测功能。支持无需重新编程即可监控所有数据流参数变化情况，并实时显示；对测试过程全程记录分析，并可对测试过程进行回放；将总线数据存储到数据库，对用户需要的数据进行筛选并实时显示。支持将总线所有数据流，如电压、电流、转速、角速率、压力等，进行曲线、图形、仿真仪表、数值等方式显示的功能。支持将各参数的历史数据按基于命令字、消息块号或错误、消息等信息把消息或消息中的数据从数据库中提取出来，进行数据分析和处理。

（3）数据判读。通过 ICD 数据库对收到的监测参数进行自动判读。若数据异常，则发出警告。

（4）测试管理功能。

① 通过软件界面设置数据流及总线号、终端号、消息块、物理参数等关键参数。

② 具有用户权限管理功能。

③ 具有测试数据、测试日志等信息的记录、归档、查询、输出等功能。

④ 具有测试数据回放功能。

⑤ 具有系统自检功能。

（5）ICD 管理功能。具有设置数据流及总线号、终端号、消息块、物理参数等关键参数的功能。总线数据协议按特定的规范存储在数据库中，包括系统的控制逻辑、物理量的意义、比例关系、物理量的单位、有无符号位、编码形式等各种相关信息。系统仿真测试时，直接把仿真测试参数与总线 ICD 数据库对应，ICD 内容更改可直接通过 ICD 库的变化体现出来，ICD 表单可定义，修改软件协议时无需修改软件，可通过修改 ICD 表单重新配置数据流进行仿真测试。

（6）数据库管理功能。采用 ICD 的方式定义每一条消息数据，按总线仿真数据流通过软件界面进行设计、修改 ICD 各表内容，输出数据块清单、输出 ICD 报表。

3) 系统方案设计

(1) 系统组成。

① 系统硬件的组成。ICD 系统硬件的组成包括 RT 仿真测试终端、BC 仿真测试终端、BC/RT/MT 模拟终端、数据库服务器、监控终端、网络交换机等，ICD 系统连接如图 8-4 所示。

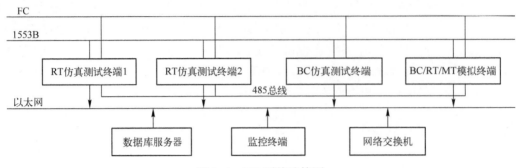

图 8-4　ICD 系统连接图

② 系统软件的组成。系统软件采用模块化软件结构，软件测试平台包括仿真测试软件、监控软件、ICD 管理软件、服务器软件 4 个软件模块。其中，仿真测试软件部署在各仿真测试终端；监控软件部署在监控终端；ICD 管理软件部署在各部分；服务器软件部署在数据库服务器。ICD 系统软件组成如图 8-5 所示。

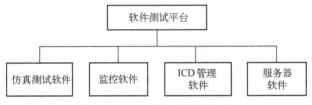

图 8-5　ICD 系统软件的组成

这 4 个软件模块既相对独立运行，又存在相互调用关系，各软件模块调用关系如图 8-6 所示，其中每个虚线圈内部分运行在独立的计算机空间内。

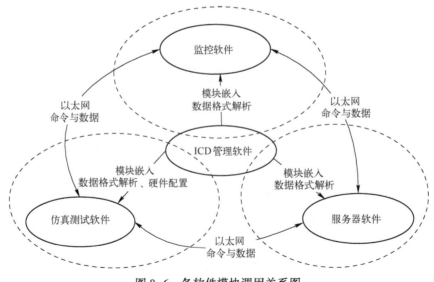

图 8-6　各软件模块调用关系图

（2）系统工作原理。ICD 系统包括总线消息、仿真数据和配置信息 3 类数据。其中，总线消息是指总线传输的消息；仿真数据是指串行通信接口和模拟各 RT 仿真测试时发送的数据；配置信息描述了仿真数据和总线消息的数据定义和数据路由。ICD 系统数据流图如图 8-7 所示。

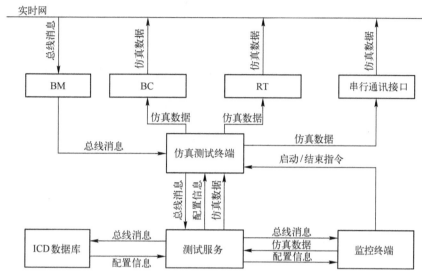

图 8-7　ICD 系统数据流图

（3）ICD 系统的仿真流程。

① 前期准备，ICD 管理软件将各站点配置参数写入 ICD 数据库。

② 软件启动，启动仿真测试终端软件、监控软件和服务器软件；监控软件向服务器软件请求配置信息；仿真测试软件向服务器软件请求配置信息；服务器软件从 ICD 数据库获取配置信息后发送给监控软件和仿真测试软件。

③ 仿真流程启动。监控软件界面收到仿真流程启动操作；监控软件发送仿真流程启动指令给各仿真测试软件，仿真流程启动指令中指定了哪些节点参加仿真，每个节点是否参加仿真可在监控软件界面中设置，仿真测试软件加载参加仿真的节点需要的仿真数据。

④ 仿真周期启动。选定仿真的各 RT 和串行站点以设定周期向总线发送数据；仿真测试终端监听总线上的所有消息以及串行总线上的所有数据，根据参数设置接收数据；仿真测试终端将监听收到的总线数据送给服务器；服务器将总线消息作为历史数据加入到数据库中，同时将总线消息广播给各监控终端；监控终端接收、判断并显示各总线消息。

⑤ 仿真周期停止。监控终端发送仿真周期结束指令给各仿真测试终端，仿真周期结束指令中指定节点停止仿真周期，通过监控终端界面选择节点停止仿真周期，各仿真测试终端收到指令后停止本仿真周期。

（4）ICD 数据管理。为了方便数据管理，需要开发规范化的 ICD 数据库，并提供标准的数据处理接口。根据终端的消息传输周期、信号特性、传输源地址与目的地址对应关系等生成 ICD 数据库，将数据的名称、格式、类型、传输方式、传输速率、更新率、换算关系等说明都输入其中，作为各个子系统总线数据设计的依据。ICD 数据库描述了系统网络拓扑结构与设备接口间数据通信协议，因此通过 ICD 数据库可以方便地实现仿真测试建模。根据传输频率、最大延迟时间、总线平均负载、传输优先级策略，以各终端的 ICD 作为输入信号进行仿真，仿真结果能够安排总线消息传输时序，给出总线传输的实际总线平均负载、消息的实际最大延迟时间等总体性能指标。

数据库包含与测试和数据判读有关的数据结构、协议规则，为实现自动测试技术和自动判读技术提供了必要条件。数据库应针对不同用户设置对应级别的密码，提高了数据的安全性，如果需要修改、增加、删除数据，也必须通过 ICD 数据库完成，这样数据库始终保持最新版本，但对以前的版本也有查询依据，在保证系统的可维护性和安全性的同时，也保证了系统的可追溯性，实现了总线数据规范化管理，ICD 数据库界面如图 8-8 所示。

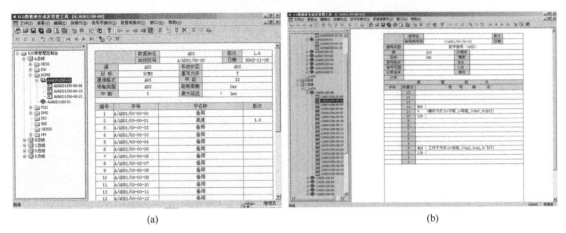

图 8-8 ICD 数据库界面
(a) ICD 数据库界面；(b) ICD 数据块界面。

7. 激励器

激励器是航空电子系统/子系统动态综合仿真环境中所必需的设备，它主要为系统各传感器的动态输入提供一个较为真实的外部环境。

1) 激励器功能

(1) 与航空电子综合仿真设施接口。实时接收综合仿真设施中送来的各种命令和动态数据，控制激励器的工作和回送状态。

(2) 模拟传感器或其外部动态环境。主要处理仿真设施送来的飞行环境（飞机）、物理环境（如大气、风等）、战术环境（目标）仿真模型产生的数据，并将其转换成传感器识别的信号。

(3) 与航空电子传感器接口。与航空电子传感器接口进行信号变换，保障信号的有效传输。

(4) 子系统/LRU 测试功能。激励器应具有子系统/LRU 测试功能，可帮助设备开发人员现场调试和诊断。

2) 激励器技术要求

激励器技术要求主要有供电电源（220V/115V/28V）、硬件接口（与 DSI 接口、与 RT 接口信号定义）、通信（与 DSI 通信协议、数据格式、定义）、操作控制（工作方式、处理功能）等，激励器典型结构如图 8-9 所示。

3) 激励器结构设计

对激励器进行结构设计时，应对系统、设备及自制附件进行热分析，以确定其工作温

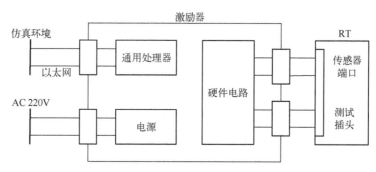

图 8-9 激励器典型结构

度、关键热点和不符合规定要求的温度，尽可能采用传导和辐射的方式将各模块产生的热量通过机箱壁带出机箱外，以保证设备和元器件在工作状态下处于允许的工作温度极限内，为此结构设计时主要采取以下散热措施。

（1）机箱侧板设计散热齿以扩大散热面积。

（2）靠传导散热的部位采取措施减小接触热阻，发热元器件的安装面应保持平直光滑，不应有明显的划痕、凹坑等缺陷，接触面之间应涂导热脂或加导热衬垫。

（3）对于耗散功率大的印制电路板，应采取加装导热板、导热条等增强散热的措施；发热量大的元器件尽可能靠近印制板边缘，降低元器件到机架的传导热阻。

（4）模块设计时，尽量避免局部过热的情况，可在集中发热的部位采用小型散热器或风扇进行局部散热。

（5）对热敏元器件应采取过热保护措施。

（6）发热器件的安装位置应尽量靠近机箱安装面或机架，使其具有良好的热传导通路，直接将热量传导到机壳外部。

8.1.4 工程设计

1. 环境建设

DSI 设施环境设计主要包括设施工艺布置、抗静电地板、接地系统、供电要求、环境控制、安全及其他要求等组成。

1）DSI 设施工艺布置

应合理规划布置 DSI 设施，应考虑电缆长度、总线长度和电磁兼容性等要求，典型 DSI 设施工艺布置如图 8-10 所示。

2）抗静电地板

（1）功能要求。抗静电活动地板敷设在建筑地面上，地板上放置模拟座舱、综合台、激励器及其他电子设备，地板与建筑地面之间的空间内可以敷设连接设备的各种管线，以消除电缆外露对人体及设备危害。

① 抗静电地板可以自由拆卸，组装灵活，互换性好便于敷设和维护，方便所有设备导线电缆的连接及检修更换。

② 地板颜色首选白色，表面光学漫反射，减少光学反射的不良影响。

③ 地板防火性能良好，耐磨、防蚀、抗静电性能优良，抗污染、便于清洁，造型美观。

④ 架空地板的高度应保持一致，无明显落差。

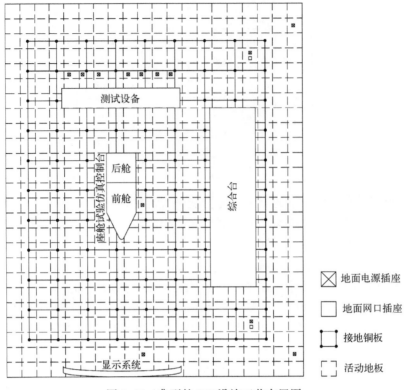

图 8-10 典型的 DSI 设施工艺布置图

⑤ 电缆线束可在抗静电地板下自由地进行电器连接，支撑龙骨光滑无尖刺，避免电缆及连接器刮伤，使其不受损坏。

⑥ 应能使静电电荷泄露至地。

⑦ 原地面应保证平整，不应有裸露的线缆，未使用的原地面开口，应用盖板遮挡。

⑧ 在 DSI 设施布置进入设施环境后，根据制造后的实际电缆线束大小，在抗静电地板上开孔，以便于电缆的布置，开孔处应套有塑料或橡胶护套。

（2）工程要求。抗静电地板采用单块面积 600mm×600mm 无边型抗静电耗散型导静电地板，做抗静电敷设时要考虑龙骨位置，要求地板支脚安装在间隔为 600mm 的龙骨上，当地板敷设遇到突出的承重梁时进行避让，可采用切割或定制适当大小进行敷设，地板敷设应保障不塌陷，不响动，抗静电地板架空高度 200mm，并与静电接地相接，防静电地板承重不低于 $1000kg/m^2$。

3）接地系统

（1）地板接地。防静电接地系统应具有足够的机械强度和可靠性，地线最小截面积不小于 $2mm^2$，接地母线最小截面积不小于 $10mm^2$，防静电接地线宜采用裸铜线，如带有绝缘外皮的地线，外皮颜色应为黄绿色。各接地干线之间的连接可采用钎焊、熔焊、压力连接件或卡箍等进行搭接连接，应符合防静电工作区接地技术要求。

（2）接地铜板。实验室活动地板下安装接地铜板，架高距离地面高度 60mm，铜板交叉点与活动地板支撑点的位置交错排列，交点处氧化层打磨后，用锡焊焊接或压接在一起。网状地系统用于保证电位参考点，提高机载设备内部和外部的抗干扰能力，交点上部应留有连接头，并配有接地固定螺母或其他固定装置，方便设备和产品连接。铜板架高座地面部分采用绝缘材料,在地面支撑点下面应垫 2~3mm 厚的绝缘胶皮或聚氯乙烯等绝缘材料,对地面电阻在 10MΩ 以上,接地铜板任意点到接地桩电阻小于 1Ω。

4) 供电要求

(1) 照明供电。照明供电应有独立控制开关。

(2) 地面电源接口。地面电源采用 220V/50Hz 不间断交流电源供电,地面电源插座应避开地板龙骨支柱及地网支柱,地板下面设置隐形阻尼式五孔地面插座。

(3) 电源控制。设施环境应配备独立的电源控制箱,可独立切断设施的供电并配备保护装置,包括照明、地面电源。

5) 环境控制控制

(1) 温度。环境温度应控制在 20℃±5℃。

(2) 湿度。设施工作区内的相对湿度应在 45%~75%。

(3) 照明。实验室的灯光照明应采用嵌入式顶光照明,光源为日光灯,采用泛光照明,避免在终端显示屏和控制站监视器上产生灯光反射,影响正常操作人员读取数据,实验室四壁采用的材料及物品,应避免灯光的反射产生不良影响。

(4) 实验室通风要求。机载设备在实验室的工作环境应与机上一致,带有环控通风管路的机载设备应按照机上环控通风的要求,试验时进行环控通风,通风流量应与机上一致。激励器等测试设备及附件应进行热分析,确定其工作温度,关键热点符合规定的温度要求,保证测试设备工作在允许的温度限制内。

6) 安全

须避免两类危害,即对人体的危害和对设备的危害,这些危害主要来自高压电源、强电磁波、噪声、空调故障、机械夹伤、漏水和火灾等。

7) 其他要求

(1) 防雷要求。在防静电工作区,接地系统和防雷接地系统之间采取防雷电反击措施。

(2) EPA 标记符号。其最小尺寸为 300mm×150mm,标记颜色一般采用黄底黑色,应避免使用红色。在图 8-11(a)中 * 处标出级别代码(A 或 B)。

图 8-11 接地连接点标识

(a) EPA 标记符号;(b) 接地连接点。

(3) 接地连接点。EPA 内的接地连接点符号样式如图 8-11(b)所示,其尺寸应能够在普通照明条件下用肉眼清楚辨认,标记颜色为黄底黑色,应避免使用红色。

2. 线束加工

试验电缆是设备之间进行信号交联、数据通信的物理载体,包括测试电缆和飞机电缆,根据 DSI 的拓扑结构和硬件设计方案中的各设备连线图、系统各 LRU 综合图等设计 DSI 设施线束,在电连接处应标明所适用的型号、电连接器的编号等,该项工作是 DSI 设施建设中关键的部分，应充分考虑设计正确性、可靠性以及电磁兼容性等基本原则。

1) 电缆加工要求

电缆的截面和牌号应该符合接线图或细目表要求。

(1) 电缆的切割面相对电线纵轴线应是 $90°±10°$。

(2) 电缆应具有符合连接器图纸和电缆表的标识符号。

(3) 电缆标识所有套管应符合细目表和线束图要求。

(4) 标签的长度应该比标识符号每侧长 2~3mm。

(5) 由热缩管制成的标签，其端部不应有缺口和毛刺。

(6) 标识符号的颜色应该与标签的颜色相区别。

2) 线束加工

(1) 按电缆接线图装配电线成线束，线束的尺寸和连接关系应按照电缆接线图和线束图加工。

(2) 在由屏蔽电缆和非屏蔽电缆组成的线束中，应将屏蔽电缆分出来单独绑扎，然后放入总线束中。

(3) 按照细目表中要求的牌号涂腊线进行绑扎。

(4) 对于直径为 20mm 或直径大于 20mm 线束的绑扎，使用折成两折的线。

(5) 在扎线和绑扎时，在距绳结 8~10mm 处切断。

(6) 分出来的屏蔽电缆扎线间距为 100~150mm，界面 $0.2mm^2$ 电缆扎线间距为 200~300mm。

(7) 线束分支及分岔绑扎方法如图 8-12 所示。

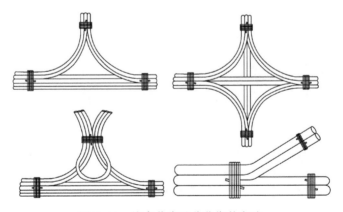

图 8-12 线束分支及分岔绑扎方法

(8) 从线束的分岔和分支引出的电缆数量在 4 根以内时，为了增大线束弯曲半径，在电缆上应缩上热缩管。

(9) 扎线或任何一个绑扎起点布置在离连接器焊接区的距离不大于 75mm。

(10) 截面为 $16mm^2$ 和超过 $16mm^2$ 三相动力干线电缆按图 8-13 所示三角形独立的线束绑扎。

(11) 在加工线束时，应在所有线束上安装标签，标签上标有线束图号，加工线束的工程号。

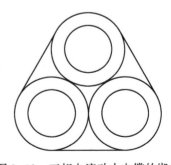

图 8-13 三相电流动力电缆的绑扎

3. 总线

1) 光纤总线

(1) 光纤跳线生产要素。光纤跳线生产主要可分为光缆与连接器散件的组装、端面研磨、检查及测试3部分，其中以研磨及测试部分对制造优质光纤的影响最大，制造光纤跳线要达到最佳效果，其中包括以下几个要素。

① 使用正确的设备、工具及组装程序：所有的组装程序都必须采用合适的工具，如剥线钳、脱泡机、固化炉、针筒及胶水等，需要选择专为生产光纤跳线而设计的设备。

② 使用高质量的光纤连接器散件：高质量的连接器散件也能间接使问题减少，从而更易达到优质的连接效果。

③ 稳定的研磨机：研磨机是生产光纤跳线的核心部分，在生产过程中相当大比例的品质问题都直接或者间接与研磨机的稳定性有关，可见研磨机在光纤跳线中的重要性。

④ 优质的研磨砂纸：研磨砂纸的使用直接影响到产品的质量。

⑤ 正确的操作程序：除了材料与机器的配套外，还必须依循正确的操作程序与时间的操控，产品才能获得稳定的质量。

⑥ 精确及稳定的测试仪器：随着科技的进步，回损、插损及干涉仪等测试仪器的应用更为普遍，在光纤跳线生产线上不可缺少，故其精确度便尤为重要。

⑦ 有责任感与富有经验的技术人员：再优良的仪器工具也需要有熟练的技术员配合才能保证产品的质量，所以挑选及训练员工也是生产优质光纤跳线不可忽视的一环。

⑧ 整洁及无尘的环境：尘埃对光的传输有很大的影响，所以生产光纤跳线的过程中，对环境的要求也是很高的，一般应在无尘车间生产。

(2) 光纤跳线生产设备。光纤跳线生产设备主要包括光缆裁缆机、气动压接机、脱泡机、自动注胶机、固化炉、研磨机、光纤端面检测仪、插回损测试仪、超声波清洗机和3D干涉仪等。

① 光缆裁缆机。光缆裁缆机是一种专门为生产光纤跳线而设计的一种专用加工设备，它具有自动计长、盘缆、切断、自动保护光纤的功能。其长度设定灵活，盘缆大小可调节，送缆速度快（可调速），带喷码设定等优点。

② 气动压接机。气动压接机广泛应用于光纤光缆、光无源器件和光纤通信系统的端子压接和固定，极大提高了尾柄的压接效率和压接一致性，用于连接器装配及陶瓷插芯金属尾座及其他产品的压接装配。

③ 脱泡机。脱泡机在胶水脱泡时使用。

④ 自动注胶机。自动注胶机是一种用于代替人工注胶的精密设备，具有体积小、操作方便、性能稳定、效率高和经济适用的优点。

⑤ 固化炉。光纤固化炉是用来加热固化各种光纤连接器（尾纤、跳线）头，包括FC、SC、LC、MU、MT、ST、MPO等光纤连接器，适用于加工组装后固化的光纤连接器。

⑥ 研磨机。研磨机是研磨系统中最重要的一部分，目前采用最多的为四角平台式加压研磨机，由磨盘及垫片距离调整压力，所以其压力较大且比较稳定。选择研磨机时，亦要留意其适应性、稳定性、耐用性等，并要考虑其是否适合长时间运作及维修是否简单。

⑦ 光纤端面检测仪。光纤端面检测仪可以快速检查光纤跳线或尾纤插芯的光纤端面有无脏污、划痕、崩口等不良现象，由于在液晶上观察而不是直接观察光纤端面，即使光纤中有激光信号，也不会伤害到眼睛，保证了使用安全。

⑧ 插损测试仪。插损测试仪用于测量插入损耗，适用于单模光纤光缆、光器件插入损耗的测量，校准参数可存储，不需要每次校准，简化测量过程，具有测试速度快、动态范围大、插损测量等功能。

⑨ 超声波清洗机。超声波清洗机在光线跳线生产过程中用于清洗插芯、研磨盘等。

⑩ 3D 干涉仪。3D 干涉仪采用全自动、非接触干涉型显微镜，测量诸如光纤连接器、插芯及裸光纤的端面几何尺寸，快速提供被测件表面的三维拓扑结构图形。

(3) 光纤跳线生产工具。光纤跳线生产工具分为加工工具和检验工具。

① 加工工具有光缆剥线钳、工业酒精、酒精泵、专用纸巾、刀片、砂纸、研磨片（多种规格）、研磨盘等。

② 检验工具有游标卡尺、通止规、米尺、连接头拉力测试仪、高低温箱等。

(4) 光纤跳线生产线流程。

① 下纤，按要求米数裁缆，两端余长度为 50~70cm，且两端保持一致，捆扎后放到线架上。

② 穿散件，以 FC 为例，散件的组装顺序依次为护尾套、圆环、压接套、定位销和弹簧，穿好后扎带。

③ 调胶，用搅拌棒将胶水与固化剂按比例混合进试管或针筒，最好选用小试管或小针筒，能套在脱泡机管筒里。

④ 注胶：将插芯摆放到注胶夹具上，并盖上盖板。纵横检查尾柄的形状，要保证插芯尾柄无倾斜，同时检查插芯前端露出的长度，要保证露出长度一致。检查合格后，将夹具放到注胶机平台上，按注胶机操作要求注胶。

⑤ 穿纤：检查裸光纤表面是否有灰尘、杂质等异物，若有，用酒精清洁；将裸光纤穿入插针内孔确保涂覆层接触陶瓷尾部，并在插芯顶端有光纤露出。

⑥ 固化：检查固化炉的温度，保证固化温度，将穿好光纤的插针依次排放在烘箱上的卡槽内，光缆黏贴在固定板上，插针应完全落入卡槽并充分接触，烘纤过程中保证头胶和尾胶都有，若无尾胶应补上尾胶。

⑦ 割纤：使切割刀的刀面与插针平面成 3°~5°，在紧贴头胶的上方轻轻划过，割纤深度约光纤直径的一半，割纤力量不能太大，不能一刀就将光纤划断，要轻轻地划在胶与光纤接合处，划一刀后应保证光纤未断，然后用切割刀轻轻地敲一下，确保光纤沿划痕处断开、掉落。

⑧ 组装：推压接套固定芳纶于定位销尾部，并使压接套的上端面与定位销的带花纹部分上边缘齐平，此时要保证压接套和定位销接合处有芳纶露出，并通过开剥的光缆表皮缝隙观察芳纶平直，不允许出现弯曲窝纤情况；推圆环将表皮固定到压接套尾部，并使圆环的下端面与压接套下端面平齐。

⑨ 研磨前准备，研磨片放在胶垫上，用圆棒碾平整，不能有气泡。头装盘，插芯外径如果脏的话会插不进盘，装上插芯后反面插芯按压一下能回弹。操作研磨机依次进行研磨、去胶、研磨、抛光等工序。

⑩ 检查端面，检测每个插芯前必须擦拭插芯端面。将插针的陶瓷芯插入端面检测仪的通光孔内，旋转调焦旋钮，使显示器上的图像至最清晰；依据光纤连接器端面测试标准，结合端面实际情况判断此端面是否合格。

(5) 光纤总线光缆敷设。在光纤总线光缆敷设过程中，应注意以下几点。

① 插头和插座连接时，用手将插头和插座连接拧紧，不允许用扳手等来加固连接。

② 光纤连接器是精密产品,使用时应轻拿轻放,严禁摔磕产品。

③ 插头和插座内的光纤插针端面应无灰尘,必要时用便携式光纤显微镜检查及电动清洗器进行清洁。如不是安装和使用需要,应将插头或插座的密封盖密封保护,以免因不可见灰尘进入而导致产品性能下降或连接失效。

④ 严禁将光缆放在棱边尖锐的物体上,并加载重物或踩踏等。

⑤ 光缆组件波纹管和连接器之间锁紧装置抗拉力有限,不允许大力拉扯光缆组件,防止波纹管从连接器中直接脱出。

⑥ 光缆组件应远离热源。

⑦ 光缆从盘绕状态铺开时,应注意理顺光缆再铺开,防止光缆处于扭曲状态。

⑧ 标示要求,组成光纤总线光缆的各连接器型号、代号和连接器部件,应做好标示,清晰可辨。

(6) 检查方法。光纤总线光缆在敷设后,连接各台设备前需要进行检查。检查设备有光纤显微镜、电动清洁器、手持稳定光源、手持光功率计等,光纤通信系统所使用的是红外或紫外激光,禁止在使用光缆组件过程中直对人眼或易燃易爆物品。

① 光纤显微镜。检测设备由设备主机和接口适配器组件组成,设备能够检测光纤连接器中接触件的陶瓷插针端面图像,并在监视器上进行放大以便于检查。

② 电动清洗器。设备由光纤端面电动清洁器、接口适配器组件和清洁耗材组成,用于设备清洁连接器插针端面的灰尘、湿气等污染物。

③ 手持稳定光源。用于检测光通道时提供稳定光源。

④ 手持光功率计。用于光纤总线光缆的链路损耗测试。

⑤ 链路损耗测试。测试设备零位校准,如图8-14(a)所示。

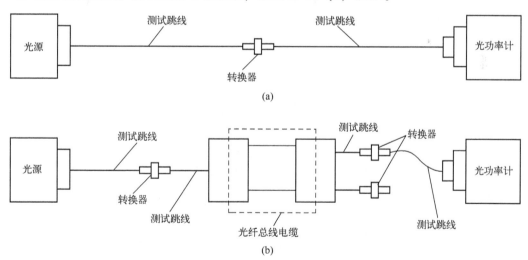

图8-14 光纤测试
(a) 测试设备零位校准;(b) 链路损耗测试。

将测试(a)的左端从LC转换器中分离,连接上测试链路开始测试,如图8-14(b)所示,读取光功率计上的显示值,即此通道的链路损耗。当出现光路衰减增大,但产品并未损坏时,需要使用配备的专用插针对端面进行擦拭,再进行光路互联。

⑥ 故障模式。根据FMEA模型推测,光纤总线光缆存在3种可能的失效模式,失效模

式见表 8-3。

表 8-3 失效模式

序号	单元名称和型号	故障模式	故障原因	故障影响	补偿措施	严酷度分析			
						I	II	III	IV
1	光纤总线光缆	光纤传输损耗变大但在系统容限之内	光纤局部弯曲或连接器端面污染	自身影响	通道备份				√
2	光纤总线光缆	光纤传输损耗变大并超出系统容限	光纤局部弯曲或连接器端面污染严重	上一层影响	通道备份		√		
3	光纤总线光缆	光纤断裂	外力损伤	上一层影响	通道备份		√		

2）MIL-STD-1553B 总线

MIL-STD-1553B 总线网络制作方法见《航空电子装备维修技术与实践》。

8.1.5　DSI 设施的综合与验收

在进行该项综合测试的验收之前，DSI 各设备软件与硬件都应分别通过自身的验收测试。

1. 设施综合

1）DSI 设施的综合程序

DSI 综合程序是航空电子 DSI 仿真设施软/硬件综合的重要依据文件，该程序文件主要规定以下几点。

（1）综合要求：描述综合总要求和目标。

（2）综合文件：包括 DSI 用户操作手册、ICD 和 POP 等。

（3）综合状态：描述参加综合的硬件设备、软件程序等的技术状态。

（4）综合环境和综合工具：描述综合环境和综合工具，如 ICD 监控器、地面加载设备等。

（5）综合步骤：规定 DSI 综合过程的详细执行步骤，如首先综合与硬件密切相关的软件、接口综合等。

（6）验收测试要求：综合完成后的 DSI 完整测试。

（7）故障分析/处理/报告：综合中出现的故障处理程序。

2）DSI 设施综合

（1）准备综合环境（软件/硬件）和测试工具/设备。

（2）根据 DSI 设施验收测试程序，对整个 DSI 设施软件/硬件进行验收测试。

（3）按要求和程序，处理验收测试过程出现的问题/故障。

（4）完成综合测试。如果 DSI 通过综合，应冻结 DSI 技术状态，为下一阶段 DSI 验收测试做好准备。

2. 验收测试

1）DSI 验收测试程序

DSI 验收测试程序是检查 DSI 仿真设施是否满足技术要求的重要依据文件，主要包括以下几方面内容。

(1) 验收测试要求：描述验收测试总要求和目标。
(2) 验收测试文件：包括 DSI 用户操作手册、ICD 和 POP 等。
(3) DSI 状态：描述参加验收测试 DSI 设施的技术状态、包括软件/硬件、文档和设备。
(4) 验收测试环境/工具：描述验收测试和测试工具。
(5) 验收测试步骤：规定 DSI 验收测试过程的详细执行步骤，如航空电子主模式测试等。
(6) 验收测试输入：已准备的各项验收测试输入数据、例程和操作。
(7) 验收测试输出及结果：对应验收测试输入的数据和操作，应产生的相应正确测试结果。
(8) 验收测试报告要求：描述验收测试报告的要求，包括测试结论、存在问题及解决方式等。

2）DSI 设施验收测试

验收测试是 DSI 设施开发中的一项非常重要的工作，应按照程序进行验收测试。
(1) 准备综合环境（软件/硬件）和测试工具/设备。
(2) 根据 DSI 设施验收测试程序，对整个 DSI 设施软件/硬件进行验收测试。
(3) 按要求和程序，处理验收测试过程出现的问题/故障。
(4) 若验收测试中出现问题/故障较为严重，影响了 DSI 的技术要求（功能/性能），应要对 DSI 进行相应的修改和调整，进行综合/测试后，才能重新提交验收测试。
(5) 成功通过评审后，应冻结 DSI 技术状态，提交用户或投入使用。

8.1.6 地面联试

1. 地面试验流程

地面试验主要由测试前检查、联试环境配置、系统总装试验、综合测试程序和工艺质量记录等环节组成，地面试验流程如图 8-15 所示。

2. 测试前检查

测试前检查内容包括试验环境、测试设备和成品进场等。

1）试验环境

试验环境包括场地、温度、湿度、供电和通风。清除工作台和工作区域内的杂物和灰尘，各种设施应恢复预置的摆放位置。环境的温湿度应符合试验要求，供电电源是否可以正常供电、环境通风设施能否正常运行。

2）测试设备

测试设备和辅助工装应符合计量要求，通用设备自检、专用设备自检，检查设备的完好状态。

3）成品进场

检查成品技术状态和成品外观应符合试验要求，严防多余物进入成品附件内。成品附件（包括管接嘴、电缆插头）上的包扎物、堵头、堵帽等应完整，必须在装配时拆除。
(1) 技术状态。技术状态确认包括履历文件、合格证与机载设备的技术状态是否一致，软件版本是否正确，配套的成品是否符合联试要求。

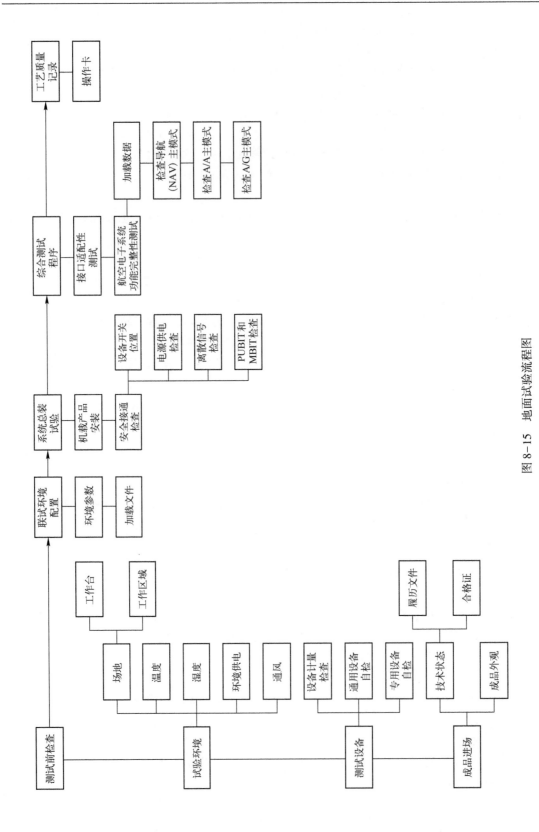

图 8-15 地面试验流程图

(2) 机载设备外观检查应符合要求。

① 玻璃不应有裂纹、松动和影响密封性的缺口，玻璃应透明清洁，不应有影响读数的划伤、麻点、气泡和水纹。

② 液晶屏幕不应有影响读数的划痕。

③ 导光板的标记字符应清晰、完整，表面涂层无起泡、脱落、开裂、起皱和斑纹。

④ 所有标牌、标志、标记、刻度盘的分度线以及信号显示装置上的功能操作符号、警示标记，应清晰、正确，不应有影响判读的缺陷。

⑤ 成品附件的零件、组合件的固定必须牢靠。

⑥ 成品附件外表清洁，表面漆层应均匀、牢固，不应有影响强度性能的变形、裂纹、撞伤、压伤和其他机械损伤；镀层均匀、无起泡、网纹、脱落等现象。机械接合的所有紧固件、卡箍应完整，固定应牢靠；减震装置应工作良好，附属零组件（如保险丝、指示灯、机座、搭铁线、堵盖等）应齐全完好。

⑦ 电连接器的金属接触处无腐蚀、无导线脱焊和紧固件松动现象，防波电缆和搭铁线应搭铁良好。封件（铅封、蜡封和漆封）、检验合格印记、飞机架次印记（或标签）应完整。

3. 联试环境配置

联试环境配置包括环境参数和加载文件。

1) 环境参数

(1) 飞机动态文件：起飞机场的位置（纬度、经度和高度）、飞机高度和速度、飞机航向等。

(2) 物理环境文件：如风数据、大气数据等。

(3) 设置目标文件：①空对地目标文件：目标类型、目标位置、目标高度等；②空对空目标文件：目标速度、高度、法向加速度等。

(4) 基本初始化参数：惯性导航系统处于导航状态、数据传输卡已经插入等。

(5) 任务计划中的环境参数。

(6) 外挂加载文件：如挂点号、武器型号、数量等。

2) 加载文件

(1) 武器投放程序：①空对空武器投放程序；②空对地武器投放程序。

(2) 飞行计划：航路点的纬度、经度和高度以及到达航路点的时间等。

(3) 目标数据库：定义的目标参数类型。

(4) 通导数据：①通信电台：波道、调制方式、抗干扰、静噪（Squelch，SQ）、密码等；②无线电导航系统：TACAN 及数传、波道、编码方式、磁差、站高度等。

(5) 机场数据：①TACAN 站文件：TACAN 站位置、高度、波道号等；②进场机场数据文件：机场的纬度、经度和高度、机场跑道磁方向、机场的辅助着陆装置。

4. 系统装配检查

1) 机载产品安装

(1) 安装时必须确认成品附件应与飞机批次、产品型号、原机情况以及改装项目规定相符，凡不能串件的成品附件，不能串装。

(2) 要求配套试验的成品附件，必须保证它的配套性，不许混装。

(3) 装配成品附件所有的板座、支架、支臂及底座等。

2) 搭铁线连接与接触电阻检查内容

要求搭铁的成品附件应搭铁良好,搭铁时接触电阻应符合规定。

(1) 搭铁线连接。搭铁线搭接即用导线、金属编织线、金属片等将原本无充分电接触的设备与基本结构之间构成必要的低阻抗导电通路。搭铁线连接的一般要求如下。

① 搭接前,应预先对搭接件的接触面进行打磨或清洗,去除搭铁线安装节点处的油漆层、氧化层、阳极氧化膜、非导电涂层、油脂等高阻面层。

② 保证搭铁线安装不受振动、冲击、温度变化及相对位移的影响,其安装位置便于维护时检查和更换,对断裂的搭铁线要换新,换新件型号规格应相同。

③ 在满足要求的前提下,应尽量选用长度短、截面小的搭铁线,不可将两根或多根搭铁线串联使用。

④ 安装后,应不妨碍各活动部位在各种操作状态下的正常运行。对于带减震架的设备,接线应不影响其减震性能。

⑤ 一般不采用间接的搭接方式,而应直接搭接到基本结构上。

⑥ 不同设备的搭铁线不能固定在同一点上,电气、电子设备外壳的搭铁线不能与电源负线固定在同一接地点上。

⑦ 同一搭接点不允许同时固定 3 根以上搭铁线。

⑧ 不应穿过非金属材料进行压紧固定。

⑨ 管路搭接连接应采用非减震夹紧装置。

(2) 接触电阻检查。必须检查下列部件的接触电阻:①天线及滤波器搭接;②电流回路搭接(包括负线接地);③防射频干扰搭接;④防电击搭接;⑤静电防护搭接;⑥雷电防护搭接。

3) 安全接通检查

(1) DSI 设施开关位置。测试设备、座舱控制、机载设备开关应在默认位置或开关关闭。

(2) 电源供电检查。检查控制台电源配电盒上的子系统短路器状态,按 ICD 定义的子系统电源信号检查电源供电。

(3) 离散信号检查。在输入到子系统的离散量(按 ICD 定义)的测试中,将检查其电压和信号源阻抗。

5. 单项产品检查

通过控制台上配电盒向有关子系统供电,通过 AAP 接通有关子系统,对子系统进行 PUBIT,并等待若干分钟观察有无异常;执行 MBIT 操作并检查其正确性,若有故障则关掉子系统电源停止测试,然后断开 DSI 控制台上配电盒的子系统断路器。

6. 接口适配性测试

用于检测航电系统 BC 与 RT 或 CC 与 RN 之间以及航电设备与非航电设备的接口交联检查。

7. 系统功能完整性检查

DSI 设施应根据系统构型为各子系统提供适当的操作环境,功能测试按照系统构型逐个连接进行检查的方法,后一个子系统测试可以以前一个子系统测试为基础。主要试验包括数据加载、NAV、A/A、A/G 等模式下有关操作和显示的检查。

8. 工艺质量记录

应及时将系统集成联试的相关数据记录在操作卡上，或使用结果生成系统自动进行数据采集记录。

8.1.7 试验支持设备

在航空电子系统的综合过程中，还须配备一些通用仪器仪表，以便对一些电气信号进行定量的测量和分析，以及支持产品故障后的排除工作。一个完整的测试过程一般包括信息的提取，信号的转换、存储与传输，信号的显示记录和信号的分析处理。测量所取得的数值和单位代表测量结果，应由法定计量单位和数值组成，测试结果记录应填写实测值，为了更好地使用设备，应掌握测试设备的结构、原理和测试参数。

1. 电子测量的基本参数

电路参数测量主要是指确定被测对象属性和量值为目的的全部操作，电信号可从时域、频域、调制域 3 个方面以及它们之间的关系来描述。正弦波信号在时域、频域和调制域的显示如图 8-16 所示。

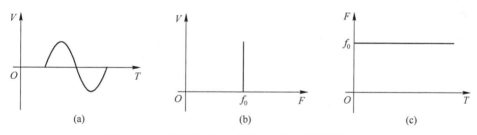

图 8-16　正弦波信号在时域、频域和调制域的显示
（a）时域；（b）频域；（c）调制域。

1) 时域

时域（Time Domain）是描述数学函数或物理信号对时间的关系，时域测量参数主要有电流、电压、功率、增益或衰减、信噪比（SN）、信纳比（SINAD）、灵敏度及脉冲信号等。其中，脉冲信号的主要参数有脉冲幅度、脉冲宽度和过渡时间等。典型脉冲的波形如图 8-17 所示。

2) 频域

频域（Freguency Domain）是描述信号幅度或能量与频率之间的关系，其测量参数主要有幅频特性、相频特性和带宽。幅频特性是指信号的幅度随频率的变化情况；相频特性则指信号的相位随频率的变化情况；带宽（band width）通常是指信号频谱的宽度，即信号所包含的最高频率分量与最低频率分量之差。信号时域和频域关系如图 8-18 所示。

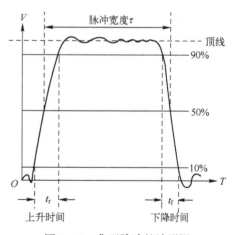

图 8-17　典型脉冲的波形图

3) 调制域

调制域（Modulation Domain）表示时间与频率之间的关系，表示信号频率随时间的变

化，调制域是由频率轴 F 和时间轴 T 共同构成的平面域。调制域主要分析调制信号特征，分析调频信号、信号抖动和动态过程。由时间 T、幅度 V 和频率 F 3 个信号参量可以构成一个三维空间。三维信号空间如图 8-19 所示。

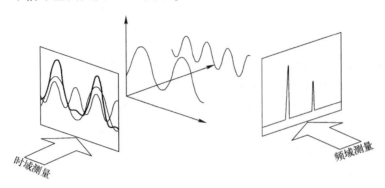

图 8-18　信号时域和频域关系

2. 通用仪器的基本原理

通用测试仪器是联试过程中的支持设备，贯穿航空电子装备设计、制造、维护和修理的整个过程，通过示波器对信号的分析可以了解到，信号的电压如何随时间发生改变；频域分析一般采用频谱分析仪和网络分析仪，通过频谱仪对信号的分析可以了解到，信号的电压如何随频率发生改变；网络分析仪可以精确和高效的表示出射频元件随频率的变化特性；调制域分析仪可进行信号调制域分析。

1）示波器的原理

示波器通常由垂直系统（主要包括垂直放大）、水平系统（主要包括扫描和水平放大）和示波管电路（显示电路）等部分组成。示波器基本原理如图 8-20 所示。

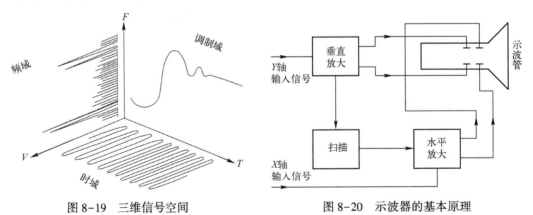

图 8-19　三维信号空间　　　　图 8-20　示波器的基本原理

2）频谱分析仪

频谱分析仪用于信号失真度、调制度、谱纯度、频率稳定度和交调失真等信号参数的测量。典型超外差频谱分析仪的结构框图如图 8-21 所示。

3）网络分析仪

（1）网络分析仪的基本原理。网络分析仪主要由信号源、功分器、开关、定向器件、S 参数测量及数据处理变换和显示输入等部分组成。网络分析仪基本原理框图如图 8-22 所示。

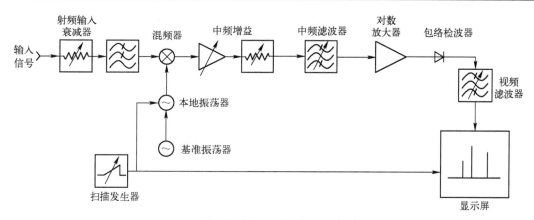

图 8-21 典型超外差频谱分析仪的结构框图

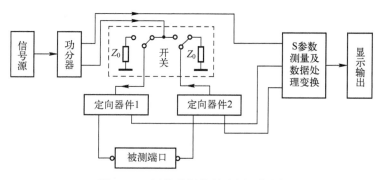

图 8-22 网络分析仪基本原理框图

(2) 二端口网络的 S 参数。二端口网络的输入阻抗 Z_{IN} 与信号源的输出阻抗 Z_S 相匹配时,网络从信号源吸收最大功率,这时的 Z_{IN} 称为网络输入端的特性阻抗,当网络的输出阻抗 Z_{ON} 与负载阻抗 Z_L 匹配时,网络能传送最大功率,如图 8-23 (a) 所示。

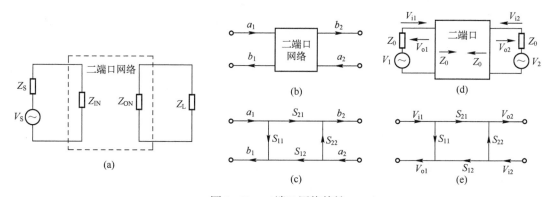

图 8-23 二端口网络特性

(a) 特性阻抗;(b) 输入输出端功率;(c) 功率定义的 S 参数;
(d) 入射和出射电压;(e) 电压定义的 S 参数。

二端口网络定义 4 个 S 参数,即 S_{11}、S_{12}、S_{21} 和 S_{22}。
功率下的 S 参数如图 8-23 (b)、(c) 所示,入射和出射能量与 S 参量关系方程为

$$b_1 = S_{11}a_1 + S_{12}a_2 \tag{8-1}$$

$$b_2 = S_{21}a_1 + S_{22}a_2 \tag{8-2}$$

将其中一个端口匹配负载，在没有入射波时，可求得 S 参数的值。方程如下：

$$S_{11} = \left.\frac{b_1}{a_1}\right|_{a_2=0} \tag{8-3}$$

$$S_{21} = \left.\frac{b_2}{a_1}\right|_{a_2=0} \tag{8-4}$$

$$S_{12} = \left.\frac{b_1}{a_2}\right|_{a_1=0} \tag{8-5}$$

$$S_{22} = \left.\frac{b_2}{a_2}\right|_{a_1=0} \tag{8-6}$$

电压下的 S 参数如图 8-23（d）、(e) 所示，入射和出射电压与 S 参量关系方程为

$$V_{o1} = S_{11}V_{i1} + S_{12}V_{i2} \tag{8-7}$$

$$V_{o2} = S_{21}V_{i1} + S_{22}V_{i2} \tag{8-8}$$

将其中一个端口匹配特征阻抗 Z_0，在无入射电压时，可求得 S 参数的值。方程如下：

$$S_{11} = \left.\frac{V_{o1}}{V_{i1}}\right|_{V_{i2}=0} \tag{8-9}$$

$$S_{21} = \left.\frac{V_{o2}}{V_{i1}}\right|_{V_{i2}=0} \tag{8-10}$$

$$S_{12} = \left.\frac{V_{o1}}{V_{i2}}\right|_{V_{i1}=0} \tag{8-11}$$

$$S_{22} = \left.\frac{V_{o2}}{V_{i2}}\right|_{V_{i1}=0} \tag{8-12}$$

4）调制域分析仪

调制域分析仪能够完成时间与频率关系的测量，调制域测量是对时域和频域测量的补充和完善。调制域分析仪显示连续时间轴上的频率变化，直观显示信号频率、信号间隔及相位等随时间的变化情况，主要应用在通信、控制、RDR 和电子对抗等领域。调制域分析仪基本原理如图 8-24 所示。

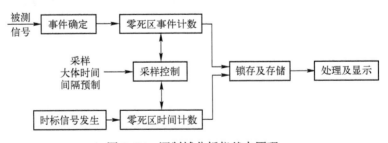

图 8-24 调制域分析仪基本原理

8.2 机上试验程序

航空电子系统在装机前应当通过地面系统联试、系统综合等试验验证，全面地验证各信号交联关系的正确性和有效性，使系统功能达到规定的要求，再进行装机试验。机上试验主

要用于验证系统、子系统、设备的基本工作要求，交联关系和系统功能的正确性和协调性。机上试验由安装、校准、通电检查等环节组成，技术要求通常在系统通电检查技术条件、机上试验程序、系统功能试验等技术文件中作出规定，机上试验是进行飞行试验和保证飞机安全飞行的重要前提。

8.2.1 安装与校准

1. 安装与校准的实现途径

为了实现预定的系统功能，根据坐标系设计的机载设备在飞机上安装后需要进行校准，应根据不同的系统和设备特点，选择合适的校准时机，安装与校准工作一部分在系统和设备安装后即应完成；一部分与通电检查结合进行；还有一部分要在试验甚至试飞后才能最终完成。对于安装与校准工作的要求，有的应在安装图样中进行规定，有的可专门编制安装与校准的技术文件，也有的纳入到系统试验程序中。

1) 系统和设备安装图上关于校准的要求

有些设备在安装时需要通过调整安装架，安装螺钉、垫圈、垫片、调节旋钮或专用构件等进行校准，在安装图上提出校准要求并规定实现校准的方法。例如，旋动安装支架上的调节螺杆以调整姿态陀螺的水平基准位置；通过调节磁感应传感器固定螺钉调整航向指示的方位基准；调整迎角传感器的安装座调节迎角零位；通过选择气象雷达天线安装架的调整垫片调节天线稳定机构的水平位置等。

2) 专用的安装与校准技术文件

当设备的安装与校准要求较为复杂而不能在安装图纸标注齐全时，必须专门编制设备或系统的安装与校准技术文件。例如，动静压管路系统在安装后需要进行专门的清洁、校准和检查，以保证其性能符合大气数据系统设计的总要求。

3) 系统试验程序中包含安装与校准的要求

有些航空电子系统的安装与校准要求只有在系统试验中才能实现，因此必须综合在系统试验程序内。例如，方位指示的罗差校正、姿态指示的零位调整、大气数据指示的静压校正、无线电设备的零位设定、导航设备及飞行管理计算机的参数调整等都应在系统通电检查和联试中进行解决。

2. 安装与校准要求的编制

1) 编制依据

（1）成品技术资料。无论是安装图上安装与校准要求，还是专门的技术条件和试验程序的编制，都需要以成品技术资料为依据。只有熟悉了成品制造厂商的各种有关资料，才能正确规定系统的安装与校准要求。

（2）系统设计要求。从成品设计制造到成品安装与校准的最终目标是要达到系统设计的要求。系统设计要求反映了成品的特点，提供了进行安装与校准的必要条件，是编制安装与校准要求的重要依据。

（3）操作使用经验。安装与校准是一项实践性很强的工作，从工程角度来说，以往飞机的类似经验具有重要的借鉴意义，应当充分运用这些成熟经验，结合飞机和系统的情况进行具体应用。

2) 基本要求

(1) 在安装图上的标注。安装图上所标注的安装与校准要求通常比较简短，内容可直接标注在图形近旁，以尺寸加公差的方式表达或者用文字说明，也可在图样附注中表述。所有需要专门编制的技术文件或在系统试验程序中对安装与校准要求作出规定的图样，都必须在附注中明确其专用技术文件的名称和编号。

(2) 专用文件的编制。当安装与校准要求比较烦琐时，所涉及的系统较多或者所需的条件（如设备、工具、环境等）较为复杂时，必须编制专用的技术文件，对成品的安装与校准做出详细的规定。这种文件可以按照其具体内容的不同特点称为安装技术条件、检查技术条件或试验技术条件等，其内容通常包括文件标题、文件编号、目录、适用范围、概述、前提条件、所需设备和工具、校准调试要求、注意事项等。

(3) 试验程序中对安装与校准的要求。通电检查技术条件、系统功能试验要求或者机上试验程序往往都首先提出对系统安装与校准的要求，特别是需要在通电联试中进行安装与校准的系统，其安装与校准要求必须结合在通电联试中得以实现（如 HUD 电校靶），这是航空电子系统试验程序中的一个重要特点。

3. 系统装机前的校验

航空电子系统的设备装机前，必须先查验证明其合格的文件，再做装机前的校验，证实其性能符合规范等文件规定的要求。装机前的校验数据应按规定作记录，必要时应按相应文件完成调整或校准。

无合格证明文件或装机前校验发现不符合规定要求的设备不得装机，装机后经机上试验发现不符合规定要求的设备必须从飞机上拆卸下来，严格按照有关质量保证的规定处理。

4. 系统在机上的安装

1) 设备安装的基本要求

(1) 航空电子系统的指示器、显示装置、控制盒、操纵板、信号灯、开关、按键等应按照相应的安装图及有关文件的要求在座舱内正确安装。

(2) 航空电子系统的机载计算机、放大器、收发机、记录器等，在设备架、安装架、固定支座的安装，应按照设备安装图及有关文件的要求正确安装和固定。

(3) 航空电子系统的传感器，包括总压感器、静压感器、攻角传感器、大气温度传感器、磁感应传感器、陀螺传感器、加速度传感器、侧滑角传感器、亮度传递器和拾音器等，它们各自若有不同的安装要求，应当按照其安装图及相应文件要求正确安装和校准。

(4) 无线电通信和导航设备的天线应按照各系统的天线安装图正确安装和调整。

(5) 线束、电线、接线板、接线盒、转换接头、动压管路、静压管路、放水器以及射频波导管等应当按安装图安装，按照系统原理图和线路图正确连接。

2) 校水平

首先调整飞机状态，将飞机调整到水平状态，起落架放下并锁紧，机轮必须离开地面，采用水平仪、经纬仪或自动测量设备等进行测量，调整机身下方千斤顶，使飞机达到水平状态，为设备安装校准做好准备。

5. 校靶实施

1) 校靶的目的

(1) 校靶的目的是将飞机的实际坐标与理论坐标相校准，通过校靶建立飞机轴线与各武器轴线（发射方向）和火控系统各瞄准线之间符合设计要求的正确相对位置。由于制造和安装误差，武器和瞄准装置相对飞机轴线的位置，在安装初始状态下必须进行校靶，使其位置达到设计要求。

(2) 需要校靶的武器包括航炮、火箭发射器和导弹发射架等。

(3) 需要校靶的火控系统瞄准装置有瞄准显示装置（HUD、瞄准具的光学显示器）、RDR 天线、HMS、速率陀螺、航炮、挂架等。这些瞄准装置和设备相对飞机轴线的距离位置是确定的，校靶机构应保证它们在角位置（俯仰、方位和倾斜）上的调整，武器和瞄准装置在飞机结构中保证其安装精度要求时，可以不进行校靶。

2) 校靶分类

(1) 按校靶方法分为冷校靶、热校靶和自身校靶 3 种。

① 冷校靶。冷校靶也称为仪器校靶，冷校靶是各种武器和瞄准装置的基本校靶方法。将飞机架水平放置，借助靶板和辅助仪器，调整各武器轴线和瞄准线的位置（角位置），使这些轴线相对飞机轴线置于符合设计要求的位置。

② 热校靶。将飞机架水平放置，借助靶板和辅助仪器，以实弹射击的平均弹着点进入理论弹着点允许误差圆内为依据校正航炮，热校靶也称为实弹校靶，热校靶仅用于航炮的校靶。

③ 自身校靶。通过自身的校靶功能进行校准。

(2) 按校靶原理还可分为平行校靶和相交校靶两种。

① 平行校靶。采用以武器轴线，瞄准线相互平行的原理绘制的靶图进行校靶。

② 相交校靶。采用以武器轴线、瞄准线在飞机垂直或水平平面的某一距离上投影相交的原理绘制的靶图进行校靶。

3) 靶图

靶图是校靶的基本依据，靶图设计依据见表 8-4。

表 8-4 设计靶图的依据

设计靶图依据	说　　明
武器、火控系统安装图	各种武器和瞄准装置在飞机上的安装位置，包括飞机三轴方向上的距离和相对飞机纵轴线的安装角
航炮的弹道数据	各种武器在校靶距离上的弹道降低量
风挡玻璃的厚度及其相对飞机纵轴线的安装角	校靶时，瞄准线经风挡玻璃而产生偏移，偏移的大小与风挡玻璃的厚度及其相对飞机纵轴线的安装角相关
火控精度要求	按火控精度分析要求确定各种武器校靶点的校靶允许误差范围

4) 校靶的调整要求

在校靶时，武器和瞄准装置的调整一般利用其校靶机构完成、校靶机构应保证足够的调整范围，即能够校正由于飞机制造和武器、瞄准装置及其安装所引起的偏差。校靶机构一般为机械装置，但瞄准显示装置和 RDR 天线等也可以实施电气校正，即采用电气校正的方法将瞄准线对准到靶板相应校靶点上。无论校靶结构是机械的还是电气的，都必须在飞机、武器及火控系统的系统设计时就要论证清楚，并相互协调好，正确、合理地确定安装结构、校靶形式及校靶量。

5) 校靶实例

(1) 校靶前准备。设备的安装角度是相对于已经调平的飞机基准坐标系而言的，并非是测量系统的坐标系，故需要在设备安装校准之前，将飞机调整到水平状态，建立飞机基准坐标系，把测量坐标系转换为飞机基准坐标系，这样对于设备安装校准点的测量才有可比性。在飞机调平的基础上，将航空电子设备校准靶标固定到飞机正前方，测量靶标上的基准点，实现靶标与飞机之间对齐，测量校准靶标的距离，瞄准靶板中心，将飞机对准靶板。

（2）HUD校靶。HUD校靶前，先要将飞机架平，然后将显示组件从安装架上拆下，将校靶仪安装到安装架上，通过校靶仪观察靶板的校靶标志，根据HUD校靶技术要求进行调整，校靶满足要求后，将HUD校靶参数记录在履历本中，并通过MFD上相应画面的提示装订HUD校靶参数。

HUD在校靶时，要注意两点问题：一是需要按照个人坐高调整座椅高度，使操作员的眼与光学系统形成的平行光线保持水平，以便能够看到完整的HUD图像；二是HUD校靶，在更换了前风挡、重新拆装HUD的安装架等情况下，需要进行HUD校靶，使HUD精度满足要求。

（3）惯导热校靶。惯导的热校靶功能：一是根据装订的惯导安装托架误差，自动进行误差补偿；二是根据装订的移动平台支架误差，在传递对准时由航向信息自动判别是否进行移动平台支架误差补偿。

8.2.2 机上通电联试

1. 通电联试的条件

机上通电联试是成品装机后在实际使用情况下进行的试验，必须在安装完整飞机系统的状态，外界环境、设备保障等方面具备必要的条件下进行。

1）飞机调试

机上通电调试要在飞机完成总装，飞机电源系统供电正常的情况下进行，因不同系统的试验要求并不相同，其飞机状态也有差异，联试要求必须分别作出具体规定。例如，在核准姿态指示器仪表时，飞机应当按照设计基准处于水平状态；在校准方位指示器时，飞机应当按照正常的用电频率供电，各操舵面处于正常位置。

有些航空电子系统通电联试时对外部环境也有规定要求。例如，在校准罗差时飞机周围应无大型车辆、机械设备，以免影响飞机附近的地磁场分布；若以近距目标为基准位置时，必须保证良好的视野；在进行无线电导航和通信设备校准时，飞机应当没有影响系统工作的建筑物；在操作飞机活动面时，必须排除各种障碍，确保人员安全。

2）通电联试的设备保障

航空电子系统通电联试时，需要多台试验设备进行信号模拟、数据测定或提供试验手段，其中不少是专用试验设备，部分可采用通用仪器。

2. 通电联试

1）技术准备

（1）熟悉系统方案、配置和基本工作原理。制定试验程序时，必须首先从系统方案论证等技术文件入手，熟悉系统的方案和配置，并进一步从成品协调文件、采购规范等资料熟悉系统的基本工作原理，以正确理解系统应当实现的功能。

（2）熟悉系统和设备的技术资料。按照系统的设计要求、成品协议、采购规范和各种协调文件，技术标准研制成品，并向飞机研制方提供详细的成品技术资料，只有全面参与系统成品的协议协调、试验试飞等工作，熟悉这些成品的技术说明书（包括原理图、接线图、部件图等手册、试验联试技术报告、软件文档、安全性分析报告、适航验证报告）等各类文件，才能进行系统综合。

（3）熟悉系统、设备的机上安装。系统的机上安装、线路设计与系统功能直接有关，因此，必须熟悉系统的线路设计、成品安装、线束敷设和信号交联等飞机系统的细节设计，以确定机上试验的每一个操作步骤和具体要求。

（4）熟悉有关的专用工具和测试仪器。进行机上试验时往往需要使用专用工具和测试仪器，因此，必须根据成品制造厂商的建议和飞机系统设计的技术要求，选择有关的专用工具测试仪器、信号源装置和特殊设备，或者规定所需工具和仪器的技术要求和性能指标。

（5）听取用户的意见。机上试验程序与用户操作使用有着密切的关系，应听取用户的意见。

2）试验要求的编制

航空电子系统试验要求是系统试验程序的主体内容，不同系统的试验要求各不相同，但都必须全面、准确、具体地反映出对系统功能的验证要求，都应注意下列事项。

（1）应当说明为了达到试验目的所需的每一个步骤和输入值、输出值。

（2）规定可测定的具体量值，即明确试验要求的数值及其允许偏差，以便尽可能减少判断试验结果的主观性。

（3）试验要求所规定的数值和容差应符合系统设计的要求。

（4）功能试验说明中规定的尺寸和容差必须与相应的工程图样上所示尺寸和容差一致。

3）试验的基本要求

航空电子系统试验程序又称安装、校准、通电检查技术条件，或称机上试验程序、系统功能试验要求。机上试验是电子系统装机后检查、验证系统功能的必要步骤，是检查系统、设备在各种工作方式下的工作状况、验证航空电子系统与相关系统或设备交联关系是否正确、功能配合是否协调的有效途径，是进行飞行试验的重要前提和保证飞机安全飞行的关键之一，试验程序是按机上实际使用状态考核系统，验证飞机系统是否符合设计要求。

4）设计组的组织责任

承担航空电子系统设计的各设计组负责编制系统功能试验要求，并保持对系统功能试验文件的跟踪、修订和更新。为了确保按时准备系统功能试验所需的工具、设备、仪器和设施，设计组应在有关文件（如质量控制试验计划）中提出具体的技术要求，并留有合理的时间周期，以便有关部门落实所需设备，满足试验要求。

5）航空电子系统试验程序

（1）验证系统的基本工作要求。应当根据系统的基本功能和机上的使用特点，制定检查系统各项工作的具体步骤，并规定进行必要的调整或校准的实施细则。

（2）验证系统的交联关系。航空电子系统与其他系统或设备有着复杂的信号交联关系，并以此为基础实现其全部功能，因此，必须采取各种相应的方法全面地验证各信号的交联正确性和有效性，使功能达到要求。

（3）验证系统功能。应当按照飞机安全飞行，完成预定任务的环境要求和实际使用状况，考核系统的功能是否能承受环境温度、电磁场、外界光线或噪声等因素影响。

8.2.3 飞机重量测量

1. 称重目的

通过全机重量、重心测量试验，给出飞机的实测重量、重心，通过与飞机理论重量、重心的对比,检查飞机重量和重心位置是否满足设计要求,为必要时调整飞机重心位置提供依据。

2. 称重准备

飞机重量、重心测量在大部件装配后,在燃油系统检测试验后进行称重。飞机重量、重心测量试验必须在地面平坦、无风、无振源、无强磁场的封闭厂房内进行。

飞机在进厂故障检查以及完成大部件装配后,在油箱系统检测试验后各进行一次称重。被测量的飞机状态由飞机结构状态、动力燃油系统、机载设备等组成。其中,结构重量包括飞机表面喷漆,动力系统不含油封油;燃油系统中只保留不能放出的不可用燃油,包括浸湿在聚氨酯泡沫塑料中的燃油,用油泵车连续地泵出机内燃油直到机上油量表显示为零,此时机内的燃油即为不可用燃油(即死油)。蓄压油箱中不含油,防冰系统不含酒精。在重量、中心位置的测量过程中,起落架应处于放下状态;座舱盖及所有舱门、扣盖等关闭,不应有积蓄和污染等杂物,飞机上应无任何其他附加物。

3. 称重方法

使用千斤顶支撑飞机,将飞机调水平,记录读取数据,多次测量取平均值来计算飞机的重量和重心。

8.3 试飞试验程序

航空电子系统在完成系统地面动态模拟综合、机上系统综合及各项试验,输出系统综合试验报告,完成试制后,进入试飞。试飞实施由地面模拟飞行和空中飞行试验两个阶段组成,飞行员应进行地面模拟飞行训练后再进行空中试飞试验。

8.3.1 地面模拟飞行

1. 飞行模拟器概述

飞行模拟器是通过人工智能、虚拟现实、通信接口、图形/图像、传感与测量、网络通信等先进技术的应用,以飞机为研究对象,进行飞行器性能、系统结构、特性的试验,最大限度的模拟仿真飞行器飞行状态的可交互设备。从用途上分为工程研究模拟器和飞行训练模拟器,其中工程研究模拟器的主要用途是对新型飞行器的研究、试验和改进提供参考;训练模拟器的主要用途是培养飞行员能够快速掌握飞行技术以及战术的训练,功能完善的飞行训练模拟器还能进行火控武器等复杂系统的专项模拟训练。飞行模拟器在飞行员的培训方面比传统训练方式有一定的优越性,包括以下几个方面。

(1) 实装飞行要综合考虑天气、地域以及自然条件的限制因素,还需要考虑能够出动飞机架次等因素,给飞行训练及学员培养带来了局限性。利用模拟器进行训练可以避开这些不利因素,飞行员在上飞机前就基本掌握了各类操作程序,对座舱也达到了熟悉的程度,增强了训练的主动性和时效性。

(2) 利用实装训练要考虑机场本场空域情况,受到机场空域飞行管制的限制,不能随意安排飞行次数和飞行科目,模拟器可以不受空域飞行管制的约束。

(3) 利用实装训练就一定会产生各类设备的损耗、维护保障成本和燃油的消耗,包括人力资源的损耗。使用飞行训练模拟器进行训练,很大程度上节约了资源的大量损耗。

（4）在飞行员不熟悉飞机性能状态的情况下，利用实装训练就难免安全隐患发生，飞行模拟器可避免这些安全隐患，即便出现了故障也不会有太大的损失，还可以对空中出现特殊情况的飞行科目进行有针对性的训练，提高飞行员处置特情的能力。

2. 地面模拟飞行设施

地面模拟飞行采用的飞行模拟器主体部分由六自由度运动系统、视景系统组成。

1）六自由度运动系统

六自由度运动系统是一个由数字计算机实时控制并能提供俯仰、横滚、偏航、升降、纵向平移和侧向平移的六自由度瞬时过载仿真设备。六自由度运动系统可向被训练的飞行人员提供飞机飞行时的瞬时过载感觉和一定范围内姿态角变化的动感信息。

（1）功能特性。运动系统在整个运行期间能平滑、稳定的实时运行，被模拟的运动和状态有：①加速、减速、滑行、滑跑、侧滑、俯冲、爬升、盘旋、螺旋和失速等；②武器发射和投放；③着陆接地姿态和碰撞；④刹车和起落架动态特性及收放时的响应；⑤地面动态特性，包括跑道类型、粗糙度等；⑥相应于飞机质心或压力中心移动的动态特性；⑦在接近真实飞机谐振频率处的振动和抖振；⑧大气紊流和风在对应自由度上引起的抖振；⑨稳态俯仰姿态角和协调转弯的模拟。

（2）性能指标。六自由度运动系统是飞行员在同样飞行环境和任务下，在运动突发和姿态变化的感觉方面与在被模拟飞机上的感觉相似。主要指标包括动态性能和静态性能、位移和速度、比力和角速度以及闭环频率特性等。

（3）系统组成。六自由度运动系统提供座舱驾驶员处能感受到的运动感觉，主体由舱体和六自由度平台构成。

① 舱体。舱体放置在六自由度平台上，随着平台做六自由度运动，舱体内操纵负荷系统提供座舱驾驶员操纵飞机时的力负荷感觉，舱体如图 8-25 所示。

② 六自由度平台。一般包括 6 根液压作动筒，每根作动筒上带有伺服控制阀、位移传感器、压力传感器及减震保险装置，六自由度平台外形如图 8-26 所示。

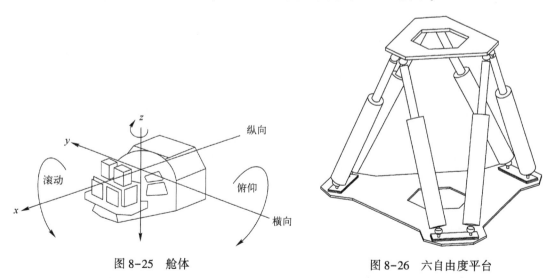

图 8-25　舱体　　　　　　　图 8-26　六自由度平台

2）视景系统

视景系统需要提供座舱操作人员处能看到的窗外景象。视景系统主要由主控计算机、控制台计算机、接口计算机、显示控制计算机、视景计算机、仿真软件计算机、音响设备和视频管理记录设备等组成。各部分的主要功能：①主控计算机是整个系统的控制核心，其中实时管理软件功能包括网络管理、数据交互管理，时钟生成与控制等；②控制台计算机提供人工交互界面；③接口计算机负责具体的座舱信息采集和座舱设备的控制；④显示控制计算机通过座舱显示器提供虚拟座舱设备的模拟；⑤视景计算机则用于提供仿真的座舱外景象；⑥仿真软件计算机完成包括飞机动力学模型、发动机系统、飞机机载系统等的仿真解算；⑦音响设备提供座舱驾驶员处能听到的各种环境噪声和通信语音；⑧视频管理记录设备对联试环境内各设备间的视频信号进行统一管理和监控，一方面完成显示图像的复制，控制显示画面的实时显示，并提供操作人员进行实时切换；另一方面测试主控端下发的控制命令保存响应的视频画面，之后上传至数据管理中心用于生成试验报告。

3. 地面模拟飞行主要训练内容

训练内容依据《飞行员航理教学实践课训练大纲》和《飞行员模拟训练大纲》等要求进行，训练主要内容如下：

1) 座舱操作

熟悉座舱环境，熟练识辨座舱内的所有设备、面板和仪表，进而正确操纵座舱设备，准确识读仪表数据；利用导航设备（自动驾驶仪、无线电罗盘等）进行基本飞行和仪表飞行的能力；通过使用短波电台、超短波电台等进行基本通信的能力；培养飞行员在空中HOTAS及使用相关设备的能力。

2) 飞行课目的模拟演练

设置飞行条件，对机场能见度、机场云底高度及云厚、机场风速风向等自然条件进行设置，实现复杂气象条件下的模拟飞行训练，对昼、夜及飞行时间等进行设置，实现昼航、夜航的模拟飞行训练。基本飞行科目训练包括起落航线训练、特技训练和模拟飞行训练。

(1) 起落航线训练包括飞机滑行，飞机起飞、四转弯、平飞、下滑，飞机着陆等。

(2) 特技训练包括飞机盘旋、飞机俯冲、飞机横滚、飞机跃升、飞机急上升转弯、螺旋、急盘旋下降等。

(3) 模拟飞行训练包括使用仪表飞行、穿云飞行、五边下滑等。

(4) 特情科目训练包括起落架收放障碍、刹车失效、空速表故障、高度表故障、转速表故障、陀螺磁罗盘故障、全罗盘故障、发电机故障、地平仪故障、升降速度表故障、断电、发动机失火、空中停车和重新启动等。

3) 教学辅助

教员可以通过教学辅助系统示范教学，采用视频教学方式，详细讲解起落、特技飞行动作技术要领，分析导致事故的倾向，及时修正学员的错误动作，提升飞行训练的针对性。

8.3.2 空中试验阶段

1. 试飞的前提条件

在进行试飞前，应该完成下述试验。

(1) 试验室内的系统综合试验。

(2) 飞机上的地面系统综合试验。

(3) 航电系统与试飞测试地面监控系统的综合试验。

(4) 试飞前，试飞员应参加地面飞行模拟器训练，包括 POP 和发动机使用等培训。

(5) 试飞中，除了地面遥测站实时监控外，新机试飞通常情况下还应该准备伴飞飞机，一方面可作为目标机配合新机试飞；另一方面伴飞飞机的飞行参数可作为新机飞行参考，无论是本机还是伴飞飞机，均应加装卫星定位系统。

(6) 新机的试飞要在昼间简单气象条件下进行，禁止将飞机的试飞与其他任务合并在一起进行。

(7) 对于双舱飞机，试飞工作由前舱飞行员完成，后舱飞行员要检查显示控制逻辑和仪表指示的正确性及前后舱仪表指示的一致性，检查设备在各种试飞状态下的工作情况。

2. 试飞的时机

试飞是从总体上检查系统之间是否协调，评定飞机特性、检查发动机、飞机结构、各功能系统的工作能力，在以下时机需要进行试飞试验。

(1) 按照总体要求进行新机的首飞、调整试飞、设计定型试飞。

(2) 飞机在完成定期工作、长时间停放和从修理厂接收之后的试飞。

(3) 飞机在更换发动机（一台或两台发动机，含单独更换主泵调节器或加力调节器）工作后的试飞。

3. 飞行前准备阶段

1) 飞行计划和任务

熟悉飞行计划和任务，了解飞行的任务数据。

2) 飞行员防护装备检查

飞行员应根据不同的飞行高度采用适合飞行任务的个体防护装备配套方案，在不同高度飞行时的飞行员个体防护装备。

3) 飞行前检查

飞行前检查分为座舱外检查和座舱内检查两个部分。飞行前准备主要工作实施流程见图 8-27。

(1) 座舱外检查。座舱外检查通常由地勤人员按照图中顺序、部位顺时针进行。①前起落架舱、②雷达罩、③右侧进气道、④右主起落架舱、⑤右侧机身及机翼、⑥右侧水平尾翼、⑦右侧垂尾、⑧阻力伞舱、⑨左侧垂尾、⑩左侧水平尾翼、⑪左侧机身及机翼、⑫左主起落架舱。⑬左进气道。以及机身各位置传感器和灯的状态是否良好，飞机外部检查流程见图 8-28。

(2) 座舱内检查。飞行员进入座舱检查：①座舱弹射手柄上的保险销、座舱内应无外来杂物、控制开关应放在默认位置；②对航电系统所涉及的开关及按钮初始位置进行检查、确认；③利用数据传输卡对航电系统进行数据加载；④对航电系统和分系统进行 PUBIT 或 IBIT，并确认无故障；⑤进行惯导的罗经对准，并转导航；⑥惯导与飞控及飞参显示器的交联检查；⑦机内通话和语言告警功能检查；⑧数据链入网功能检查；⑨数字话音功能通话功能检查；⑩进行毁钥控制设备开关的设置。

(3) 通电检查。检查地面电源、检查照明系统、检查灯光告警系统、检查燃油系统、检查 HUD、MFD 和参数显示、超短波电台、OEDE 和大气设备等。

(4) 地面滑行。按照飞行手册的规定，检查发动机在"慢车"工作状态下飞机各系统在地面的工作能力，检查飞机滑行时的操纵性和刹车工作情况，检查飞机在起飞滑跑中状况及飞机各系统的工作状态。

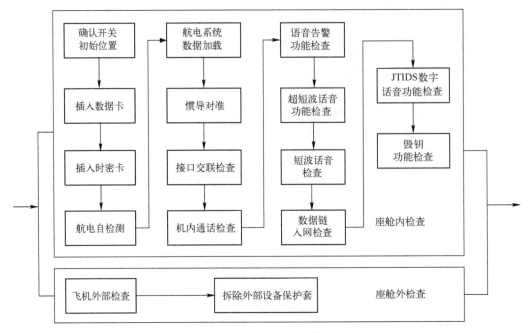

图 8-27　飞行前准备主要工作实施流程

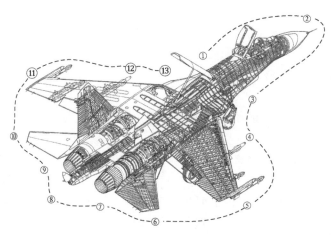

图 8-28　飞机外部检查流程图

4. 飞行试验

航空电子系统试飞应编制试飞大纲和试飞任务单，配置试飞测试设备和地面监控方案，试飞根据具体型号和试飞科目不同有所不同，一般分为系统功能检查试飞、传感器性能验证试飞、装机环境适应性试飞和电磁兼容性试飞等。

1) 系统功能检查试飞

系统功能检查试飞主要是针对航电系统的显示控制、管理、任务解算、数据传输与控制等功能以及对系统接口关系正确性进行检查，系统功能检查试飞试验贯穿航电系统的整个试飞周期。

（1）任务准备模式功能检查。任务准备模式是系统在地面加电后自动进入的一种工作模式，主要完成飞机各类 BIT、惯性导航对准、任务数据加卸载等功能正确性。

（2）显示与控制功能检查。主要在飞机起飞、着陆、爬升、下降、盘旋、平飞加减速、升限等各种飞行状态下，以及飞机各类武器靶试条件下，包括飞机昼/夜工作环境下，检查飞机 HUD、MFD 等各类显示设备显示参数与画面的正确性，飞机对各类传感器模式调用，飞行员对油门杆、驾驶杆操作相应的正确性，以及飞机航电系统各类数据传输的正确性。

（3）NAV 主模式检查。主要检查在导航各主模式下，包括飞机战术导航、TACAN 导航、Bingo 导航、巡航、时间导航、进场着陆等子模式下，飞机导航解算功能是否正常，以及位置修正（Position Update，PU）、位置标记、备份导航切换等功能是否正常。

（4）A/A 主模式功能检查。一般分为 INTRC 子模式检查和 DGFT 子模式检查，主要检查在不同子模式下，航电系统执行有关飞机引导、编队飞行、目标探测、目标分配、导航武器瞄准发射以及航炮瞄准点解算等功能是否正常。

（5）A/G 主模式功能检查。A/G 主模式主要检查航电武器系统各种武器的目视人工或自动攻击方式下火控解算功能是否正常。

2）传感器性能验证试飞

机载传感器系统主要包括 INS、ADS、CNI、RDR、OESS、EW 等，它们是航电系统进行通信导航、探测、识别、防御功能的重要传感器，是航电系统的主要组成部分。

（1）INS。INS 性能试飞的主要内容有装订功能、地面对准功能、导航功能、MARK 功能、校正功能和空中对准功能。

（2）ADS。ADS 应能够输出气压高度、气压修正高度、校正空速、真空速、马赫数、升降速度、静温、大气密度比、动压、真迎角、真侧滑角和垂直过载等参数。

（3）CNI。CNI 试飞的主要内容有完成飞机与外界的通信、数据传输、导航、进场、着陆、引导、空中交通管理、IFF 等任务，同时完成告警音响的产生和处理。

（4）RDR。RDR 试飞的主要内容有对空中、地面和海面目标的探测和跟踪，对面目标的成像及定位，导航和抗干扰能力等。主要包括：①雷达探测距离、角度和速度范围及探测精度；②雷达跟踪距离、角度、速度及角速度范围和测距、测角、测速及侧向精度；③雷达空域稳定性、跟踪稳定性和空战格斗能力；④MTT 能力、点迹和航迹精度及分辨力；⑤雷达真波束地图测绘（MAP）、地图冻结（Freeze，FRZ）、地图扩展（Expand，EXP）、多普勒波束锐化（Doppler Beam Sharpening，DBS）功能和合成孔径雷达（Synthetic Aperture Radar，SAR）地图成像及定位能力；⑥雷达气象探测功能、信标功能、被动检测功能、辅助导航功能和地形防撞/回避/跟随等导航能力；⑦对有源干扰、无源干扰和强背景杂波的抗干扰能力；⑧最低使用高度、高空气密性和抗过载能力。

（5）OESS。OESS 试飞的主要内容有：根据目标热辐射来搜索、发现、跟踪空中目标的能力，远距 INTRC 模式下能够搜索、自动/手动截获、跟踪空中目标；在近距 DGFT 模式下能够快速截获、跟踪目标，并测量到空中目标的距离。

（6）EW。EW 试飞的主要内容有对载机的导弹逼近告警，并实施有源和无源干扰的能力。

3）装机环境适应性

一般需要在升限、大过载、低空大表速、高空马赫数、加减速、盘旋、俯冲拉起、航滚、滚转的爬升等机动，巡航、炮振试验等飞行条件下，检查各航电系统的功能是否正常。

4) 电磁兼容性试飞

电磁兼容飞行试验是载机在真实飞行条件下进行的电磁兼容运行和环境试验，是电磁兼容地面试验的延伸和补充。因此，电磁兼容飞行试验首先需要依据地面试验的结果，设计电磁兼容飞行试验矩阵，结合飞机的总体飞行试验计划制定电磁兼容试飞计划，然后参照矩阵，在飞行试验中逐步安排飞机工作于不同使用环境中，检查其不同环境下的运行能力。

5. 返航着陆/着舰阶段

舰载机在航母上着舰与路基飞机有着很大区别，着舰技术也是舰载机在航母上使用中最复杂、最关键的技术。舰载机具有自身的气动布局、特殊机体结构，舰载飞机尾部装有专门的尾钩，在航空母舰甲板上着舰时，尾钩钩住甲板上的拦阻索后，与拦阻钢索相连的缓冲器将飞机所具有的动能吸收。要完成安全着舰，除必须具备良好的着舰引导设备，还需对舰载机整个返航着舰过程进行合理规划，舰载机返航着舰过程一般可分为引导、待机、进场与着舰4个阶段，将空域分为引导区、待机区、进场区和着舰区4个区域。舰载机返航进场着舰空域划分如图8-29所示。

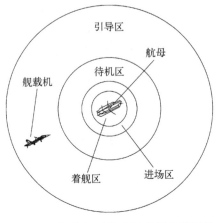

图8-29 舰载机返航进场着舰空域划分

1) 引导

（1）根据机上INS的信息自主计算飞机在海上的坐标位置（经纬度），并根据相关的信息对飞机坐标进行自动修正。当距离较远时，可通过队形布局采用舰载机、空中预警机作为中继，与指挥系统、航母保持数据链通信，解算航母的海上位置。

（2）根据无线电导航设备和数据链来计算和确定飞机与航母的位置。

（3）根据上述计算出来的飞机和航母的海上坐标位置，指挥中心通过数据链给出的安全通道（作战时避开航母群武器通道）制定返航方案线以及机上燃油耗量和余油油量计算出返航飞行航线并按最近航路返航，将飞机导引至航母附近，在返航过程中可利用AFCS进行航向与姿态保持、气压高度保持及自动导引等功能。

2) 待机

待机阶段是指舰载机从作战区飞到待机区域范围，在此范围内建立等待航线，在此区域应按要求进行飞行，等待航母上的指挥官决定采用何种方式接近和着舰。

在正常状态下，舰载机在引导区远处接收作战指挥系统的指挥，通过机载设备获得距航母的距离、方位、航母的航向，周围飞机的位置等情报。通过这些情报，舰载机可确认自己的正确位置，并利用导航计算安全地接近航母，飞至距航母待机区范围内，等待下一步命令。

由于航母的时刻移动，驾驶员需要与航空飞行管制中心保持不间断的联系，不断修正航线。通过数据链路，将载机余油、高威胁等级故障实时传输到航母编队指挥系统，根据气象条件，处于待机区的飞机按照要求建立等待航线。飞行员也可直接与航母通话，使指挥官确定和调整舰载机的着舰顺序。另外还可根据情况的需要，接受空中加油或通过航母与路上基地取得联系进行紧急着陆。舰载机待机控制台的操作人员向接近的舰载机传达当前的着舰方式、拦阻方式以及着舰开始的位置等信息，使着舰机顺利过渡到进场着舰阶段。

3) 进场

飞机进入进场区看见航母后，飞机开始由塔台进行控制。飞机继续飞行，进入进场的等待路线，等待路线是一个逆时针圆形路线。飞机在进入等待路线之前，以相同高度水平飞行切入等待路线，不同飞机的等待路线高度不同，等待路线最低高度的飞机有进场优先权。飞机在等待状态下，当每次通过航空母舰上空与进场操作员进行联系，以确认着舰许可，考虑到舰载机在各自等待路线中飞行时可能出现燃料不足的情况，在安全高度应安排空中加油机。

4) 着陆

舰载机在航母的斜角甲板上着舰，斜角甲板一般长度在150~200m之间，必须采取有效的着舰方法，因此，航母斜角甲板上装有一套拦阻装置强制舰载机在短距离内迅速减速制动。航母上使用的舰载机拦阻装置一般有拦阻索和拦阻网两种。现代航母通常使用的都是拦阻索系统。如果着舰时飞机拦阻钩没有钩住拦阻索，那么再设置一个拦阻网可以使飞机停止前进。一般航母上拦阻索设置3~5道。拦阻索垂直于斜角甲板中心线，拦阻索的两端通过滑轮与斜角甲板拦阻索缓冲器相连。舰载机停止后，拦阻索自动复位，迎接下一架着舰飞机的到来。航母斜角甲板配置如图8-30所示。

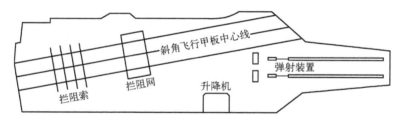

图8-30 航空母舰甲板配置

进场至着舰之间又有盘旋、对中、下滑、拦阻、复飞和紧急着舰等过程，飞行员接收到塔台发出的着舰信号后，飞机从等待路线上由离航母的位置处开始离开等待路线，并下降高度，位于航母后飞机进入着舰路线。此时飞机继续飞行通过航母上空。但飞机是以水平转弯直接进入下滑点还是进行盘旋飞行，这要根据着舰路线上的飞机数来决定。盘旋一般开始于航母首部，盘旋时，飞机按逆时针圆形路线飞行。飞机进入盘旋路线的目的是，维持飞机之间时间间隔，以等待允许进入水平左转弯直接进入着舰路线的阶段。

着舰后的正常回收方式是拦阻钩钩住拦阻索，接着在拦阻发动机作用下吸收舰载机的动能，舰载机被拦阻住。螺旋桨飞机着舰时，应减小油门，着舰下滑时有平飞段。喷气式飞机着舰时，则应保持推力，不减油门，一般采用不拉平着舰方式。着舰示意图如图8-31所示。

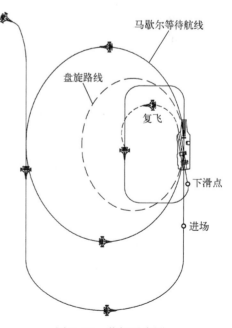

图8-31 着舰示意图

8.4 装备维修保障

8.4.1 故障率曲线

20世纪70年代后期，美国联合航空公司在创立以可靠性为中心的维修理论过程中，统计分析了航空装备的故障率，发现共有6种基本形式的故障率曲线。基本形式故障率曲线如图8-32所示。

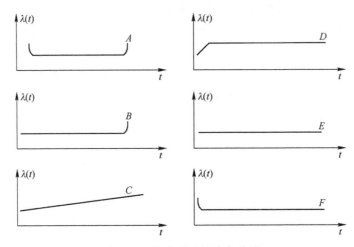

图 8-32 基本形式故障率曲线

图 8-32 中纵坐标 $\lambda(t)$ 代表故障率，横坐标 t 代表装备使用时间（从装备开始使用或翻修出厂算起）。图中，曲线 A 为典型的浴盆曲线，有明显的耗损特性，A 型耗损特性的航空设备仅占全部设备的 4%。B 曲线也有明显的耗损特性，B 型耗损特性占比 2%。C 曲线没有明显的耗损期，但故障率也是随着使用时间的增加而增加，C 型耗损特性比 5%。ABC 三种形式故障率的设备共占 11%，可以考虑规定使用寿命或拆修间隔，而 89% 的设备属于 DEF 型，没有耗损期。其中，A 型和 F 型在安装后故障率相当高，随后趋向平稳。

8.4.2 航空维修

预防性维修工作主要是为了及时发现系统/设备的潜在故障和隐蔽故障，以进行维修，保证飞机飞行时状态良好。

1. 航空维修约定层次划分

航空维修级别（Maintenance Level）是根据航空维修的深度、广度及维修时所处场所划分的等级。航空维修级别是科学组织维修工作，合理配置维修资源提高维修综合效益的重要条件，是确定维修作业体制、设置维修机构的重要依据。

航空维修一般实施三级维修，即基层级维修、中继级维修和基地级维修。

基层级维修（Organizational Maintenance），是由直接使用航空装备的单位对装备所进行的维修,主要包括日常维护保养、周期性检测、定期检修、一般性改装、飞机结构小修和轻度战伤飞机抢修等。

中继级维修（Intermediate Maintenance），是由装备使用机构所属的修理机构对航空装备所进行的维修,主要包括飞机机体结构中修,机载设备、机件结构中修,机载设备/机件的中修、大修,部分零配件的修配制造,较大的改装和战伤飞机的抢修等。

基地级维修（Depot Maintenance），是指有飞机大修厂或装备制造厂对航空装备进行的维修,主要包括航空装备大修,技术复杂的改装、事故修理、零备件的制造、平时/战时飞机抢修支援和技术支援等。

2. 航空装备以可靠性为中心的修理思想

科学维修的基础是科学的现代维修理论,而现代维修理论的核心是以可靠性为中心的维修理论。装备的维修活动归根结底是为了保持和恢复装备的固有可靠性,装备的可靠性是确定维修需求的依据,是维修的出发点和落脚点,维修工作必须围绕可靠性的需求来组织实施。

1）以可靠性为中心维修的基本原则

航空装备以可靠性为中心的修理,应按照以最少修理资源消耗保持装备固有可靠性和安全性为基本原则,应用逻辑决断的方法确定装备的修理要求,大幅度减少修理工作量的同时提高航空装备的利用率和出勤率。以可靠性为中心的修理是根据故障的后果,并考虑技术、经济性实施的修理工作,消除不必要的或起副作用的修理工作,增加那些被人们忽视的而必须做的修理工作,有效地克服传统预防性修理工作"修理过度"或"修理不足"的缺点,做到"修理适度",提高了修理的针对性和适用性。

2）以可靠性为中心维修的分析方法

以可靠性维修分析的目的是确定系统和设备的预防性维修要求,包括维修的产品和项目、维修方式或维修工作类型、维修间隔期以及维修级别。系统和设备的修理分析,其目的是确定系统和设备的修理要求,包括修理的产品和项目、修理方式、修理工作类型、间隔期以及修理级别等。以可靠性为中心的修理分析（Reliability Centered Maintenance Analysis, RCMA）是一种利用逻辑决断进行修理分析的方法,系统和设备以可靠性为中心的维修分析逻辑决断图见附录3。对于不同类型的航空装备,开展以可靠性为中心的修理分析,虽侧重点不同,但通常都包含以下基本步骤。

(1) 确定重要功能项目。
(2) 对每个重要功能项目进行故障模式影响分析。
(3) 应用逻辑决断图确定预防性修理工作类型。
(4) 确定修理工作的频率或间隔期。
(5) 提出修理级别的建议。
(6) 进行修理间隔期探索。

其中,前三步是不可缺少的步骤,后三步则根据以可靠性为中心的修理分析应用的具体要求,可以有选择或有侧重地进行。

3）以可靠性为中心维修工作类型

以可靠性为中心维修工作可分为6种工作类型。

(1) 保养:为了保持产品固有设计性能而进行的表面清洗、擦拭、通风、添加油液或润滑剂、充气等作业,但不包括功能检测和使用检查工作。

(2) 使用检查：按计划进行的检查，以检查隐蔽功能故障为目的的维修工作，用于确定产品能否执行规定功能。

(3) 功能检测：按计划进行的定量检查，以检查潜在故障为目的的维修工作，用于确定产品功能参数是否在规定限度内，包括相关的性能检测。

(4) 定时拆修：产品使用到规定的时间予以拆修，使其恢复到规定的状态。

(5) 定时报废：产品使用到规定的时间予以报废。

(6) 综合工作：实施两种或多种类型的维修工作。

8.4.3 电路故障处理

1. 电路模型分析

电子电路的表现形式具有多样性，透过形式可以发现，电子电路的构成具有很强的规律，对于相同类型的电子电路而言，它们不仅功能相似，而且电路结构也是大体相同的。为了分析电路模型，需要掌握基本电路理论，即电路分析与设计所依据原理的系统表述和方法。

1) 单元电路的积木化原理

我们可以使用积木搭建"楼房"，同样可以将"楼房"拆解成积木，同样可以将单元电路组合在一起构成一个复杂电路，将复杂电路分解成若干具有完整基本功能的单元电路，这就是积木化原理的核心思想，它不仅可以适用于电子电路，同样适用于系统的分解和构建。

2) 单元电路的划分方法

单元电路是具备完整基本功能的电子电路，所以每个单元电路都是"职责分明、分工明确"的。复杂电路一旦被分解成一个个单元电路，可根据这些单元电路的功能、特性、电路参数、调试方法等进而分析得到每个单元电路和整体电路的关系。单元电路的积木化原理认为任何一个电路若要被定义为单元电路，必须具备以下3个条件。

(1) 单元电路应具备功能的完整性。单元电路应能完整独立地担负某一特定的电路功能，强调功能的完整性是防止把单元电路划分得过小、过细，避免单元电路没有各自功用的一种措施。

(2) 单元电路应具备功能的基本性。单元电路一方面不宜划分得过小、过细，另一方面也不宜划分得过大、过粗。将单元电路划分得太大，会导致单元电路缺乏通用性，不利于"积木化"的普遍实现，将单元电路定义得过小，还会产生必须增大单元电路总数的问题。强调单元电路功能的基本性是为保证单元电路有较强的通用性，而且使单元电路的总数限制在必须的、最少的范围里，从而便于记忆，便于使用。

(3) 单元电路应具备"可积木性"。单元电路应具备组合成复杂电路的"可积木性"，单元电路按照功能组合在一起可以实现复杂电路的功能。复杂电路可以从整体到局部分解成单元电路，同样从局部的单元电路可以综合成整体的复杂电路。单元电路的积木化功能，不仅具备化难为易的特点，同时还可以达到集简成繁的目的。根据单元电路的可组合性原理，设计电子电路通常有3种方法：①一个单元电路的独立使用；②单元电路的组合使用；③单元电路群的组合使用。

这些单元电路的单独使用或组合使用，可以使数量不多的单元电路，像转动"魔方"

一样，产生出许许多多新的电子电路来。单元电路的积木化原理具有十分强大的构成电子电路的能力，体现了电子电路构成的多样性。

（4）单元电路模型表示示例。任何一个电路一旦被定义为单元电路，它的规模大小和电路结构的相对稳定性就基本上固定下来了，这是所有单元电路的一个重要特点。为了方便分析复杂电路的积木化结构，每个单元电路都用"单元框"表示，每个单元框标注该单元电路的功能名称（同时也可以标注该单元电路的归类编号）。随着系统集成化程度的提高和"模组"器件的应用，可以将具有完整功能的各集成模块划归成独立单元电路，如通信系统模型中的各模块如图 8-33 所示。

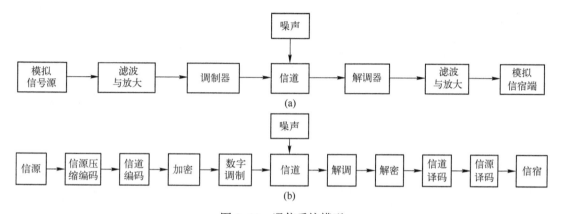

图 8-33　通信系统模型
（a）模拟通信系统模型；（b）数字通信系统模型。

3）单元电路的等效变换

（1）电路功能等效变换。单元电路的积木原理强调单元电路的积木功能，根据元件/单元的一组端点上可以计算出来或测量出来的外特性，导出电路中元件/单元的数学模型或图解模型进行等效替换，应用单元电路的等效变换，可对某些单元电路再做变化，改变某些元件/单元的型号或数值等。以二极管元件为例，二极管的应用电路不同，在电路中的实际作用不同，图 8-34 的二极管等效电阻是一种抽象意义上的等效，便于理解电路等效的意义。

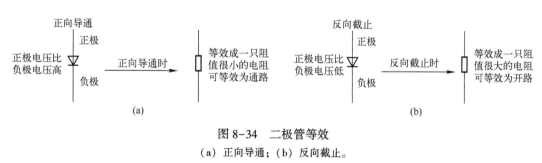

图 8-34　二极管等效
（a）正向导通；（b）反向截止。

（2）电路形态等效变换。掌握同一电路多种不同表达方式的规律，使我们能看懂形态不一样，而实质相同的电路，这样就能更方便地分析和理解电路了。运用以下 5 种变化规律，掌握这些规律，使电路图画得更简明清楚，电路图等效变换的基本法则见表 8-5，表中以电阻为例，既可以是基本元件，也可以是单元电路。

表 8-5 电路形态等效变换的基本法则

序号	名称	电路变形	说　明	序号	名称	电路变形	说　明
1	基本	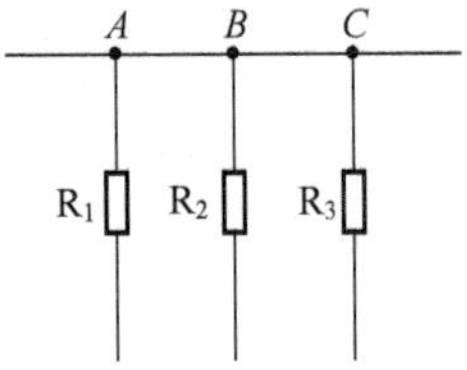 A B C 三个电阻并联(R_1、R_2、R_3)	在复杂电路中，电路整体都为并联结构，R_1、R_2、R_3三个电阻元件接在同一条电路上，该电路称为与电阻元件相关联的"相关电路"，A、B、C三点则称为相关电路上的"相关点"	4	延伸	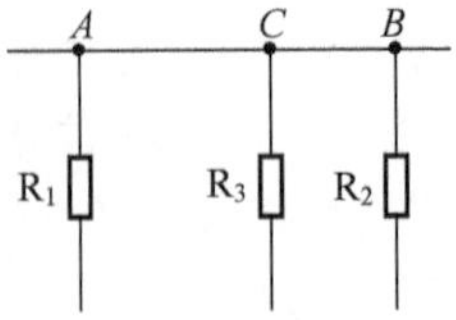 A C B(R_1、R_3、R_2)	相关电路上各相关点间的距离也允许按需要延长、拉伸
2	跳跃	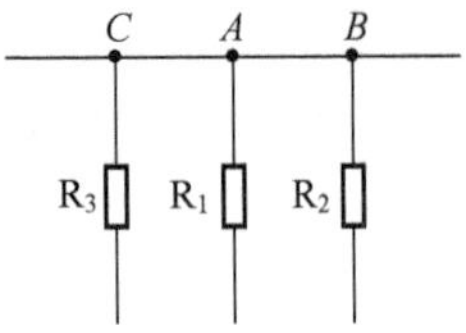 C A B(R_3、R_1、R_2)	在相关电路上的各相关点可以任意交换位置，即相关点有"跳跃"的能力，但相关点仅允许在原有的相关电路上跳跃。图中，A点跳跃到中间，B点与C点易位，都属于这种形式	5	弯曲	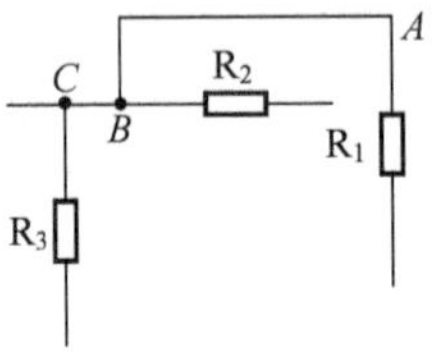 C B R_2 A R_1（R_3）	相关电路可以弯曲，这种弯曲在绘制电路图时表现为连接线的直接转弯，也表现为在设计并绘制印刷电路板时线条的弧度与缠绕
3	凝聚	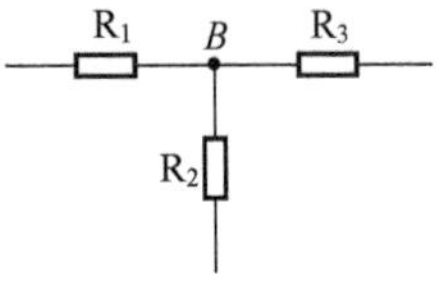 R_1 B R_3，R_2	相关电路上各相关点间的距离可以按需要缩短、靠近，直至几个相关点互相挨在一起	6	分支	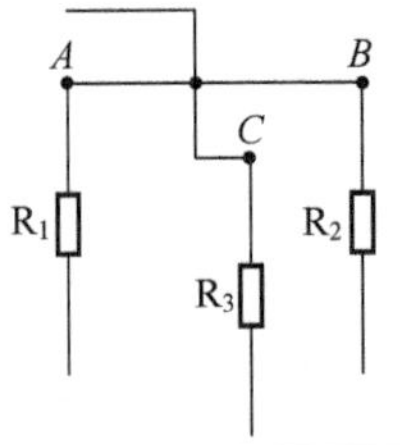 A B C R_1 R_2 R_3	为了绘制及设计印刷电路板方便，相关电路还可以连接原来没有的分支来，便于将元器件安排在合适的位置上

2. 低频电路故障处理

低频电路出现故障时，应针对元件/单元或其等效后的外特性进行测量来进行元件/单元隔离，判断故障元件和位置。

3. 高频电路故障处理

高频电路和低频电路之间并没有什么本质的区别，要去弥合理论与实际技术之间的差别。为了保证高频电路的稳定工作，从电路设计到布线、调整、维护（使用和操作）等环节都必须注意防止发生故障。在高频电路中根据所处理的信号是大信号还是小信号的不同，采用的设计方法也不同。小信号工作电路一般采用甲类线性放大，因而应该采用小信号 Y 参量和 S 参量作为器件参量进行电路的设计。在处理大信号的电路中，一般以阻抗匹配为中心进行设计。小信号工作和大信号工作的区别，一般认为当高频信号的有效电流比直流偏置电流大时，可以看成是大信号工作，从输出功率来看，超过 100mW 的即可作为大信号工作，可作为大功率电路考虑。

1) 高频电路设计方法

在高频电路中，400MHz 以下时，用 Y 参量进行设计，400MHz 以上时采用 S 参量进行设计。高频电路设计需要使用导抗图，导抗图及应用如图 8-35 所示。

2) 电路故障处理

对于高频电路的故障处理，首先应对故障元件/单元进行故障排除和更换，然后遵循电路设计方法，将单元导抗调整到设计归一化位置，再对电路整体进行统一调整。电路图与导抗图示例见图 8-36。

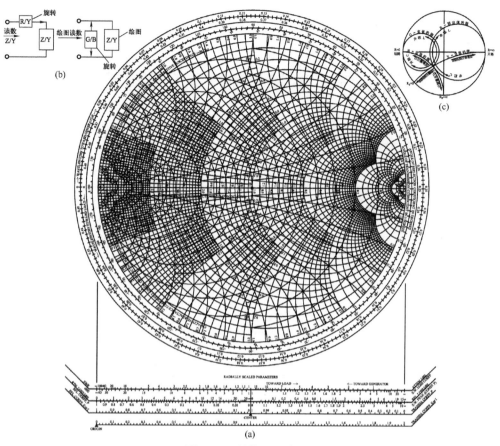

图 8-35 导抗图及应用
(a) 导抗图；(b) 电路示意图；(c) 导抗图上的 R、X、G、Y。

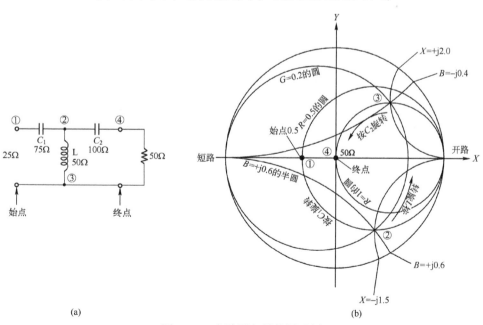

图 8-36 电路图与导抗图示例
(a) 电路图；(b) 导抗图。

附录 1　飞机模拟器开发程序

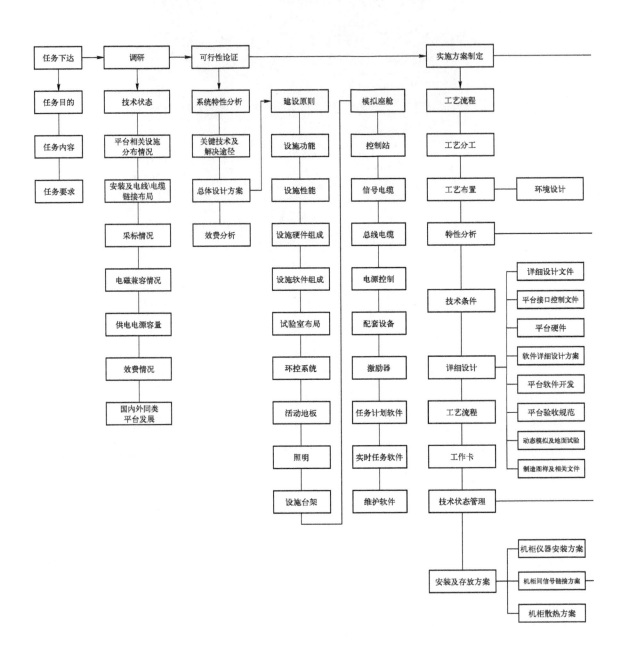

附录1 飞机模拟器开发程序

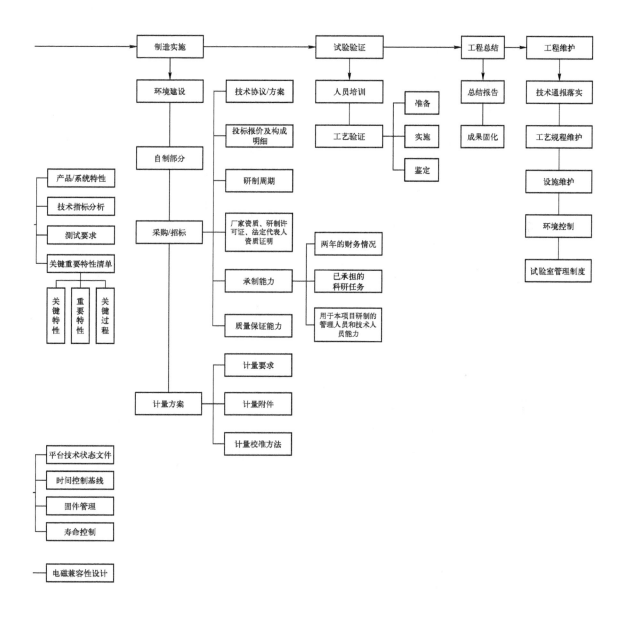

附录2 综合航电系统联试环境组成框图

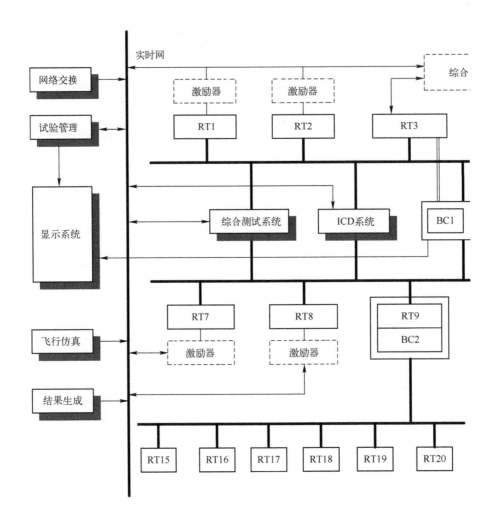

附录2 综合航电系统联试环境组成框图

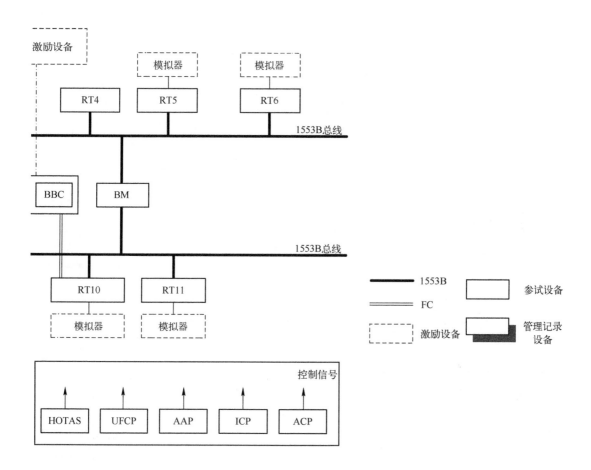

附录3 系统和设备以可靠性为中心的维修分析逻辑

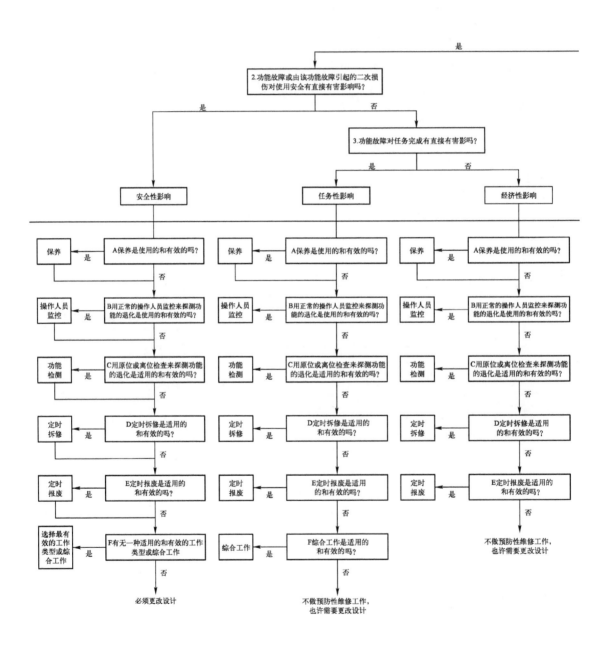

附录3 系统和设备以可靠性为中心的维修分析逻辑决断图

决断图

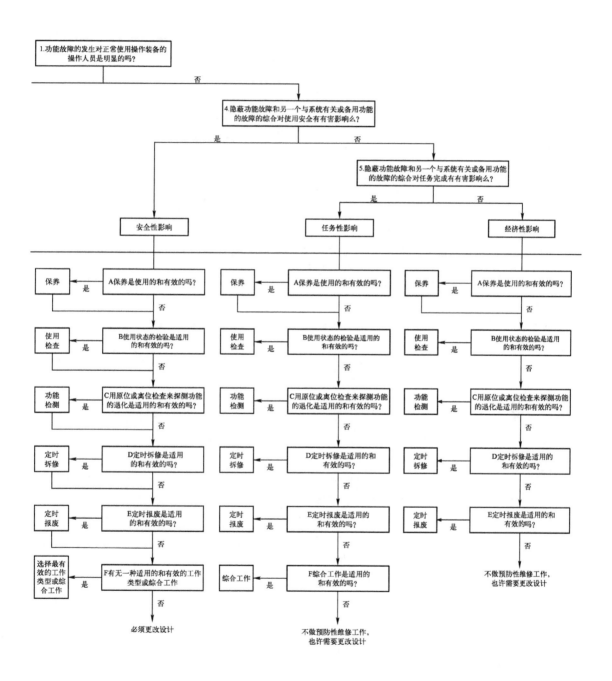

附录4 名词术语

缩略词	英文全称	中文名
A/A	Air-To-Air	空/空
AAP	Avionic Activation Panel	航空电子启动板
ACM	Air Combat Mode	空战格斗模式
ACMI	Air Combat Maneuvering Instrumentation	空战机动仪器
ACP	Arm Control Panel	武器控制板
ACR	Action Compositive Recognition	行为综合识别
ACTS	Air Combat Training System	空战训练系统
ADC	Air Data Computer	大气数据计算机
ADS	Air Date Subsystem	大气数据子系统
AESA	Active Electronically Scanned Array radar	有源相控阵雷达
AFCS	Automatic Flight Control System	自动飞行控制系统
AFDX	Avionics Full Duplex Switched Ethernet	航空电子全双工交换式数据总线
A/G	Air-To-Ground	空/地
AGR	Air Ground Ranging	空地测距
AGT	Absolute Global Time	绝对全局时间
AHB	Avionics Hot Bench	航空电子热台
ALT	Absolute Local Time	绝对本地时间
AMLCD	Active-Matrix Liquid Crystal Display	有源矩阵液晶显示器件
ANSI	American National Standards Institute	美国标准化委员会
ARLE	Avionics Recording &Loading Equipment	航电记录与加载设备
ASAAC	Allies Standard Avionics Architecture Council	联合标准航空电子体系结构委员会
ASDR	Avionic System Development Rig	航空电子系统开发平台
ATCS	Air Traffic Control System	航空管制系统
ATE	Automatic Test Equipmen	自动测试设备
ATM	Asynchronous Transfer Mode	异步传输模式
BC	Bus Controller	总线控制器
BCN	Beacon	信标
BD	BeiDou	北斗卫星导航系统
BIT	Built-In Test	自检测
BM	Bus Monitor	总线监视器
BS	Boresight	定轴
BSP	Board Support Package	板级支持包
CAN	Controller Area Network	控制器局域网
CC	Control Conmputer	控制计算机
CCD	Charge-Coupled Device	电荷耦合元件

附录4 名词术语

续表

缩略词	英文全称	中文名
CCIL/HOTLINE	Continuously Computed Impact Line	连续计算命中线/热线
CCIP	Continuously Computed Impact Point	连续计算弹着点
CCRP	Continuously Computed Release Point	连续计算投放点
CGCS2000	China Geodetic Coordinate System 2000	中国大地坐标系统
CIP	Common Intergrated Processor	通用综合处理器
CNI	Communication Navigation Identification	通信导航识别
COTS	Commercial Off The Shelf	商用货架产品
COA	Course Of Action	行动流程
CR	Compositive Recognition	综合识别
CSMA	Carrier Sense Multiple Access	载波监听多路访问
CST	Computer Simulation Technology	计算机仿真技术
CTVS	Cockpit Television Sensor	座舱电视摄像机
DBS	Doppler Beam Sharpening	多普勒波束锐化
DCMP	Display Control and Management Processor	显示控制处理机
DCMS	Display Control and Management SubSystem	显示控制子系统
DD	Detailed Design	详细设计
DG	Directed Graph	有向图
DGFT	Dogfight	格斗
DITS	Digital Information Transfer System	数字式信息传输系统
DMA	Direct Memory Access	直接内存访问
DMEP	Distance Measurment Equipment-Precision	精密距离测量设备
DMRS	Data Management And Record Subsystem	数据管理记录分系统
DSI	Dynamic Simulation Integration	动态模拟综合
DTC	Data Transfer Cartridge	数据传输卡
DTE	Data Transfer Equipment	数据传输设备
DVI	Digital Visual Interface	数字视频接口
EFIS	Electronic Flight Instrument System	电子飞行仪表系统
EO/IR	Electro-Optical/Infrared	光电/红外
ES	End System	终端系统
ESM	Electronic Support Measures	电子支援设备
EW	Elecrtonic Warfare	电子战
EXP	Expand	扩展
FC	Fibre Channel	光纤通道
FPD	Flight Parameter Display	飞行参数显示器
FRZ	Freeze	冻结
G/A	Ground-To-Air	地/空
G/G	Ground/Ground	地/地
GIF	Graded-Index Fiber	渐变多模光纤
GNSS	Global Navigation Satellite System	全球卫星导航系统
HFSS	High Frequency Structure Simulator	高频结构仿真
HIPPI	High Perform Parallel Interface	高性能并行接口
HMD	Head Mounted Display	头盔显示器

续表

缩略词	英文全称	中文名
HMS	Helmet Sight	头盔瞄准具
HPRF	High Pulse Repetition Frequency	高脉冲重复频率
HOTAS	Hands On Throttle And Stick	握杆操纵
HSD	Horizontal Situation Display	水平情况显示器
HTA	Hierarchical Task Analysis	层次任务分析
HUD	Head Up Display	平视显示器
IBIT	Initiated BIT	启动自检测
ICE	In Circuit Emulator	在线仿真调试设备
ICD	Interface Control Document	接口控制文件
ICNIA	Integrated Communications Navigation Identification Avionics	综合通信、导航和敌我识别系统
ICP	Integrated Core Processor	综合核心处理机
ICR	Intention Compositive Recognition	意图综合识别
ID	Identify	身份
IDE	Integrated Development Environment	集成开发环境
IERS	International Earth Rotation Service	国际地球自转服务
IFF	Identification Friend or Foe	敌我识别
IMA	Integrated Modular Avionics	综合模块化航空电子系统
INEWS	Integrated Naval Electronic Warfare System	综合海军电子战系统
INS	Inertial Navigation Subsystem	惯性导航子系统
INTRC	Intercept	拦截
IP	Internet Protocol	因特网协议
IPI	Intelligent Peripheral Interface	智能外围设备接口
IRP	International Reference Pole	参考极
IRM	International Reference Meridian	参考子午面
ISEE	Integrated Software Engineering Environment	集成化软件工程环境
ISS	Integrated Sensor System	综合传感器系统
JTIDS	Joint Tactical Information Distribution System	联合战术信息分发系统
LCC	Local Communication Control	局部通信控制
LCOS	Lead Computing Optical Sight	前置计算光学瞄准
LLC	Logical Link Control	逻辑链控制
LQA	Line Quality Analysis	线路质量分析
LRU	Line Replaceable Unit	外场可更换单元
LRM	Line Replaceable Module	外场可更换模块
LTPB	Linear Token Passing Bus	线性令牌传递数据总线
MAC	Medium Access Control	介质访问控制
MBI	Multiple Bus Interface	多路总线接口
MBIT	Maintenance BIT	维护自检测
MC	Mission Computer	任务计算机
MDI	Medium Dependent Interface	介质相关接口

附录 4 名词术语

续表

缩略词	英文全称	中文名
MFD	Multifunction Display	多功能显示器
MFL	Maintenance Fault List	维护故障清单
MIDS	Multi-function Information Distribution System	多功能战术信息分发系统
MIRFS	Multifunctional Integrated RF System	多功能综合射频系统
MLS	Microwave Landing System	微波着陆系统
MMF	Multi-Mode Fiber	多模光纤
MMP	Maintenance Monitoring Pane	维护监控板
MMU	Memory Management Unit	内存管理单元
MPRF	Medium Pulse Repetition Frequency	中脉冲重复频率
MSL	Module Support Layer	模块支持层
MTBF	Mean Time Between Failtures	平均无故障工作时间
MTT	Multi Target Track	多目标跟踪
NAMP	Non-Avionic Management Processor	非航电管理处理机
NAV	Navigation	导航
OC	Optical Coupler	光电耦合器
OEDE	Optical Electronic Detect Equipment	光电探测设备
OESS	Optical Electronic Sight Subsystem	光电瞄准分系统
OFP	Operation Flight Program	作战飞行程序
OS	Operating System	操作系统
OSB	Option Selection Button	周边键
OSL	Operating System Layer	操作系统层
PDR	Pulse Doppler Radar	脉冲多普勒雷达
PBIT	PEriodic BIT	周期自检测
PFL	Pilot Fault List	飞行员故障清单
PHM	Prognostics and Health Management	故障预测与健康管理
PLS	Physical Layer Signaling	物理信号子层
PMA	Physical Medium Attachment	物理介质连接
PREP	Prepare	准备
PU	Position Update	位置修正
PUBIT	Power Up BIT	加电自检测
RCS	Radar Cross Section	雷达散射截面
RDR	Radar	雷达
RCMA	Reliability Centered Maintenance Analysis	以可靠性为中心的修理分析
RLT	Relative Local Time	相对本地时间
RN	Remote Node	远程节点
RT	Remote Terminal	远程终端
RTC	Real Time Clock	实时时钟
RWS	Range While Search	边搜索边测距
SAE	Society of Automotive Engineers	美国自动化协会

续表

缩 略 词	英 文 全 称	中 文 名
SAR	Synthetic Aperture Radar	合成孔径雷达
SBCCS	Single Byte Command Code System	单字节命令编码系统
SCC	System Communication Control	系统通信控制
SCR	Scene Compositive Recognition	场景综合识别
SCSI	Small Computer System Interface	小型计算机系统接口
SLV	Slave	随动
SLW	Slewable	可偏移扫描
SIF	Step-Index Fiber	阶跃多模光纤
SIL	System Integration Laboratory	系统集成实验室
SMF	Single-Mode Fiber	单模光纤
SMP	Stores Management Processor	外挂物管理处理机
SMS	Stored Management Subsystem	外挂管理分系统
SNMP	Simple Network Management Protocol	简单网络管理协议
SQ	Squelch	静噪
SRU	Shop Replaceable Unit	内场可更换单元
STT	Single Target Track	单目标跟踪
TA	Terrain Avoidance	地形回避
TACAN	Tactical Air Navigation	塔康
TACTS	Tactical Air Combat Training System	战术空战训练系统
TCR	Target Compositive Recognition	目标综合识别
TLD	Tope Level Design	顶层设计
TWS	Track While Scan	边扫描边跟踪
UDP	User Datagram Protocol	数据报协议
UFCP	Up Front Control Panel	正前方控制板
UMC	Utilities Management Computer	机电管理计算机
UMS	Utility Management System	公共管理系统
VMS	Vehicle Management System	飞行器管理系统
VS	Vertical Scan	垂直扫描
WOW	Weight On Wheels	轮载

参 考 文 献

［1］万明，樊晓光，禚真福，等.美军 ACMI 关键技术及发展趋势［J］.电光与控制，2015（1）：62-66.
［2］陈阳，刘育红.关于机载 1553B 数据总线 BIT 技术的研究［C］.北京：航空装备维修技术与应用研讨会论文集，2015.
［3］蔡满意.飞行控制系统［M］.北京：国防工业出版社，2007.
［4］段学刚.航空电子装备维修概论［M］.北京：国防工业出版社，2010.
［5］严利华，姬宪法，梅金国.机载雷达原理与系统［M］.北京：航空工业出版社，2010.
［6］陈阳，丛伟，茹乐，等.航空电子装备维修技术与实践［M］.北京：国防工业出版社，2019.
［7］Wind River. Tornado 用户指南［M］.王金刚，王达心，王永升，等译.北京：清华大学出版社，2004.
［8］杜瑞成，闫秀霞.系统工程［M］.北京：机械工业出版社，1999.
［9］《飞机设计手册》编委会.飞机设计手册（第 4 册）军用飞机总体设计［M］.北京：航空工业出版社，2005.
［10］《飞机设计手册》编委会.飞机设计手册（第 17 册）航空电子系统及仪表［M］.北京：航空工业出版社，2001.